Mini-Lathe Master Book

基礎から応用までよくわかる

ミニ旋盤
マスターブック

平尾尚武 著

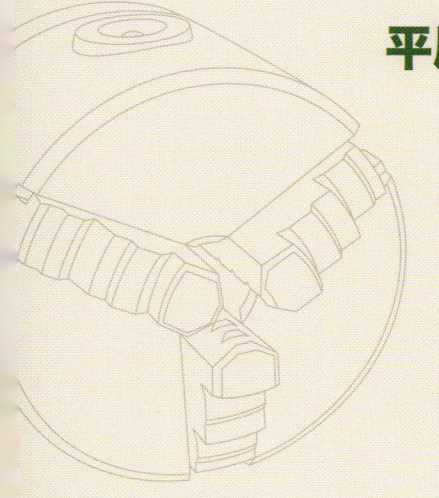

ミニ旋盤とは

ミニ旋盤の紹介

　旋盤はチャックにくわえたワーク（被削材）を回転させながらバイト（刃物）を押し当て切削加工を行う工作機械です。ミニ旋盤は卓上で使用できる小型の旋盤です。木工専用のミニ旋盤もありますが，本書で取り上げている『Compact 7』は，金工・木工どちらも対応できます。本書では金工をメインに紹介しています。

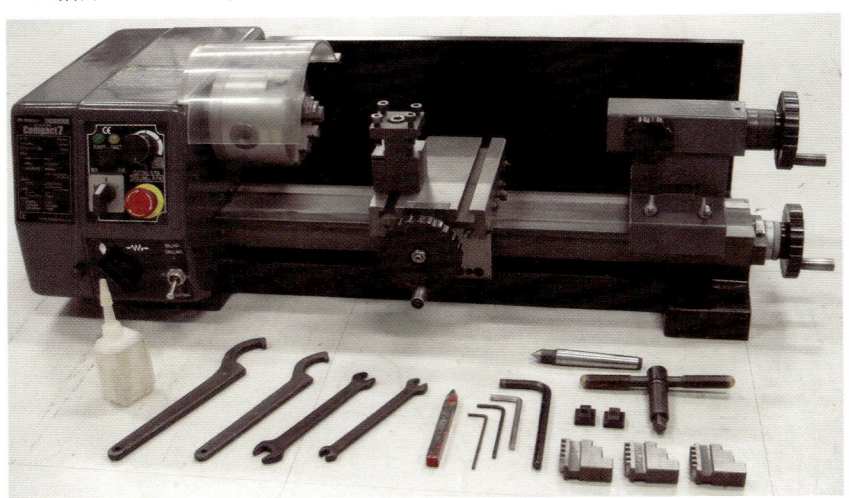

▲万能精密旋盤 Compact 7（東洋アソシエイツ）
　本書では，東洋アソシエイツ製「万能精密旋盤 Compact 7」を用いて，ミニ旋盤でできるいろいろな加工法を紹介しています。
　『Compact 7』は，幅640mm，奥行き270mmとコンパクトで，重量は23kgと軽量なため，移動も比較的楽にできます。

ミニ旋盤とは

◀卓上小型旋盤 ML-360
（サカイマシンツール）

本体寸法：幅756×奥行377×高さ245mm，心間：360mm，重量：35kg，出力：300W。複式刃物台（トップスライド）標準装備，チェンジギア標準付属，専用ミーリングアタッチメント装着可能（オプション）。

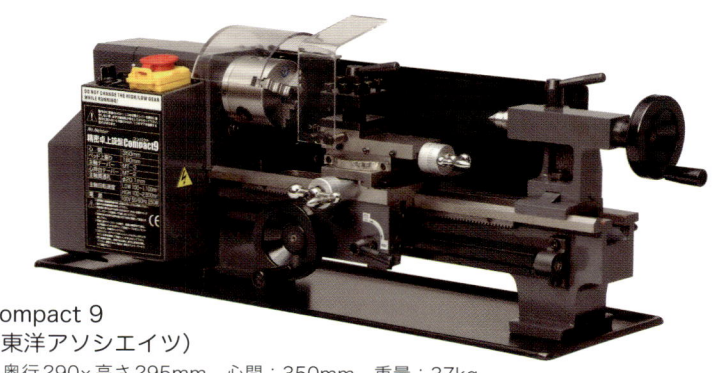

▶精密卓上旋盤 Compact 9
（東洋アソシエイツ）

本体寸法：幅700×奥行290×高さ295mm，心間：350mm，重量：37kg，出力：250W。複式刃物台（トップスライド）標準装備，チェンジギア標準付属，逆ネジ加工可能。

ミニ旋盤の選び方

　結論から言うと予算次第ということになります。心間距離や振り寸法が大きく，旋盤本体の剛性が高く，主軸の動力が大きいほど，さまざまな材料に対応できて加工も楽になります。剛性が高ければ，加工中に生じる旋盤本体の振動や変形も小さいため，精度良く製品を仕上げることができます。ただし，剛性と動力が大きくなるほど価格も高くなります。と言っても，安い旋盤がダメというわけではありません。剛性や動力の不足は，切削抵抗が小さくなるような条件で加工したり，主軸を手回しすることなどで解決できます。主軸の回転数を上げることができないし，切り込み量を大きくすることもできませんから加工に時間はかかりますが，大抵の問題は工夫次第でなんとかできるものです。

設置の注意点

　ミニ旋盤は本体の重量が軽いため，設置の際は，可能であれば頑丈な台の上にしっかりとボルトで固定することをお勧めします。加工中の振動や送りハンドルを回す際に旋盤本体が動いてしまっては作業に集中できません。ただし，歪んで平面が出ていない台に旋盤をボルト止めしてしまうと旋盤のベッドが歪んで精度が落ちてしまいます。設置前にしっかりと台の平面を確認し，必要であれば敷板などを利用して旋盤のベッドが歪まないように固定ボルトを締め込みます。平面が出せない台の場合は，固定ボルトを締め込まず，振動で動かない程度に固定する方が，旋盤に無理な力をかけることがないため精度を保てます。

ミニ旋盤とは

さまざまなバイト

バイトとはワーク（素材）を削る刃物です。加工目的に応じて自分でバイトを成形することで材料や刃物，加工に対する理解をより深めることができます。　　　　　　　　　※P.67「バイトの種類」，P.273「バイトの成形」参照。

▲さまざまな形状のバイト
外径加工や端面加工，内径加工（中ぐり）など用途に応じてさまざまな形状のバイトがあります。

▲完成バイト
完成バイトは加工目的に合わせて自分で刃を成形するためのバイトです。棒状（角形や丸形）のものや板状のものが市販されています。

▲特殊用途のバイト
端面に溝を加工したり，穴の内面に溝を掘ったり，穴の奥の底面を仕上げたり，特殊な加工が必要なときには，バイトを自分で成形するしかありません。

ミニ旋盤とは

◀ バイトの研削
　切れ味の悪いバイトでは美しい加工面は得られません。刃物のメンテナンスは旋盤加工の基本です。

▲ ネジ切りバイト
　ネジ切りの際に使用するバイトです。雌ネジ加工用のバイト（左）と雄ネジ加工用（右）のバイトがあります。

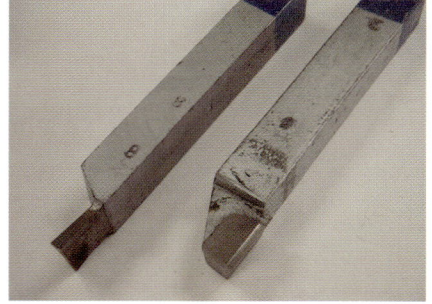

▲ 付刃バイト
　シャンク（柄）に，ハイスや超硬などの硬い材質でできたチップ（刃）がロウ付けされたバイトです。グラインダーで刃を研ぎ出して使用します。

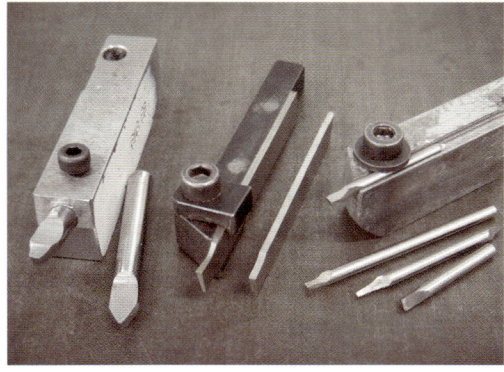

◀ 差込みバイト
　丸形や薄板形状の完成バイトを差し込んで使用するバイトです。用途に応じて刃先を成形した完成バイトを何種類か用意しておけばさまざまな加工に対応可能です。

ミニ旋盤でできること

タップやダイスによるネジ切り

　タップやダイスを傾かないように手回しで切り込むのは結構難しいものですが，旋盤を使えば簡単に真っ直ぐに切り込むことができます。ある程度切り込んだらあとはワークを万力などに固定して手回しでネジ切りすれば真っ直ぐなネジを切ることができます。

　※P.167「ネジ切り」，「タップを用いたネジ切り」　P.170「ダイスを用いたネジ切り」参照。

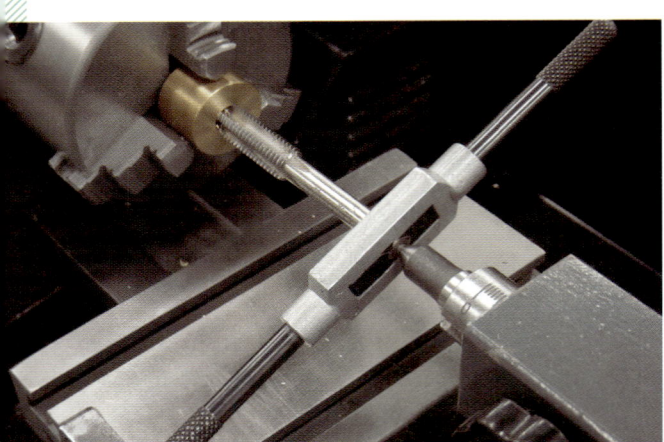

◀旋盤によるタップ立て
センターでタップを支えることによって，真っ直ぐにネジを切り始めることができます。

▶旋盤を使うダイス加工
心押し軸でダイスを押せば，雄ネジの加工も簡単です。

ミニ旋盤でできること

手回しハンドルによるネジ切り

手回しハンドルを用いてネジ切り加工をすれば，主軸も送りも思い通りの速さにできるため，横送りハンドルの操作も合わせやすく，切り上げによるネジ切りも簡単です。

※P.172「旋盤によるネジ切り」参照。

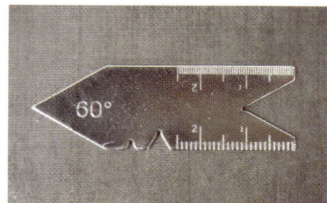

▲センターゲージ
センターゲージがあればネジ切りバイトの刃物角と取り付け角度を正確に合わせることができます。

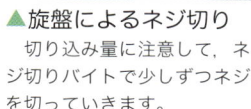

▲旋盤によるネジ切り
切り込み量に注意して，ネジ切りバイトで少しずつネジを切っていきます。

▲ネジピッチゲージ
ネジピッチゲージは，ネジ山の角度やピッチなど，ネジの仕上がりを確認するために使います。

◀アルミ六角穴付きボルトの削り出し
ネジの切り終わりを，切り上げで処理しています。

ミニ旋盤でできること

両センター加工

　両センター加工は，ワークの両端をセンター（レースセンターと回転センター）で支えて回転させる技法です。両センター加工の利点は，心間を目いっぱい使えるためミニ旋盤でも長尺のワークを振り回すことができることと，センター穴加工されたワークを両センターで支えると何度ワークを取り外しても軸心がずれることがないことです。回転軸などの加工において，両センター加工はなくてはならない方法です。　※P.179「両センター加工」参照。

▲両センター加工
軸心がズレにくく，外径全面の加工が可能な両センター加工は，精度が要求される回転軸の加工には必須の加工法です。

ミニ旋盤でできること

球面加工は難しくない

　市販のボールカッティングキットを使えば，簡単に球面加工ができます。

　写真のボールカッティングキットはミニ旋盤『Compact 7』に対応したアクセサリーで，クロススライドのTスロットを利用して取り付け可能です。バイトが支点を中心として円弧状に動くことにより球面加工ができるようになっています。

※P.200「球面」参照。

▲ボールカッティングキットによる球面加工
　ハンドルをスイングさせるだけで簡単に球面を作ることができます。

▶姿バイトによる球面加工
　球面切削用の姿バイトは大量生産に向いています。

ミニ旋盤でできること

パイプをバイトにして球面加工

　写真は鉄パイプで球面加工をしている様子です。リングカッターと呼ばれる手バイトで，パイプの先端を鋭く削って刃を研ぎ出したものです。球はどこで切っても円形断面＝円形パイプが球面加工のバイトになるというわけです。

※P.200「球面」参照。

▲リングカッターによる球面加工
　パイプの断面は円形なので，球面を削り出すことができます。

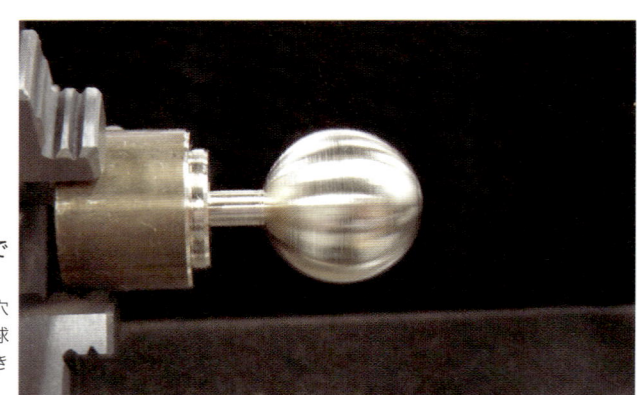

▶リングカッターで削り出した球
　パイプの他にも，穴を開けた鋼板などで球を削り出すことができます。

ミニ旋盤でできること

偏心加工を三つ爪チャックで

四つ爪チャックでの偏心加工は一般的ですが、三つ爪チャックでも工夫次第で偏心加工が可能です。

※P.206「偏心加工」参照。

▲▶偏心加工で削り出したクランク
爪の取り付け順序を変えることによって，回転軸をずらすことができます。

▲三つ爪チャックを用いた偏心加工
爪の取り付け順序によって偏心量も変えることができます。

ミニ旋盤でできること

倣い削り

　倣い削りは刃物台にポインターをセットして，マグネットスタンドに固定した図面台にセンターを合わせた図面を貼り付け，ポインターが図面をなぞるように送り台を操作して図面通りの部品を削り出す技法です。

※P.224「複雑曲面」参照。

▶倣い削りで製作したチェスの駒
　縦送りと横送りを同時に操作するにはある程度の慣れが必要ですが，複雑な曲面で構成されるチェスの駒でも削り出しで製作可能です。

▲倣い削り
　ポインターをクロススライドに取り付け，図面をなぞります。

逆ネジの加工

　主軸回転方向と往復台の移動方向を独立して設定できる旋盤であれば逆ネジを製作することができるのですが，ミニ旋盤『Compact7』には主軸の回転方向と往復台の移動方向を独立して設定する機能は備わっていません。それでも逆ネジの加工がしたいので，ちょっと工夫をしてみました。

※P.302「逆ネジの加工」参照。

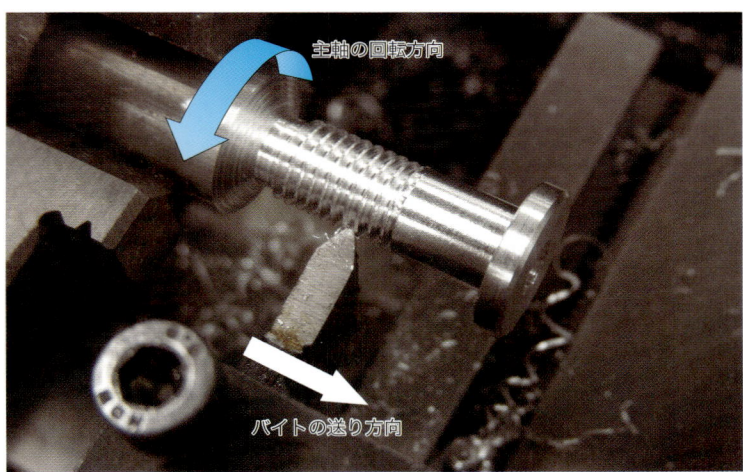

▲逆ネジの加工
通常と逆向きに往復台を移動させる必要があるので，一工夫しました。

▲逆ネジ（手前）と普通のネジ（奥）
ネジ山の回転方向が逆になっているのがわかります。

ミニ旋盤でできること

多条ネジ

多条ネジはネジのリードが条数によって変わるだけなので，基本的な切削方法は普通のネジ（1条ネジ）と変わりありません。問題は切削開始点を正確に割り出すことです。写真は3条ネジの2条目を切っているところです。

※P.305「多条ネジ」参照。

▲多条ネジの加工
　チェンジギアの組み合わせを変えてピッチとリードを調整すれば，複数のネジ溝を削り出すことも可能です。

▲通常のネジ（上）と3条ネジ（下）
　3条ネジは3本のネジ溝が切られています。

ミニ旋盤でできること

多重スパイラルスクリューの加工

　多条ネジの加工方法を応用すると多重スパイラルスクリューの加工ができます。溝が深いため専用の自作バイトを使用し、少しずつ切り込んでいきます。
※P.310「多重スパイラススクリュー」参照。

▲2重スパイラルスクリュー

▲3重スパイラルスクリュー

◀▼多重スパイラル
　スクリューの加工
　いずれもリード9mmで少しずつ切り込んでいき、スクリューの形に仕上げました。

ミニ旋盤でできること

バーチカルスライド

　バーチカルスライドを利用すると旋盤でフライス盤のようなミーリング加工ができるようになります。旋盤の縦送り（第1軸）と横送り（第2軸）にバーチカルスライドの第3軸を加えて，通常のフライスのX，Y，Z軸の3軸を実現するものです。

※P.291「旋盤を用いたミーリング加工」参照。

▲バーチカルスライドによるミーリング加工
　バーチカルスライドによっては施回機構を持つものもあるため，使い方を工夫することにより旋盤加工の可能性を大きく広げてくれます。

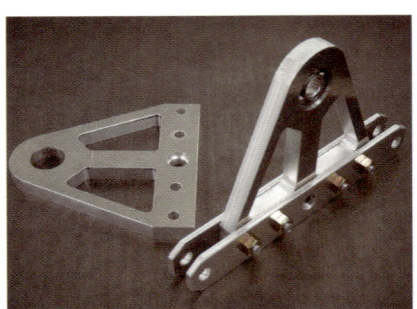

▲ミーリング加工で製作したスターリングエンジンの部品▲
　バーチカルスライドの旋回機構を使った円弧切削と，平面切削を組み合わせて削り出しました。

ミニ旋盤でできること

据えぐり

　クロススライド上にワークを据え付けて，ボーリングバーを両センター支持で回して加工する技法が据えぐりです。据えぐりはチャックにくわえることができない形状のワークや旋盤で振り回せないような大きなワークでも中ぐり加工ができるため，ミニ旋盤を用いた部品加工には比較的出番の多い加工法です。

※P.250「据えぐり」参照。

▲据えぐりによるボーリング
シリンダブロックのような精度が要求される平行穴の加工は据えぐりで仕上げます。

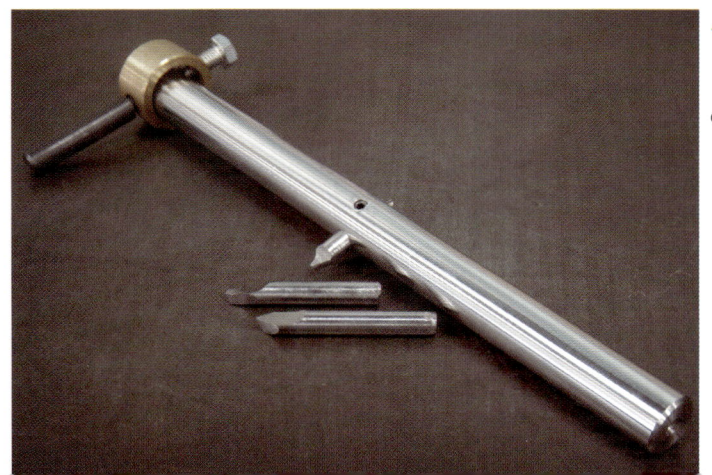

◀自作のボーリングバーとバイト
　ワークではなく，バイトのほうを回転させます。

ミニ旋盤でできること

穴あけの方法もさまざま

ミニ旋盤で穴をあける方法も，いろいろあります。

▲大径ドリルを心押し台で押す
※P.162「穴あけ」参照。

▲心押し台でワークを支える
※P.162「穴あけ」参照。

▲トレパニング
※P.218「薄い円盤加工，リング加工」参照。

▲刃物台にワークを据え付ける
※P.162「穴あけ」参照。

▲クロススライドにワークを
　据え付ける
※P.332「ミニ旋盤の可能性を広げる
　『もう1本の回転軸』」参照。

▲Vブロックによるワークの保持
※P.290「Vブロックによる
　ワークの保持」参照。

フライス盤とロータリーテーブル

本書ではフライス盤とロータリーテーブルを使用したギアの製作方法も取り上げています。　　※P.240「スプライン加工」、P.313「ギアの製作」参照。

▲フライス盤とロータリーテーブル
ロータリーテーブルにはチャックを装着することができます。

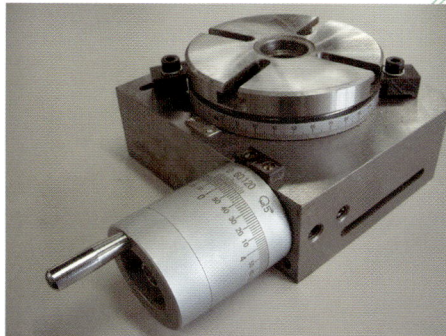

▲ロータリーテーブル
目盛がついているので、ギアの歯の角度割り出しが簡単にできます。

▲インボリュートカッターによるギア加工
インボリュートカッターはギアの歯形を正確に削り出すことができます。

▲インボリュートスプラインの加工

ミニ旋盤でできること

主軸割り出し

主軸やチャックを任意の角度にセットすることで，ロータリーテーブルがなくても旋盤で割り出しが可能になります。

※P.113「旋盤を使いやすくする工夫」，P.227「旋盤の主軸を用いた割り出し」参照。

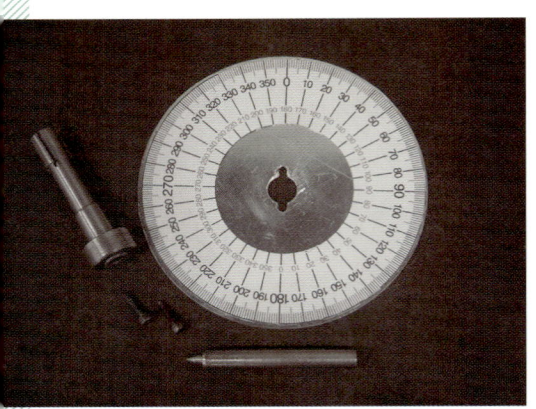

▲簡易割り出し装置▶
旋盤の主軸貫通孔に取り付けて，チャックの回転角度を読み取ります。

▲主軸割り出しストッパー▶
主軸の歯車を利用してストッパーを掛ければ，任意の角度で割り出しが可能です。

ミニ旋盤でできること

軸方向の割り出し

マイクロメーターのスリーブや心押し台クイルのような目盛が刻まれた軸も，旋盤を用いた割り出しで簡単に製作できます。たくさんの目盛線を刻むのに，送りダイアルを頼りに目盛線の間隔と長さを正確にそろえるのは大変ですが，工夫次第で楽に速く正確に目盛線を刻むことができます。

※P.228「軸方向の割り出し」参照。

◀軸方向割り出しで加工した目盛線

縦送りハンドル1回転で往復台が1mm進むように設定できれば，簡単に目盛線を刻むことができるのですが……

▲目盛線の長さを揃えるための工夫▲

主軸が一定の角度で止まるようにしたり，ギアの組み合わせで回転比を変えたりして，目盛線の長さや間隔を調整することができます。

▶等間隔に目盛線を刻むための工夫

ミニ旋盤でできること

主軸割り出しの応用

　製作するギアの歯形に合わせてバイトを成形し，主軸割り出しを併用すれば旋盤を使ってギアやスプラインを削り出すことができます。軸方向割り出しを利用すればラックギアも製作できます。　　※P.313「ギアの製作」参照。

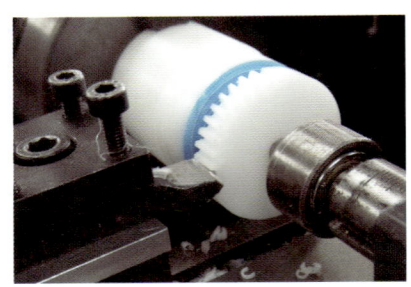

▲姿バイトによるギア加工

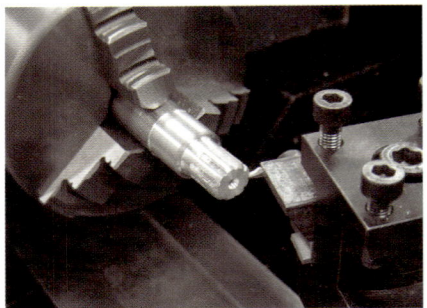

▲軸へのスプライン加工　　▲ベベルギア

※P.240「スプライン加工」，P.248「多角穴」，P.313「ギアの製作」参照。

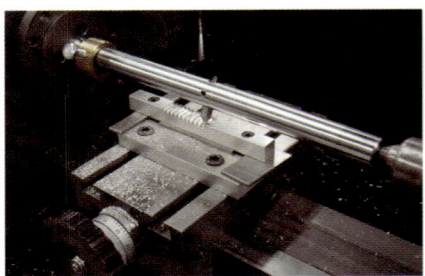

▲ラックギアの加工　　▲穴へのスプライン加工

　主軸ギアが36歯の場合，山と谷の両方で固定できれば5°ずつの割り出しが可能です。

◀姿バイトによる
　インボリュートスプラインの加工

ミニ旋盤でできること

ウォームとウォームホイール

模型用ウォームギアの製作によく利用されるのが,ギアカッターとしてタップとダイスを利用する方法です。タップをチャックで掴みワークを治具に取り付け,回転しているタップにワークを押し付けるとワークは自然と回りながら歯が成形されていきます。ウォームの方はタップと同じ呼び径のダイスを使いネジ切り加工するだけの簡単さです。　　※P.313「ギアの製作」参照。

▲ウォームと
　ウォームホイール
ウォームを回転させることによってウォームホイールに動力を伝えます。

▲タップを利用したウォームホイールの加工
　タップを回転させれば,自動的にウォームホイールが形成されます。

▶自作ギアカッターを
　使ったウォーム
　ホイールの加工
　ギアカッターを自作すればインボリュート歯形のウォームホイールも製作できます。

自作ツールとアクセサリー

自作ツールで加工の可能性は無限に広がります。

※ P.273「バイトの成形」，P.283「旋盤作業で役に立つ治具」，
P.113「旋盤を使いやすくする工夫」参照。

▲自作ツール

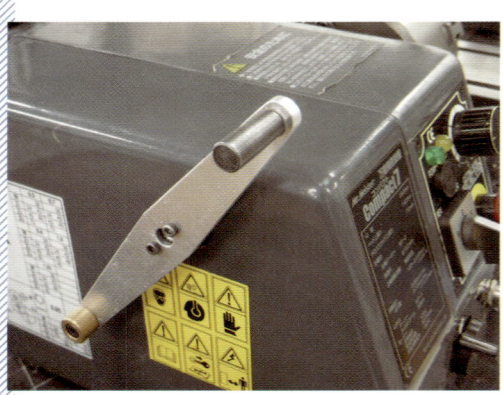

▲主軸手回しハンドル

　主軸に取り付け手動で回すためのハンドルです。動力が小さいミニ旋盤では切削抵抗に負けて主軸の回転が止ることがありますが，手回しハンドルがあれば動力不足を解決できます。

▲主軸割り出しストッパー

　主軸に取り付けられているスピンドルギアを利用した主軸割り出し装置です。ギアブラケットに装着して主軸スピンドルギアにストッパーをかけることで主軸をロックできます。

自作ツールとアクセサリー

※P.273「バイトの成形」、P.283「旋盤作業で役に立つ治具」参照。

▲ダイスホルダー

ダイスを使ってネジ切りを行う際に使用します。心押し台で押しながらワークをくわえたチャックを手回しすれば楽にネジ切り加工ができます。

▲ポンチホルダー

チャックに固定したワークにポンチを打つ際に使用します。割り出し装置と併用すればフランジのネジ穴など等間隔に穴を開けるためのガイドとして役に立ちます。

▲突っ切りバイトホルダー

使い古したノコギリの刃を突っ切りバイトの刃として利用するためのホルダーです。

自作ツールとアクセサリー

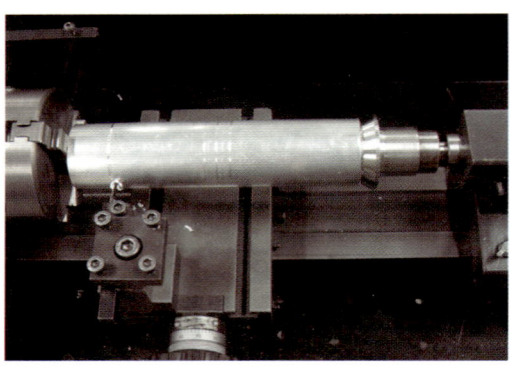

▲傘型センター
　大径のパイプなどを支えるためのセンターです。回転センターに装着して使用できるようになっています。

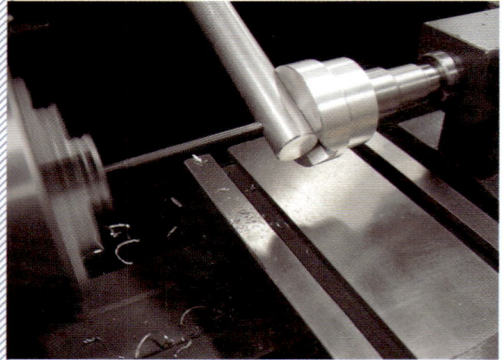

▲Vセンター
　V溝加工を施した固定センターで，主軸の回転中心に合わせてあります。丸棒の中心を通る直角な穴を簡単にあけることができます。

▲トレパニング加工用バイト
　穴をくり抜く（トレパニング）ためのバイトです。薄板から円盤やリングをくり抜いたり，端面に円形の溝を掘るときに使用します。

▲メタルソーアーバー
　旋盤で丸ノコを使用するために使います。丸ノコを取り付けたアーバーをチャックにくわえて回すことができます。

自作ツールとアクセサリー

ワーク保持の工夫

加工しにくい形状のワークやチャックにくわえることが難しい形状のワークも工夫次第で加工可能です。

◀凹センター支持による
　極細テーパー削り
普通のセンター加工ができない細いワークでも，これなら心出しできます。

※P.184「テーパー削り」参照。

▲アングル材を利用した
　ワークの据え付け
大型ワークの保持に役立ちます。
※P.257「面板を利用した部品加工」参照。

▲面押し治具による
　薄板の外径削り
心押し台から回転センターで
押し付けています。
※P.218「薄い円盤加工，
　リング加工」参照。

▶薄肉円筒を加工するための治具
外側から掴むと変形してしまうワークは，
内側から支えると変形が少なく済みます。
※P.213「薄肉円筒」参照。

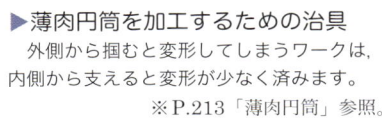

自作ツールとアクセサリー

『Compact7』オプションのアクセサリーキット

アクセサリーキットを使えば加工の幅が大きく広がります。

※P.57「各種アクセサリー」参照。

▲ローレットホルダー
　ローレット（ボリュームつまみなどの周りについている滑り止めのギザギザ模様）加工をおこなうためのツールです。

▲四つ爪チャック
　四つの爪を独立して動かせるチャックです。丸材だけでなく角材なども把握できます。

▲複式刃物台
　任意の角度に固定して縦送りすることができる機能を備えた刃物台です。テーパー加工をする際に使用します。

自作ツールとアクセサリー

▲振れ止め
　細長いワークを加工する際に、ワークの振れ回りを抑えるために使用します。ベッド上に取り付けて使用する『固定振れ止め』と、往復台に取り付ける『移動振れ止め』があります。

▲コレットチャック
　ワークを面で把握するため、軟らかい材質のワークでも爪の痕が残りません。主軸テーパーに直接差し込んで使用するため振れも最小限に抑えられます。

▲チェンジギア
　主軸1回転に対する往復台の移動距離を変更するためのギアです。ギアの組み合わせを変えることで各種ピッチに対応したネジ切りが可能になります。

自作ツールとアクセサリー

ミーリングスピンドル

　X軸にスピンドルを追加することで，旋盤加工の可能性が大幅に広がります。旋盤による旋削加工の後，ワークをチャックから取り外すことなくミーリング加工や穴あけができるため，高い精度が要求される部品の製作が可能になります。主軸割り出しを併用すれば，高精度な等間隔穴あけや溝加工も簡単にできます。

※P.57「各種アクセサリー」参照。

▲ミーリングスピンドル
切削のための回転軸を別に設けることによって，ミニ旋盤の主軸を，ワーク保持と割り出しのために使うことができます。

◀ミーリングスピンドルによる
　等間隔穴あけ

▲ミーリングスピンドルによる溝加工▲

GALLERY ギャラリー

バイトを自分で成形したり，旋削以外の技法を用いることで，さまざまな形を削り出すことが可能になります。旋盤加工の可能性は無限大です。

▲ギターのオブジェ
ネック：トップスライドを用
　　　　いたテーパー削り
ボディ：旋回式バーチカルス
　　　　ライドを用いたミー
　　　　リング加工

これらは
いずれもミニ旋盤を
用いて作られた
作品です。

◀スターリングエンジン
加熱器：薄肉円筒の加工
シリンダ連結板：四つ爪チャックによる偏心穴加工
シリンダカバー：主軸割り出しによるネジ穴加工
フレーム：バーチカルスライドによるミーリング加工

▶8シリンダーα型
　スターリングエンジン
加熱器：薄肉円筒の加工
トップフレーム：主軸割り出しによるシリンダ孔加工
シリンダブロック：割り出しを併用した孔加工及びミーリング加工
スワッシュプレート：面板と面センターによる薄板外径加工
クランクカバー：特殊バイトによるトレパニング加工
　　　　　　　　割り出しを併用したミーリング加工

GALLERY

◀競技用スターリングエンジンカー
加熱器：極薄肉円筒の加工
フレーム：ミーリング加工
フライホイール（フロントホイール）：
　　　　　特殊バイトによる中ぐり

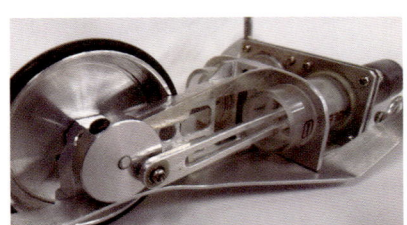

▶スターリングエンジン
　搭載のF1カー
● エンジン
　加熱器：薄肉円筒の加工
　シリンダブロック：
　　　据えぐりによるシリンダ
　　　孔加工及びミーリング加工
　サブフレーム：ミーリング加工
● 動力伝達系
　ギアマウント：ミーリング加工
　ギア：主軸割り出し
　リアドライブシャフト：
　　　段付加工，切り上げによるネジ切り
● シャーシ
　アップライト：ミーリング加工
　ブレーキディスク：ヤトイによるリング加工

はじめに

　ミニ旋盤の魅力は，設置場所を選ばず気軽に導入できることです。小型・軽量なため広いスペースや重量物を設置するための頑丈な床は必要ありません。振動や騒音もそれほど大きくはないため，自分の部屋で工作を楽しむ人には最適です。机の上やちょっとした作業台があれば，ミニ旋盤を設置することができ，いつでも作業に取り掛かることができます。本書は，旋盤初心者にも配慮し，ミニ旋盤の中でも比較的小型で廉価な，東洋アソシエイツの『Compact7』を使用して，様々な加工例を紹介しています。『Compact7』には旋盤加工の幅を広げる多くのアクセサリーキットもオプションで用意されていますので，能力に応じて，あるいは必要に応じて各種アクセサリーを揃えていけばミニ旋盤『Compact7』を万能加工機へと仕上げることもできます。もちろん，『Compact7』に限らず，本書で取り上げている技法は多くの旋盤に適用できるものです。また，旋盤をある程度使いこなせる方たちにも満足していただけるよう，刃物やアクセサリーの自作，旋盤加工ではあまり使わないような特殊な加工方法についても取り上げました。

　ミニ旋盤を使った加工に限らず，ものづくりにおいて重要なことは，頭の中にあるイメージや，設計図をどのように現実の形あるものにするか，その手法を「知っている」ということです。「知っている」とは，材料の特性，加工機の構造や加工原理を理解するとともに，多くの加工方法や組み立て方法を知っていて，なおかつ実際に経験したことがあるということです。どうすればうまくいき，どうすれば失敗するのかを知っていなければ最適な

方法を選択することはできません。「知っている」状態になるためには，多くの経験をすることが必要です。うまくいかないと，一見して材料や時間を無駄にしたかのように感じます。しかし，そこで諦めては，本当に全てを無駄にしてしまいます。多くの材料や時間，労力をかけて，それでも完成するまで諦めずにものづくりをした先にあるものは何でしょう。それは，諦めずに最後までやり遂げた人にしかわかりません。多くの時間と労力を費やし，やっとの思いで完成したモノが失敗作になって，ゴミにしてしまったとしても，それでも作りたいものを作り続けることには意味があるのです。形あるものいつかは壊れると言われます。多くの人がその価値を認めた美術館行きの芸術品でもない限り，どんなに苦労して作ったものでも，いつかは役割を終えてゴミになります。しかし，苦労の過程で経験したこと，失敗を繰り返して身につけた知識や技能・技術は一生自分の中に残ります。大事なことは失敗をしてもなお，チャレンジし続けることです。様々な技法を実際に経験し，自分のものとし，さらに自分なりの新たな手法をあみ出し，作りたいモノを自分で作れるようになる。そんな，ものづくりに夢中になっている方々にとって，本書が一生ものの経験を得るきっかけとなれば幸いです。

著者

ミニ旋盤を使うときに注意する点

■ ミニ旋盤の安全装置

市販されているミニ旋盤の多くには様々な安全装置が備わっています。また，安全な状態になっていないと始動できないように配慮され作業者や旋盤本体を保護する機能が備わっています。安全装置が作動した場合は原因をつきとめ十分に安全性を確保した後に復帰操作をおこない作業を再開するように努めなくてはいけません。

■ 可動部のチェック

旋盤作業を始める前には，チャックの爪や送り台，送りハンドルがスムーズに動くか，ガタはないかをチェックし，必要であれば調整や給油をして可動部がスムーズに動くように調整します。旋盤には可動部がたくさんあります。それぞれの可動部がガタなくスムーズに動かなくては作業に集中できないばかりでなく，旋盤の寿命を縮めたり，作業者の身に危険を生じたりします。機械は整備と調整なしには本来の性能を発揮しません。

■ 整理整頓

旋盤作業には，ワークやバイトの脱着，送り台固定ネジを緩めたり締めたりといった締め付け工具を必要とする作業が頻繁に生じます。締めつけ工具は旋盤作業を始める前に用意し作業台に並べておくと，いざ使うときに作業を中断しなくて済みます。また，作業後も決まった場所に片付けるようにしておくと，次の作業時に準備がスムーズに進みます。旋盤作業に限らず，工具は日頃から整理整頓し，しっかり手入れしておくことが大切です。

■ 清掃

旋盤加工では必ず切削屑が出ますので頻繁な掃除がつきまといます。切削屑をそのままにしておくと，加工中に排出される切削屑が長く連なって回転中のチャックやワークにからまり振り回され，ベッドの下に溜まった切削屑も巻き込んで切削屑を撒き散らすことになります。特にミニ旋盤ではベッド下のスペースも狭いため，頻繁な掃除を心がけることが，安心して作業に集中できる環境作りに不可欠です。

■ バイトの研削

グラインダーを使ってバイトを研ぐ際は，作業前に，まわりに巻き込まれそうなものや引火性のものがないことを確認し，安全メガネと防塵マスクを着用し，回転中の砥石に巻き込まれないよう服装にも注意しましょう。

目　次

ミニ旋盤とは ……………………………………………………… *2*

ミニ旋盤でできること …………………………………………… *6*

自作ツールとアクセサリー ……………………………………… *24*

ギャラリー ………………………………………………………… *31*

はじめに …………………………………………………………… *33*

Chapter 1　ミニ旋盤の構造

1-1　ミニ旋盤の特徴 …………………………………………… *42*

1-2　各部名称 …………………………………………………… *47*
チャック／主軸／往復台／心押し台／操作部／各種アクセサリー

1-3　バイトの種類 ……………………………………………… *67*
用途による分類／材質による分類／バイトの構造による分類／
完成バイト／切削作用と刃先の角度

1-4　準備と調整 ………………………………………………… *74*

1-4-1　準備 …………………………………………………… *74*
給油／締め付け工具／測定用器具／掃除道具

1-4-2　調整 …………………………………………………… *78*
スライド部の調整／心押し台の調整

1-4-3　送り速度 ……………………………………………… *86*

1　4　4　バイトの取り付け　88
心高合わせ／心高ゲージを用いる

1　4　5　バイトの研ぎ方　90
グラインダー／砥石／バイトの研削／ドリルの研ぎ方

1　5　材料の種類　101

1　5　1　鉄鋼材料　101
一般構造用圧延材（SS材，軟鋼）／
機械構造用炭素鋼（SC材，硬鋼）／鋳鉄（FC）／
工具鋼（SK，SKS，SKH）／ステンレス鋼（SUS材）

1　5　2　アルミニウム合金　104

1　5　3　銅合金　106

1　5　4　その他の金属材料　107

1　5　5　プラスチック材料　108

1　6　旋盤を使いやすくする工夫　113
心押し台固定ネジの交換／主軸手回しハンドル／
簡易割り出し装置とポンチホルダー／主軸割り出しストッパー／
刃物台の加工／心高ゲージ／自作チェンジギア

Chapter 2　基本切削

2　1　切削条件　124

2　1　1　主軸回転数　124

2　1　2　送り速度　126

2　1　3　送りハンドルのバックラッシュ　127

2　1　4　切り込み量　128

2.2 切削面荒れの原因と対策 …… 130

- 2.2.1 旋盤本体が原因のビビリ …… 130
- 2.2.2 切削条件が原因のビビリ …… 130
- 2.2.3 バイト形状が原因のビビリ …… 131
- 2.2.4 送り方向が原因のビビリ …… 132
- 2.2.5 ワーク形状が原因のビビリ …… 133
- 2.2.6 構成刃先の抑制 …… 137

2.3 切削作用 …… 138

- 2.3.1 切削抵抗 …… 138
- 2.3.2 切り屑の形状 …… 139
- 2.3.3 加工変質 …… 140
  加工硬化

2.4 基本切削 …… 141

- 2.4.1 端面削り …… 141
- 2.4.2 外径削り …… 144
- 2.4.3 ドリル加工 …… 146
  ドリルの種類／切削条件
- 2.4.4 中ぐり …… 151
- 2.4.5 突っ切り …… 153
- 2.4.6 面取り …… 158
  穴の面取り

Chapter 3 応用切削

3-1 穴あけ … 162
旋盤によるドリル加工

3-2 ネジ切り … 167
タップを用いたネジ切り／ダイスを用いたネジ切り／
旋盤によるネジ切り／バイトの取り付け／ネジの切り終わりの処理

3-3 両センター加工 … 179
外径加工

3-4 テーパー削り … 184
リーマー／旋盤によるテーパー削り

3-5 ローレット … 198

3-6 球面 … 200
ボールカッティングツールによる球面加工／
姿バイトによる球面加工／リングカッターによる球面加工

3-7 偏心加工 … 206
三つ爪チャックによる偏心加工／爪の組付け順による偏心

3-8 薄肉円筒 … 213
極薄肉円筒の削り出し

3-9 薄い円盤加工，リング加工 … 218
大きな板材をチャックでくわえる方法／薄い円盤加工／
面板を利用した薄板加工（トレパニング加工）

3-10 複雑曲面 … 224
倣い削り

Contents 39

3-11 割り出し 227
旋盤の主軸を用いた割り出し／軸方向の割り出し

3-12 キー溝の加工 235

3-13 スプライン加工 240
インボリュートカッターを用いたスプラインの加工／
内歯スプラインの加工

3-14 多角穴 248

3-15 据えぐり 250

3-16 四つ爪チャックによる心出し 254

3-17 面板を利用した部品加工 257

3-18 コレットチャック 260

3-19 三つ爪チャックでくわえる把握治具 263
三つ爪チャックでくわえる生コレット／割りリング／ヤトイ

Chapter 4 自作ツールと特殊加工

4-1 バイトの成形 273
姿バイト／シェービング切削用のバイト／差込みバイト／
使い古した工具をバイトとして利用する／カッターの自作

4-2 旋盤作業で役に立つ治具 283
生センター／ハーフセンター／傘型センター／面センター／
凹センター／Ｖセンター／Ｖブロックによるワークの保持

4-3 旋盤を用いたミーリング加工 ……… *291*

クロススライドの加工方法／ミーリング加工用の刃物／平面切削／
ゼロ点合わせ／円弧切削／ミーリング加工のポイント

4-4 特殊加工 ……… *302*

逆ネジの加工／多条ネジ／多重スパイラルスクリューの加工／
ギアの製作／姿バイトによるギア加工／ラック＆ピニオン／
ウォームとウォームホイール／ベベルギア／
ミニ旋盤の可能性を広げる「もう1本の回転軸」

巻末付録

付録1 材料特性表 ……… *338*

- 特殊鋼
- ステンレス鋼
- アルミニウム合金
- 銅合金
- エンジニアプラスチック

付録2 自作ツール図面 ……… *343*

- 主軸割り出しストッパー
- ダイスホルダー
- 主軸手回しハンドル
- ミーリングスピンドル取付け用フライスモーターブラケット
- 突っ切りバイトホルダー（ノコ刃バイト用）

索引 ……… *348*

Chapter 1 ミニ旋盤の構造

1-1 ミニ旋盤の特徴

　ミニ旋盤は剛性が低く動力も小さいので汎用旋盤では難なく旋削できる材料でも少ない切り込み量で何回にも分けて加工していかなくてはなりません。しかし，時間をかけてじっくり取り組めば汎用旋盤による加工と遜色ない仕上げをすることも可能です。

　そのためには，自分が使っているミニ旋盤の特徴をしっかりと理解し，癖を覚えることです。自分のミニ旋盤には何ができて何ができないのか，例えば，SUS304は0.5mm以上の切り込み量では切削抵抗に負けて主軸が回転できないとか，送りの方向によって切削面の荒さに違いがある，といった特定の条件によって現れるその旋盤特有の癖を把握しておくことは，特に精密な加工を必要とするときや仕上げ面の美しさにこだわるときに役に立ちます。そうなるためには，ありとあらゆる加工条件を試行錯誤し経験を積むことが必要になります。「ミニ旋盤は剛性が低いから美しい仕上げができない」とか，「動力が小さいから硬い材料は加工できない」という声をよく耳にしますが，それはそのミニ旋盤の特徴をよく理解していないからなのです。ミニ旋盤の特徴をしっかりと理解しそのミニ旋盤特有の癖を把握することで動力が小さく剛性が低いミニ旋盤でも思い通りの加工ができるようになるのです。

　ミニ旋盤で加工する際の注意点は『切削抵抗を感じる』ということです。バイトの刃先とワークとの接点に生じている切削抵抗を送りハンドルを通してあるいは切削音を聞いて感じ取れるようになれば，どのような材料でも最適な切削条件を選択できるようになり，思いのままに加工できるようになります。動力が小さく剛性が低いミニ旋盤は切削抵抗を感じ取る練習にちょうど良い工作機械であると言えます。切り込み量が少しでも大きいと動力が切削抵抗に負けて主軸の回転が止まってしまいますし，バイトの研ぎ方が少しでも悪いと切削抵抗が増えてビビリが生じ仕上がりが悪くなってしまいます。そう言った意味で，切削条件が厳しいミニ旋盤は加工能力を磨く良い教材であるといえるのです。ミニ旋盤に限らず材料を加工する際は切削抵抗を感じ

ながら最適な条件(加工機械や材料に無理な力が作用しない)で加工をすることが加工面の美しさや精度に大きく影響するのです。

特に十分な動力が得られないミニ旋盤の場合,いかに切削抵抗を小さくするかが大切になってきます。大きな切削抵抗が生じているにも関わらず無理に加工を進めるとワーク(加工物)がチャックから外れて飛んでしまったり,バイトを破損させてしまったり,刃先を焼き付かせてしまったり,機械を傷めてしまったりと,良いことは何もありません。

切削抵抗を感じ取れる感覚を身につけるためには経験を積むしかありません。最初の頃はワークやバイトを破損してしまったり,仕上げ面が綺麗でなかったり,思い通りの加工ができないかもしれませんが,あきらめずに精進していればやがてミニ旋盤はあなたの体の一部になったかのように自由自在に操作できるようになることでしょう。

ミニ旋盤を購入したらすぐに加工してみたくなりますが,まずはしっかりと各部の点検・調整を行いましょう(調整の仕方はp.74〜参照)。最近ではメーカーで調整済みのミニ旋盤も多く発売されていますが,チャックや送りハンドル,送り台の動きはガタなくスムーズか,心押し台のセンターは正確かなど,各部の点検は入念に行いましょう。輸送中の振動で精度が落ちているかもしれません。また,どのような機械でも慣らし運転は必要です。せっかく購入したミニ旋盤の性能を長く持続させるためにも最初の数週間(使用頻度によりますが,最初の50時間程度)は慣らし運転期間として,無理な力がかかるような加工は控えましょう。

工作機械は長い期間使用していれば摺動部の摩耗や調整ネジによって保たれていた隙間が変化してきます。数ヶ月に一度は各部の点検をし,必要であれば調整を行います。

しっかりとメンテナンスを行い常に最高の性能を発揮できる状態にしておくことが大切です。

本書で取り扱うミニ旋盤は図1-1,表1-1に示す東洋アソシエイツ製「万能精密旋盤Compact 7」です。これからミニ旋盤を始めようと思っている読者にも配慮し敢えてミニ旋盤の中でも小型で出力の小さなものを選んでみました。150Wの動力は本格的に旋盤作業をこなすには少し力不足ですが,切削条件に気をつければステンレス等の難削材でも加工可能です。また,ミニ旋盤の扱いにある程度習熟した読者でも満足していただけるように,オプションのアクセサリーを使用した加工例や,ミニ旋盤で加工を行う際に直面

図1-1　万能精密旋盤Compact 7（東洋アソシエイツ）

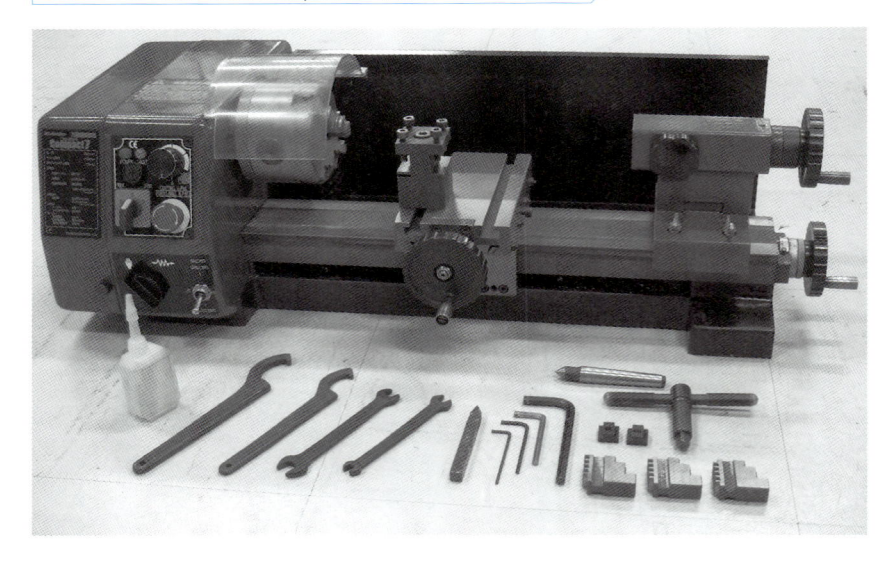

表1-1　Compact 7 諸元

心間	250mm
心高	75mm
上振り	クロススライド　74mm ベッド　150mm
回転速度	無段変則　100～2,000min-1［回転／分］
主軸	MT-2
主軸貫通孔	φ10.2mm
刃物台	8×8mm角用
心押し台	クイルトラベル20mm MT-1
親ネジ	M10×1.5mm
自動送り	0.05mm/rev 0.10mm/rev（別売りチェンジギアが必要）
送りハンドル	ヨコ送り0.02mm/目盛　50目盛/回転 タテ送り0.05mm/目盛　30目盛/回転
ネジ切削	可能（別売りチェンジギアが必要）
自重	23.0kg
電源	100V 50/60Hz 150W
本体寸法	W640×D270×H210mm

する様々な問題点の解決策やテクニックを紹介しています。もちろん，図1-1の旋盤よりも出力の大きな旋盤であればそれほど出力不足に気を使うこともなく，楽に加工ができると思います。

　幅640mm，奥行き270mm，高さ210mmというコンパクトさと23kgという重量は移動も比較的楽にできますし，ベルト駆動で騒音も小さめなのでホビー用途で自室に設置するのには最適です。旋盤の大きさを表すのに"心間"，"心高"，"振り"という言葉があります。"心間"とは主軸と心押し台にセンターを装着した際の尖端間距離を言います（図1-2）。旋盤で加工可能なワークの長さの最大値ということになります。（心押し台を取り外し，振れ止めなどを使えば心間距離よりも長いワークを加工することは可能ですが）。"心高"とは主軸中心からベッドまでの垂直距離を言います（図1-2）。

図1-2　旋盤の心間と心高

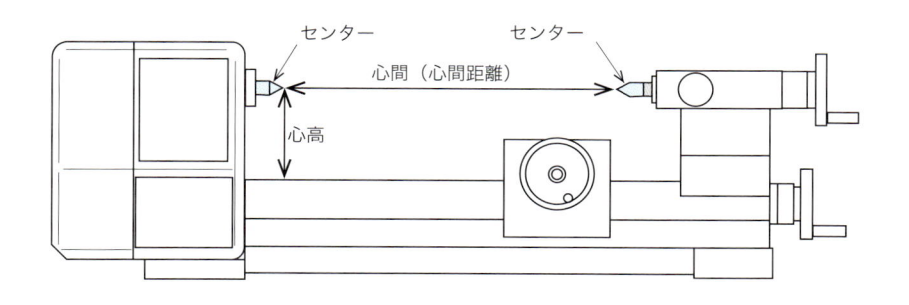

"振り"は図1-3のように旋盤に取り付けて回転させることが可能なワークの最大直径のことです。"ベッド上振り"と呼ぶ場合もあります。ワークを回転させて加工を行う場合は旋盤の振り寸法を超えることはできません。また，"クロススライド上振り"とはクロススライド（往復台）上で回すことができるワークの最大直径を表します。

　図1-4のように通常の側面加工を行う場合，ワークは往復台よりも上になければ加工することができません。ミニ旋盤で振りや心間いっぱいいっぱいのワークを加工することはあまりお勧めできません。特に金属材料を加工する場合，振りと心間いっぱいいっぱいになるような大きなワークは重量も相当です。そのような重たい材料をミニ旋盤に取り付けるためには取り付け

部を強力に固定する必要があります。強力に固定をするということは大きな力がかかるということです。ミニ旋盤の剛性はそれほど高くありませんから重たいワークの加工を繰り返しているとミニ旋盤を傷めてしまいますし，なにより危険です。

図1-3　振り

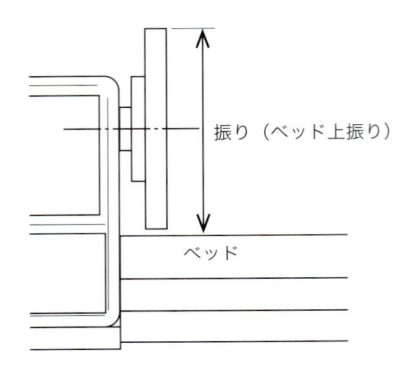

振り（ベッド上振り）
ベッド

図1-4　往復台（クロススライド）上振り

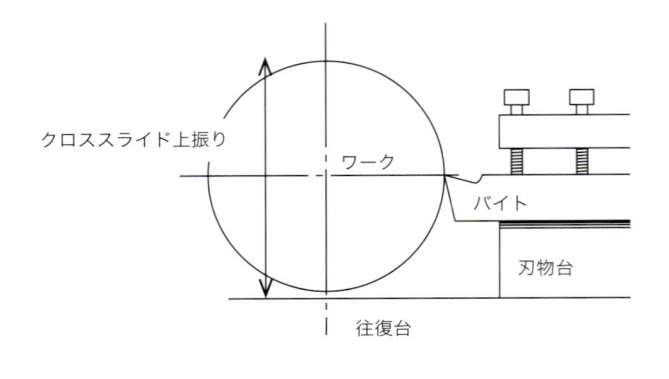

クロススライド上振り
ワーク
バイト
刃物台
往復台

1.2 各部名称

図1-5にミニ旋盤の各部名称を示します。

図1-5　ミニ旋盤の各部名称

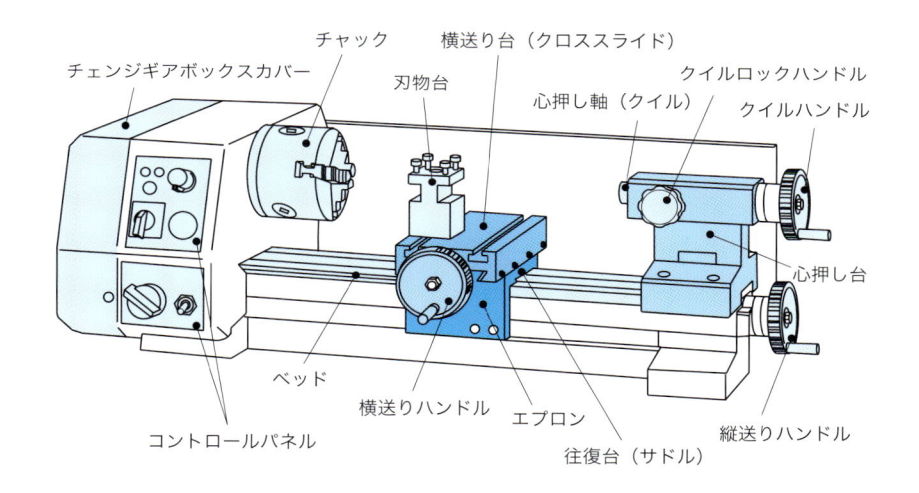

（図中の名称）
- チェンジギアボックスカバー
- チャック
- 横送り台（クロススライド）
- 刃物台
- クイルロックハンドル
- 心押し軸（クイル）
- クイルハンドル
- 心押し台
- ベッド
- 横送りハンドル
- エプロン
- 縦送りハンドル
- コントロールパネル
- 往復台（サドル）

▶チャック

　チャックは旋盤の主軸に取り付けられていて，ワークを把持するためのものです。図1-6は三つ爪スクロールチャックといって3本の爪でワークを掴みます。三つ爪スクロールチャックは自動的にほぼ心が出るように3本の爪が連動しています。そのため掴めるワークは丸棒や六角棒などに限られます。スクロールチャックの構造を図1-7に示します。チャックの爪の背面にはギアがあり，渦巻き状の凸部にかみ合い連動します。チャックハンドルを差し込むハンドル穴ともベベルギアで連動していて，チャックハンドルを回すと3つの爪が同時に移動する仕組みです。チャックの爪は脱着可能になっていますが，メンテナンスや外爪に付け替えたりする際には注意が必要です。チャックの爪には番号があるので，順番を間違えると，爪の中心が合わなくなります。爪を装着する際には，1番から順にスクロールに噛み合わ

47

せながら装着しなければなりません。番号は爪に刻印されているのが普通ですが，刻印がなくても，爪を背面（ギア部）から見たとき，図1-8のようにギア部の並びで判断できます。

図1-6　三つ爪スクロールチャック

図1-7　スクロールチャックの構造

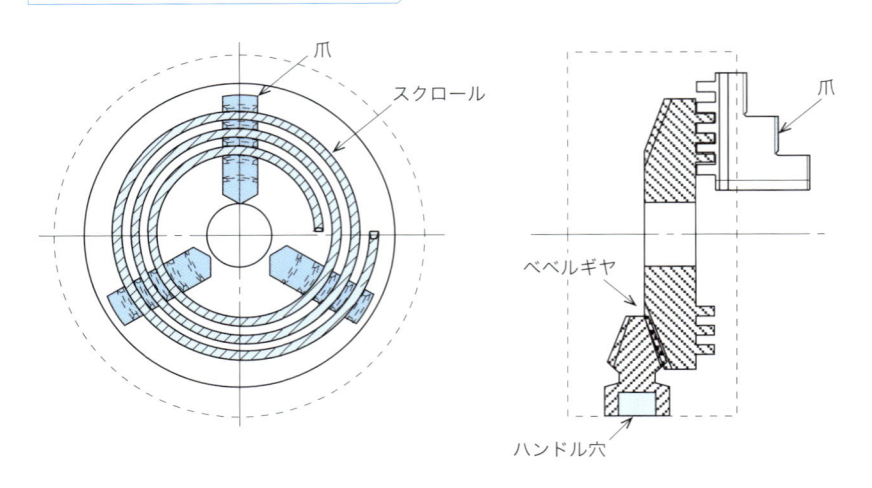

爪
スクロール
爪
ベベルギヤ
ハンドル穴

図1-8　チャックの爪

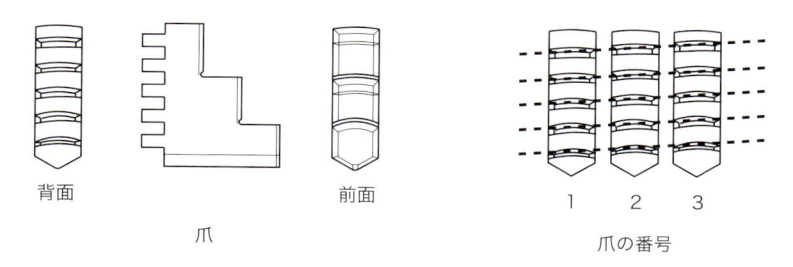

背面　　　　　　　　　　　前面　　　　　　　　1　2　3
　　　　　　爪　　　　　　　　　　　　　　　爪の番号

　図1-9はインディペンデント四つ爪チャックといって4本の爪が独立して動かせるため，丸棒に限らず複雑な形状のワークを掴むことが可能です。スクロールチャックよりワークの把握が強く位置を自在に変えられるため応用次第で様々な加工が可能となります。

図1-9　四つ爪インディペンデントチャック

　チャックにワークを固定する際は付属のチャックハンドル以外は使用しない方が良いです。強くチャッキングしたいからと柄が長いハンドルを使用したりパイプ等を使って柄を延長して強く締めるとチャックの爪やスクロールのネジ山が変形したり破損したりします。また，図1-10のように爪を大き

49

く開いた状態ではスクロールと爪の噛み合う歯数が少なくなります。この状態で強くチャックを締め込むと歯を破損してしまいます。チャッキングの際は常に刃の噛み合いを意識し，噛み合う歯数が少なくなるようであれば逆爪を使う必要があります。ワークは特別な場合を除き爪先だけで掴むのを避け，なるべく広い面積で掴むようにします。普段からの心がけ一つでチャックの精度や寿命は大きく変化します。もちろんチャックに限らず他の部分も同様です。無理な力をかけることは機械の精度を悪化させ寿命を縮めます。

図1-10　歯が1枚しか噛み合っていない

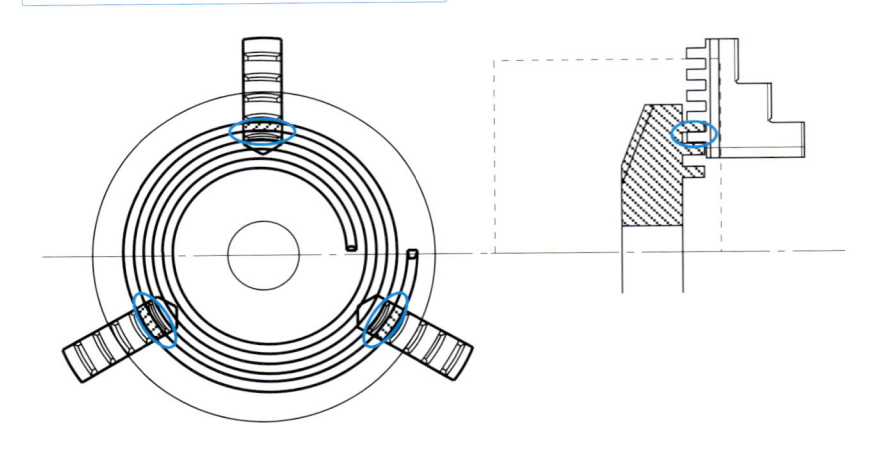

▶主軸

　主軸はベアリングで支持され，端部にチャックなどを装着します。チャックはフランジを介して主軸に取り付けられます。旋盤の主軸（スピンドル）は図1-11のように中空構造になっていて主軸貫通孔を通るワークであれば主軸貫通孔を通しチャックすることが可能です。ただし，細長い棒材は自重でたわみますし回転させると振れ回りが生じたり振動が大きくなったりして危険です（図1-12）。振れ止めのための治具を使用することや，主軸の回転数を十分に下げるなどして安全を確保する必要があります。ミニ旋盤の主軸貫通孔は10mm程度しかありません。10mm以下の棒材であればノコギリを使って切断することはそれほど手間や時間がかかることではありませんから短く切断してからチャックにくわえる方が良いでしょう。主軸のチャック

を取り付ける側の貫通孔はテーパー（円錐状の）穴になっていてセンターなどを装着できるようになっています。テーパー穴には規格があり，MT-○（モールステーパー○番）のように表されます。主軸にはチャックやセンターの他にも，面板やドリルチャック，コレットチャックなどが装着できます。

図1-11　主軸の構造

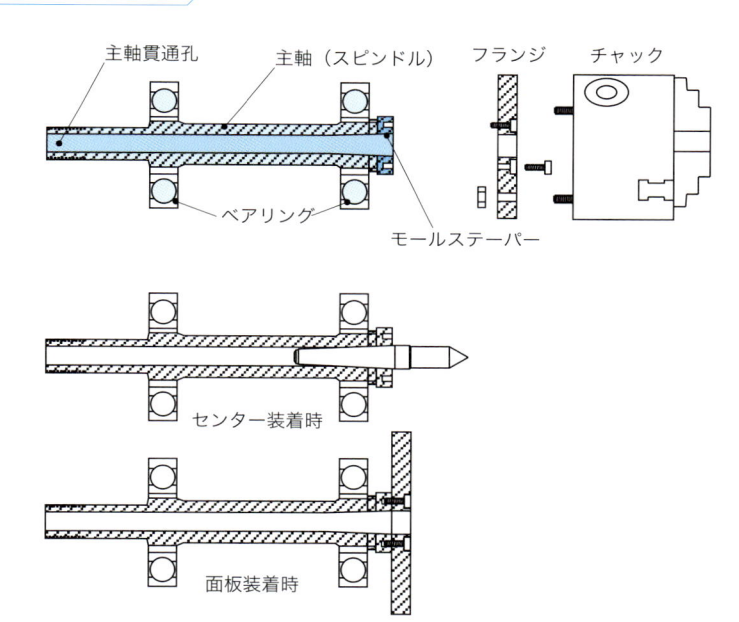

図1-12　振れ回り

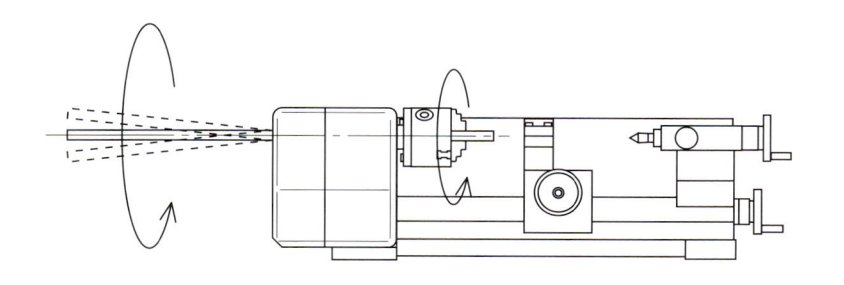

▶ 往復台

　ミニ旋盤の往復台はメーカーや機種によって多少の違いがありますが，縦送りと横送りできる装置（往復台）と刃物台によって構成されます。往復台は普通旋盤や，ミニ旋盤でも上位機種では図1-13のように，往復台，横送り台，複式刃物台，刃物台で構成されています。ミニ旋盤では機能を限定したり価格を下げるために往復台の一部が省略あるいは簡略化されているものもあります。図1-5のミニ旋盤『Compact7』では複式刃物台がなく，往復台（サドル）の上に結合された横送り台（クロススライド），横送り台の上に可動式の刃物台が固定されています。複式刃物台はオプションとして設定されていて追加装着が可能になっています（図1-14）。

　往復台は親ネジと連動していて親ネジの端に取り付けられている縦送りハンドルを回すことでベッド上を動きます。旋盤ではベッドに沿った方向（主軸-心押し台の方向）を縦送り（作業者からみると左右方向）と呼びます。縦送りハンドルにはゼロ点合わせ可能な目盛が刻まれているので任意の位置でゼロ点合わせを行うことで正確な距離を縦送りできるようになっています。

　横送り台は往復台の上をスライド可能なようにアリ溝と呼ばれる台形状の溝構造（図1-15）で結合されています。

図1-13　往復台

図1-14 複式刃物台（トップスライド）

複式刃物台
（トップスライド）

サドル

横送り台
（クロススライド）

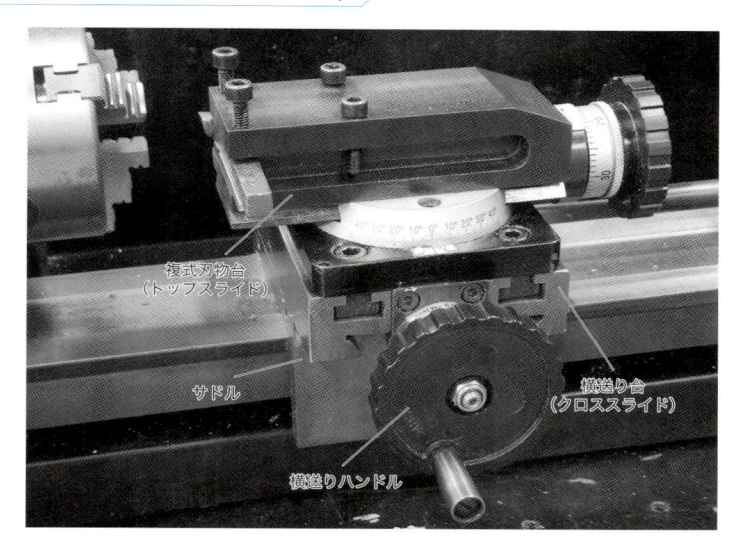

横送りハンドル

図1-15 往復台の構造

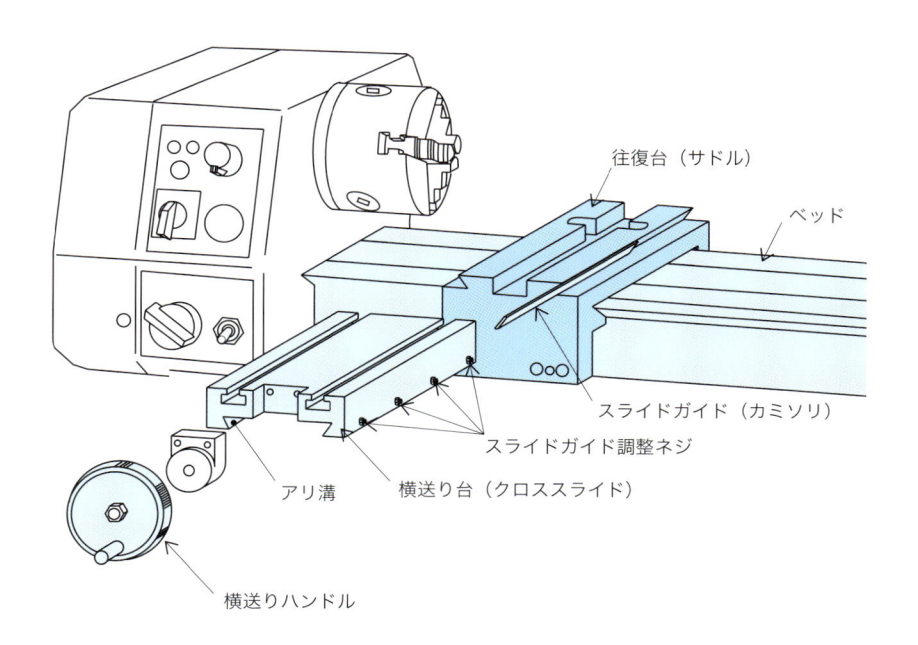

往復台（サドル）

ベッド

スライドガイド（カミソリ）

スライドガイド調整ネジ

アリ溝

横送り台（クロススライド）

横送りハンドル

1 ミニ旋盤の構造

2 基本切削

3 応用切削

4 自作ツールと特殊加工

巻末付録

53

▶心押し台

心押し台は図1-16のような構造になっており，心押し軸（クイル）にセンターやドリルチャックなどを装着できるようになっています。センター（固定センターや回転センター）は長いワークを加工するときに振れを抑えたり，心がズレないように支える必要があるときに使います。クイルにはテーパー（円錐状の）穴が開いています。テーパー穴には規格があり，MT-○（モールステーパー○番）のように表されます。装着できるセンターやドリルチャックのアーバーはクイルと同じモールステーパーでなければいけません。センターやドリルチャックはクイルに差し込むだけで固定されます。モールステーパーは摩擦力が非常に大きくなる円錐の特徴を利用したもので人の力では抜くことができないくらい強力に固定されます。装着したセンターやドリルチャックを外すにはクイルハンドルを回しクイルを根元まで引っ込めますと，アーバー端部が送りネジに押されて，テーパー穴から外れます。

図1-16　心押し台の構造

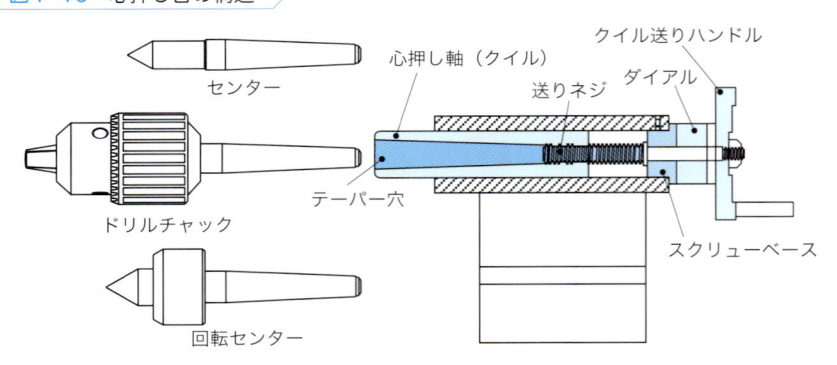

クイルには上部に目盛が刻んであります。クイルの移動距離の目安となるもので，ドリル加工の際には穴の深さを知る目安にもなります。クイルハンドルについている目盛（Compact7にはクイル送りハンドルにダイアルはありま

図1-17　クイルの目盛

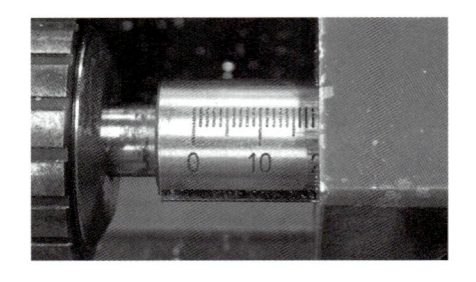

せん。）はより細かい数値を読むことができ，ドリル加工の際には，ワークの端面でゼロ点合わせをしておけばドリルが進んだ距離（穴の深さが何mmなのか）を知ることができます。クイルのストローク以上の深い穴をドリル加工する場合は，一度クイルをゼロ位置付近まで戻し，心押し台を前に進めてから固定し，再びクイルハンドルでドリルを送ります。この場合，切削屑を排出するために心押し台ごとワークからドリルを抜きながら加工をする必要があります。

▶操作部

　市販されているミニ旋盤の多くには様々な安全装置が備わっています。また，安全な状態になっていないと始動できないように配慮され作業者や旋盤本体を保護する機能が備わっています。安全装置が作動した場合は原因をつきとめ十分に安全性を確保した後に復帰操作を行い作業を再開するように努めなくてはいけません。

　ここでは東洋アソシエイツのCompact7を例に操作方法を説明します。

　表1-2は東洋アソシエイツCompact7の取扱説明書より抜粋した始動に必要な手順です。手順1から4まではどれから操作・確認してもよく，全てが安全状態になっていないと始動ができないようになっているのがわかります。全ての安全が確保された状態になったら最後に可変速ノブを操作し回転数を合わせ加工を開始します。また，オーバーロード（高負荷）状態が続くと電源系統の基盤を保護するために回転が停止し，異常ランプが点灯します。異常ランプが点灯した際は駆動系に異常がないかを確認します。駆動系に異常がない場合は無理な切削条件で加工を行っている可能性があります。切削条件を変えて切削抵抗が小さくなるように加工を行う必要があります。また，連続してオーバーロード状態が続いたり，操作部内部に切削屑が入り込み基盤にショートが生じた場合，ヒューズが切れ電源が入らなくなる機能も備わっています。緊急停止機能が発動した場合には，異常の原因を究明し安全性をしっかりと確保してから作業を再開するよう心掛けます。面倒だからとか時間がないからと原因の究明と解決をしないままヒューズを交換して作業を再開することは非常に危険ですし，結局は何度もヒューズ交換をしなくてはならなくなり，手間が増え時間をロスしてしまいます。Compact7のヒューズは定格2Aのガラス管ヒューズ（$\phi 5.2\times30$mm）です。

図1-18 操作部名称

チャックガード
異常ランプ
可変速ノブ
パワーランプ
ヒューズボックス
正転／逆転切り替えスイッチ
緊急停止スイッチ
自動送り装置切り替えスイッチ
旋盤／ミーリング切り替えスイッチ

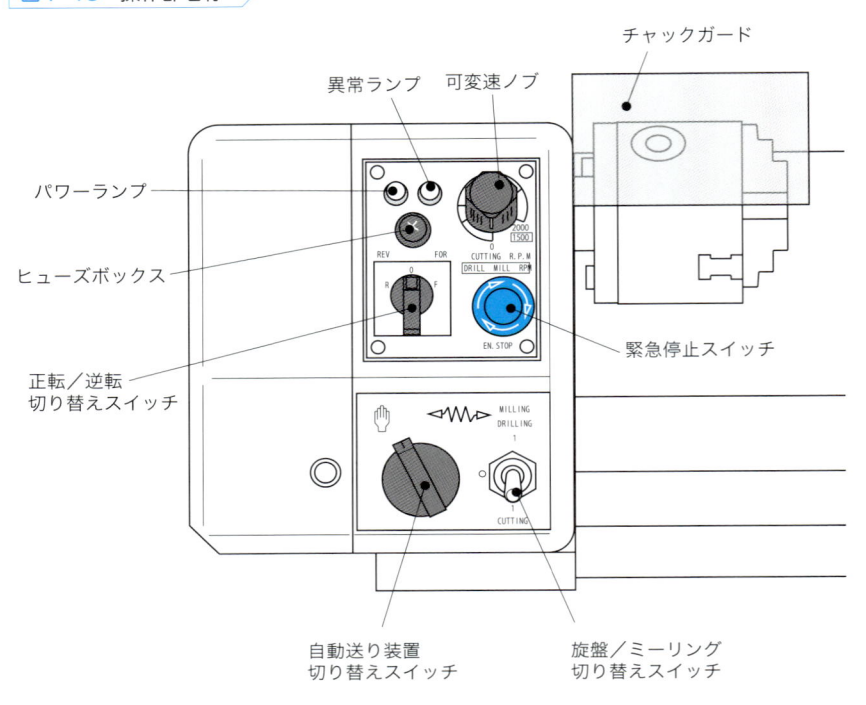

表1-2 Compact 7 操作手順

手　順		名　称	状　態
1		チャックガード	閉じる
2	順番はどれからでも良い	緊急停止スイッチ	凸（オン）の状態
3		正転／逆転スイッチ	RまたはF
4		旋盤／ミーリング切り替えスイッチ	CUTTING
5	必ず最後に	可変速ノブ	速度を上げる
始動する状態			

Compact7　取扱説明書より

▶各種アクセサリー

ミニ旋盤には様々な加工に対応できるように各種アクセサリーが用意されています。以下にミニ旋盤用にオプションとして市販されている各種アクセサリーを紹介します。

▶▶インディペンデントチャック

インディペンデントチャック（四つ爪チャック）は，各爪が独立して動かせるため，丸材だけでなく，角材なども把握が可能です。精密な心出しや偏心加工にも対応できます。爪はリバーシブルになっており，正，逆どちらでも使用可能です。

図1-19　インディペンデントチャック

▶▶面板

面板は三つ爪や四つ爪チャックでは把握できない形状のワークを固定するための器具で旋盤の主軸に取り付けて使用します。クランプなどを用いてワークを面板上に固定するので，チャックでは掴めない大きなワークや，薄い板状のワークでも固定できます。面板にはクランプを取り付けられるようにＴ型のスロットやボルトを通すための穴が開いており工夫次第で様々な形状のワークを固定することができます。

図1-20　面板とクランプ

▶▶ 固定振れ止め

　長尺のワークを加工する際の振れを抑えたり，センターが使えないパイプ状のワークや中ぐり加工の際の支えに使用します。固定振れ止めは旋盤ベッドに固定します。

図1-21　固定振れ止め

▶▶ 移動振れ止め

　細いワークの外径加工を行う際には，バイトを切り込もうとするとワークが逃げてしまいます。移動振れ止めは旋盤の往復台に取り付け，バイトの刃先に押されるワークを後方から支えることでワークが逃げるのを抑える目的で使用します。

図1-22　移動振れ止め　　　　　　　　　　　　　　　※巻頭カラー P.29「振れ止め」

▶▶ ボールカッティングキット

　ワーク先端のアール面取りや球面加工の際に用いる器具です。横送り台（クロススライド）上に取り付け使用します。図1-23のように，支点を中心としてバイトが円弧移動できるので，バイトの突き出し量を調整することにより任意の球面を簡単に仕上げることができます。

図1-23　ボールカッティングキット

▶▶ 回転センター

　回転センターはセンターピンがワークと一緒に回転できるようにベアリングが組み込まれたセンターです。固定センターのようにワークとの接触面に給油をする必要がなく，高速回転も可能です。心押し台に取り付け，長いワークを支えるために使用します。

図1-24　回転センター

▶▶ ドリルチャック

　ドリル加工の際に使用します。心押し台に取り付け，ドリルを把握しワークの回転中心に穴あけを行う際に使用します。

図1-25　ドリルチャック

▶▶ 主軸用レースセンター

　両センター加工を行う際に主軸側のセンターとして使用します。センター穴加工されたワークを両センターで支えると何度ワークを取り外しても軸心がずれることはないため，回転軸などの加工において，両センター加工はなくてはならない方法です。センターだけでワークを回すのは困難なため，ワークにケレ（回し金）を装着し主軸の動力を伝えます。

図1-26　レースセンター

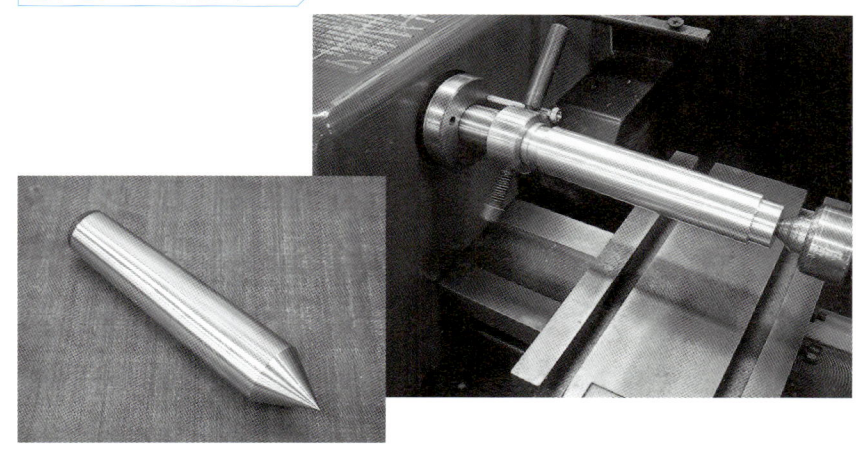

▶▶ ケレ（回し金）

両センター加工を行う際にワークに取り付け主軸の駆動を伝える目的で使用します。

図1-27　ケレ（回し金）
　　　　（左：市販品，右：自作）

▶▶ コレットチャックセット

コレットは主軸テーパー穴に差し込み主軸貫孔後部から引きネジで引っ張りながらワークを把握します。ワークを面で把握できるため回転軸などチャック爪による傷をつけたくないストレート形状の丸棒の把握に適しています。『Compact7』用のアクセサリーキットでは，φ3，4，5，6［mm］用のコレットがセットになっています。コレットチャックは特定の径のワークしか把握できませんがワークの振れを最小限に抑えることができます。また，ミーリング加工の際にはエンドミル等を把握します。

図1-28　コレットチャック

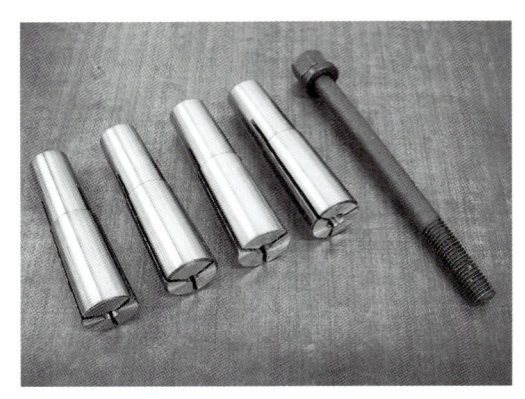

▶▶ ローレットホルダー

　ローレット加工を行うためのローレット駒ホルダーです。普通旋盤用の片側から押し付けるタイプのローレットホルダーでは，主軸に大きな負荷が生じます。ミニ旋盤には，図1-29のような両側から挟み込む形式のものが適しており，無理なくローレット加工ができます。

図1-29　ローレットホルダー　　　　　　※巻頭カラーP.28「ローレットホルダー」

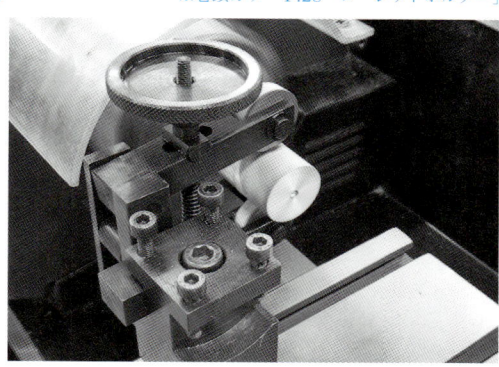

▶▶ バーチカルスライド

図1-30　バーチカルスライド

　垂直移動が可能な台です。ワークを固定したバーチカルスライドをクロススライド上に取り付け，主軸にエンドミルやドリルを取り付けることにより簡易的なミーリング加工が可能になります。

▶▶ チェンジギアセット

ネジ切りの際に親ネジの回転速度を合わせるためのギアセットです。主軸1回転に対するバイトの送り距離を変更できます。Compact 7 対応のセットは，ギアの組み合わせによりメーター用では0.5，0.7，0.75，0.8，1.0，1.25 ［mm］ピッチのネジ切り加工が可能になります。インチ用も用意されています。図1-31はメーター用チェンジギアセット，表1-3はセットに含まれるギアの諸元です。

図1-31 チェンジギアセット

表1-3 チェンジギアセット諸元

項　目	スペック
切削可能ピッチ［mm］	0.5，0.7，0.75，0.8，1.0，1.25
パッケージ内容（ギア歯数）	40，42，45，50，54，60

▶▶ バイト各種

ミニ旋盤には8mm角シャンクのバイトがちょうど良いサイズです。超硬やハイスのロウ付けバイト，チップ交換式のスローアウェイバイトや，ブレード式の突切りバイトなど様々なものが市販されています。

図1-32 バイト各種

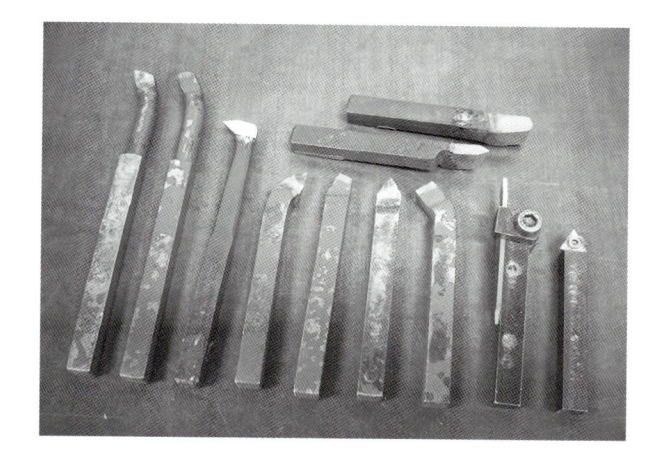

▶▶ ドリル

　ミニ旋盤専用のアクセサリーではないですが，センタードリルやドリルは穴あけ加工には欠かせないものです。

図1-33 穴あけ工具

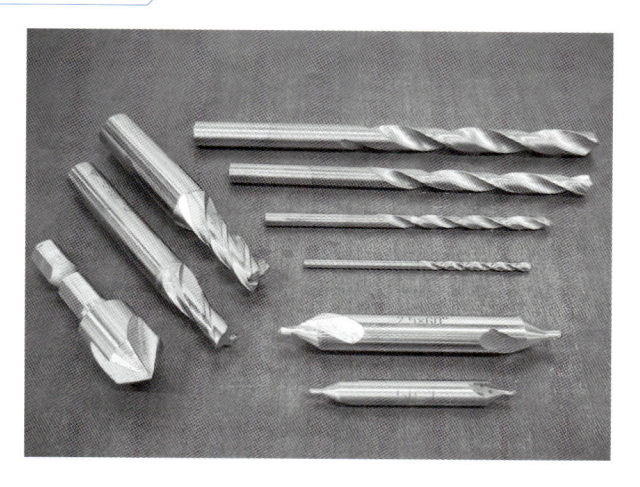

▶▶ その他

　こちらもミニ旋盤用というわけではないですが，電動リューター用の刃物もミニ旋盤で使うにはちょうど良い大きさです。クロススライド上にワークを据え付け横送りで真っ直ぐ切断できます。

図1-34　メタルソー

1　3　バイトの種類

▶用途による分類

▶▶片刃バイト

図1-35(a)のような左側に刃がついていて，右から左へ送って加工するバイトを右片刃バイト，図1-35(b)のように刃が右側についていて左側から右へ送って加工するバイトを左片刃バイトといいます。主に円筒側面の切削や端面の切削に用います。

▶▶剣先バイト

図1-35(c)は剣先バイトで主に円筒側面の切削に使用します。右からも左からも送ることができ，刃先の形状により荒削りや仕上げなど様々な種類があります。

▶▶中ぐりバイト

図1-35(d)の中ぐりバイトは円筒形状のワークの内径切削に使用するバイトです。ドリル穴の仕上げや穴径の拡大に使用します。

▶▶突切りバイト

図1-35(e)は円筒側面から刃を入れていき，溝加工をしたりワークを切断したりするときに使用します。ワークの端面にOリングなどを嵌める円形の溝を加工することも可能です。

▶ネジ切りバイト

図1-35(f)，(g)はネジ加工をする際に使用するバイトです。(f)は雄ネジ用，(g)は雌ネジ用です。メートルネジの場合は刃先角度が60°になっています。ネジ切りの際は加工しようとするネジのピッチに送り速度を合わせる必要があります。

▶姿バイト（総形バイト）

図1-35(h)は仕上げ形状と同じ形状の刃を持ったバイトです。(h)は球

面加工を行うための姿バイトです。刃の形状をグラインダー等を用いて自作する必要があります。同じ形状の部品を多数加工する際に使用すると効率的です。

図1-35　用途によるバイトの分類

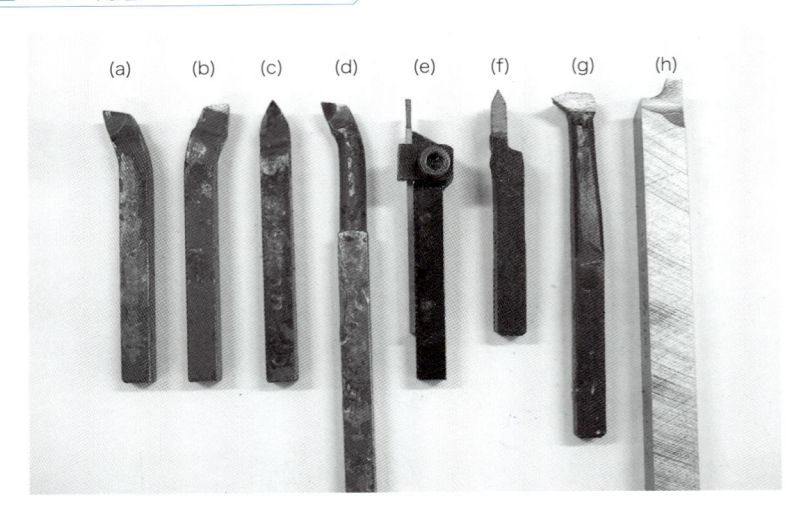

▶材質による分類

▶▶ハイスバイト

ハイス（HSS）は高速度工具鋼（Hihg Speed Steel）の略で，全体がハイス材でできたものや，シャンクの先端にハイスチップをロウ付けしたものなどがあります。

▶▶超硬バイト

超硬合金を使用したバイトで，シャンクの先端に超硬チップをロウ付けしたものや，超硬チップが取替式になっているものがあります。取り替え式のものはスローアウェイバイトと呼ばれます。超硬バイトはその名の通り硬く，摩耗にも強いですが，脆く欠けやすいので取り扱いには注意が必要です。

▶バイトの構造による分類

▶▶付刃バイト（ロウ付けバイト）

炭素鋼でできた角形のシャンク（柄）の先端にハイス鋼や超硬のチップがロウ付けされたバイトを付刃バイト（図1-36）と呼びます。グラインダーなどで刃を成形してから使う必要があるため初心者には大変かもしれませんが，刃が摩耗しても研ぎ直して使えます。刃先の形状やすくい角，逃げ角なども自由に成形できるため様々な加工に対応できます。

図1-36　ロウ付けバイト　　　　　　　　　　　　　　　　※巻頭カラー P.5「付刃バイト」

▶スローアウェイバイト

チップ交換式のバイト（図1-37）です。チップは切れ刃が成形してあり，自分で研ぐことなく，すぐにシャンクに取り付けて使用できるようになっていますので初心者にも扱いやすいバイトです。チップには三角やひし形など様々なタイプがあり，対応するシャンクに取り付け使用します。刃が摩耗したらチップの向きを変えるかチップごと交換します。例えば三角チップなら図1-38のように，各コーナーの表と裏で6箇所を使うことができます。（図中の番号は使う順番とは関係ありません。）

図1-37 スローアウェイバイト

図1-38 スローアウェイ
バイトのチップ

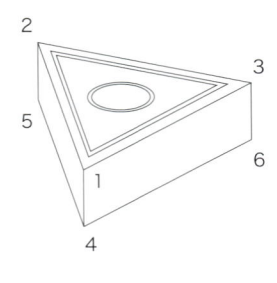

▶ **完成バイト**

　完成バイトは，シャンク全体がハイスや超硬でできていて任意の形に刃を成形することができるバイトです。どの部分でも切れ刃が作れますので，付刃バイトではできないような大きな（長い）切れ刃をもつ姿バイトや複雑な形状の刃を作ることができます。棒状（角形や丸型）のものや板状のものが市販されており，切れ刃の部分を成形してそのまま刃物台に取り付けることができるタイプ（図1-39左）と，バイトホルダーに取り付けるタイプ（図1-39右）などがあります。

図1-39 完成バイト（球面切削用（左）と突っ切り用（右））

▶切削作用と刃先の角度

　刃物は主としてクサビ作用を利用した引張力によって材料を分断しています（図1-40）。鋭い刃先を材料に食い込ませる必要があるためクサビの角度を小さくしなければなりませんが刃先の強度が小さくなるので硬い金属を切ることは困難です。金属を削るためには刃先の角度を大きくする必要があります。旋盤のバイトなど金属を切削する刃物は図1-41のように，刃先角（刃物角）を大きくし材料に強い圧縮（圧縮力に伴い生じるせん断力）を加えながら押し流すようにして切り屑を母材から分離しています。切り屑と母材との間の分離面にはせん断力が生じ，連続的に切り屑が生成されます。切り屑の形状は材料の種類や切削条件によって異なります。

図1-40　クサビ作用

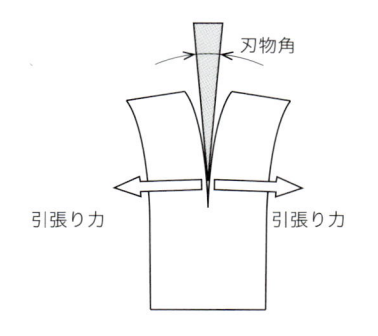

図1-41　金属材料の切削作用

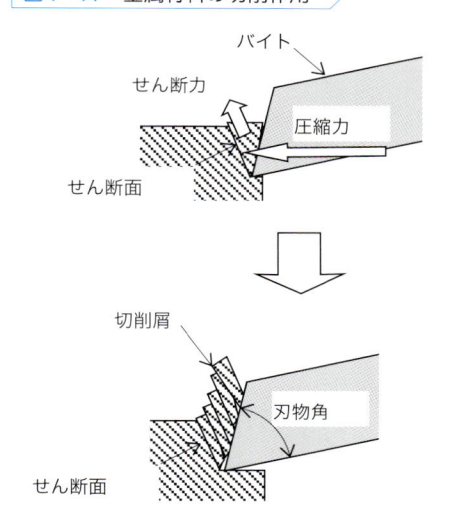

　刃物の切り屑に接する側の面をすくい面と呼び，切削後のワーク表面（被削面）と対する面を逃げ面と言います。図1-42のように，すくい面の傾きをすくい角，逃げ面の傾きを逃げ角と言います。すくい角を大きくすると刃物角が小さく（鋭く）なり切れ味が良くなりますが，刃物角が小さいと刃先は欠けやすくなり，また，切削熱の影響で刃先の温度が上がりやすくなる（刃が薄いのですぐに熱が溜まってしまう）ので軟化したり強度が低下したりします。

図1-42　刃先角度

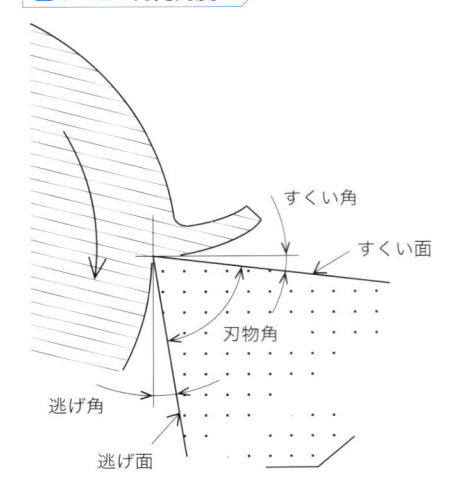

表1-4　すくい角度

	ハイス	超硬
鋼　材	15°	6°
鋳　鉄	6°	3°
真　鍮	6°	3°
アルミ合金	20°	15°

図1-43　刃先の名称と角度

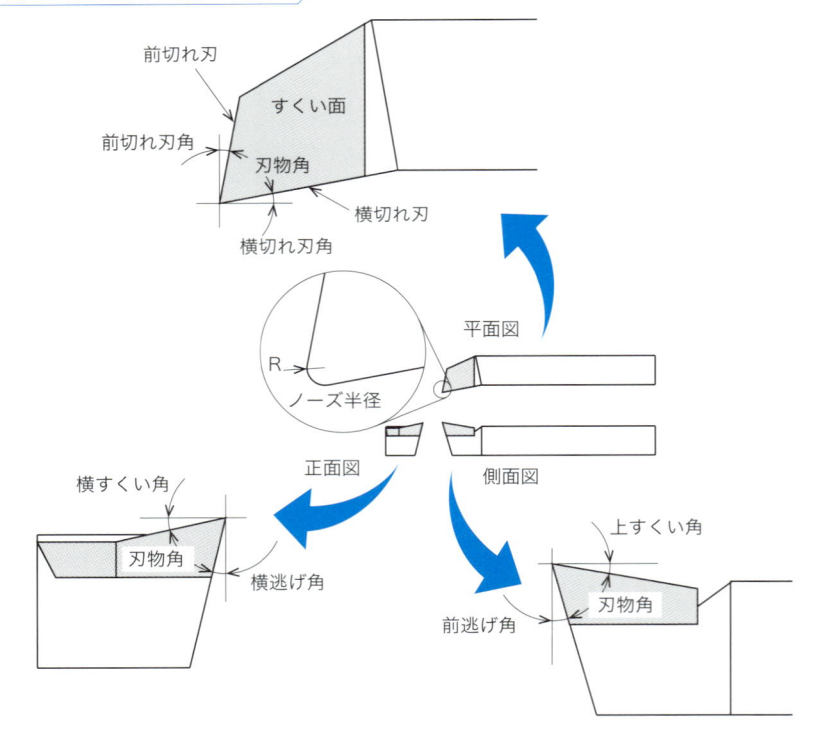

表1-4にすくい角の目安を示します。逃げ角は，刃物が被削面と接するのを防ぐ目的で設けます。逃げ角も，すくい角と同様に大きくしすぎると刃物角が小さくなります。逃げ角の基準はハイスで10°程度，超硬で6°程度ですが，硬い材料を削る時は小さく，軟らかく粘る材料を削る時は大きくします。

　旋盤のバイト刃先は各面についてそれぞれ，刃物角，すくい角，逃げ角がつけられています。また，刃の先端にはノーズ半径（ノーズアール）と呼ばれる丸みをつけて，刃先に作用する応力を分散させます。図1-43に片刃バイトの各面の刃先角度を示します。

　切り屑が長くつながった状態で排出されるとワークに巻き付いたり，せっかく仕上げた加工面に傷をつけたりする恐れがあります。特に，ワークに巻き付いて振り回されながらどんどん成長する切り屑は作業者にとっても危険です。切削中に排出される切り屑を細かく分断するために，すくい面にチップブレーカー（図1-44）と呼ばれる段差を設けることで切り屑が長くつながることを抑制できます。

図1-44　チップブレーカー

1.4 準備と調整

　機械部品や研究用機材の開発など正確な寸法で材料を加工する際には、正確な寸法を測定する機器も必要となります。ここでは、旋盤作業に必要あるいは、あると便利な測定用機器と、精密な加工には不可欠の旋盤の調整方法について紹介します。

1.4.1 準備

　旋盤作業を始める前には、チャックの爪や送り台、送りハンドルがスムーズに動くか、ガタはないかをチェックし、必要であれば調整や給油をして可動部がスムーズに動くように調整します。調整方法の詳細は次節で説明しますので、ここでは毎回使用する前に行う準備について説明します。

図1-45　ミニ旋盤の給油箇所

▶給油

旋盤の使用を開始する前には図1-45のように，チャック（爪）の摺動面，ベッドと往復台や心押し台の摺動面，送り台の摺動面，親ネジや送りネジ，送りハンドルの付け根，心押し台とクイルの間の摺動面に給油するとともにスムーズに動くことを確認します。チャックに給油した際は，給油量が多いと主軸を回転した時に油が飛び散るので注意が必要です。できればチャックの爪は外してスクロールと噛み合うギアやチャックとの摺動面に給油後，ウエスで軽く拭き取っておく方が安心です。

▶締め付け工具

旋盤作業には，ワークやバイトの脱着，送り台固定ネジを緩めたり締めたりといった作業が頻繁に生じます。図1-46は旋盤作業に必要となる締めつけ工具です。大抵はミニ旋盤を購入すると付属している工具ですが，旋盤作業を始める前に用意し作業台に並べておくと，いざ使うときに作業を中断しなくて済みます。また，作業後も決まった場所に片付けるようにしておくと，次の作業時に準備がスムーズに進みます。旋盤作業に限らず，工具は日頃から整理整頓し，しっかり手入れしておくことが大切です。

図1-46　締めつけ工具

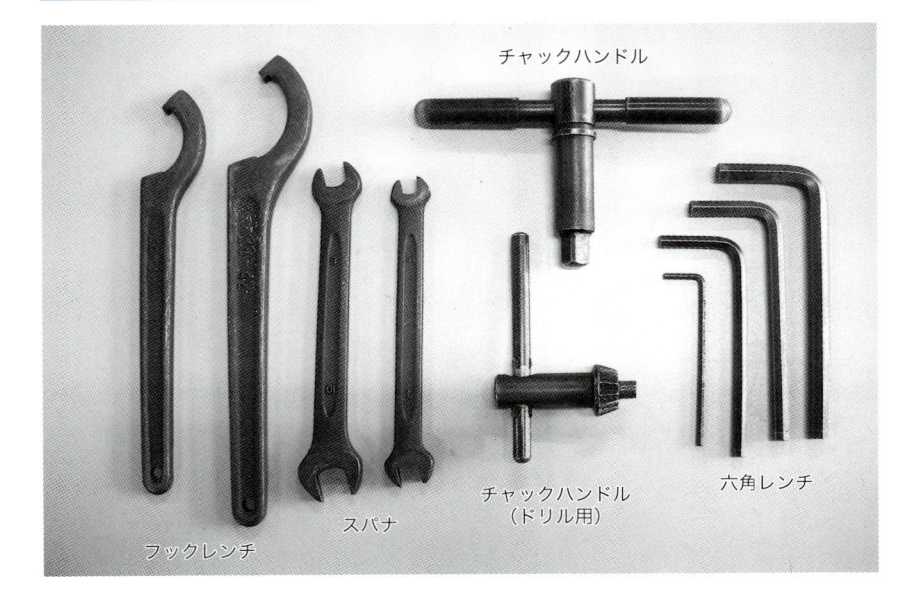

▶ 測定用器具

図1-47は旋盤作業では比較的よく使う測定器具です。各測定器具の使用方法は他の専門書に譲りますが，特に直尺とノギスは，なくては作業にならないほど出番の多い測定器具です。ノギスは外径，内径，深さなどの測定が可能で，5/100mm（デジタルノギスは1/100mm）の精度で寸法が分かりますので，正確な測定を必要とする作業には不可欠です。これから旋盤を始めようという方は，まずノギスを入手しておけば大抵の作業をこなせます。

図1-47　測定器具

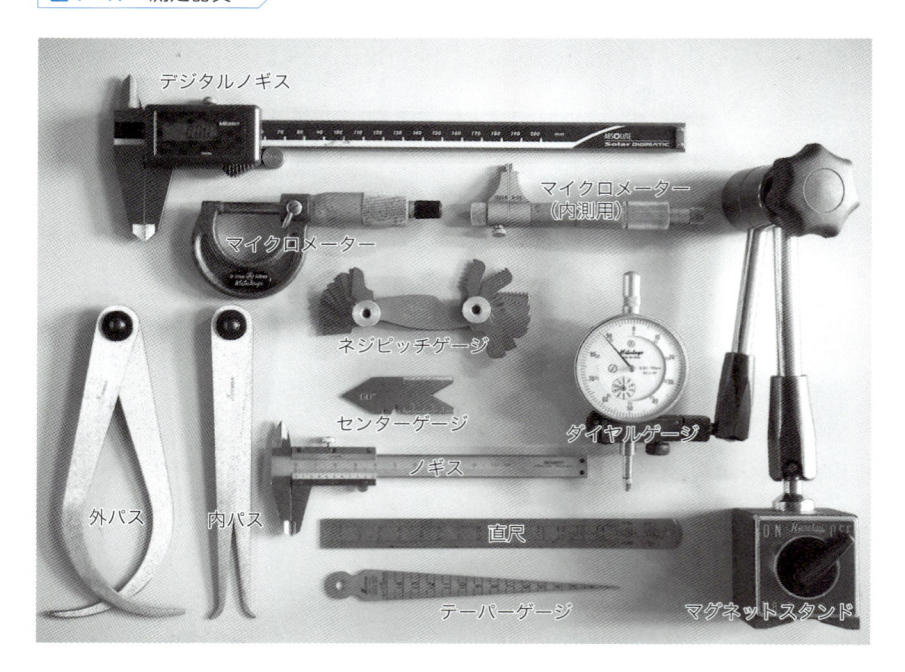

特に精密な加工を必要とする場合はマイクロメーターやダイヤルゲージとマグネットスタンドが必要になります。四つ爪チャックを使用する際はダイヤルゲージがなくては心出し作業ができません。

その他，ネジ加工をする際にはセンターゲージとネジピッチゲージ，穴の径や隙間の大きさを知ることができるテーパーゲージ，ワークにケガキやポンチを打ったり，工作物の測定に使用するVブロックやハイトゲージ等の工具（図1-48）があると作業が捗ります。

図1-48 ケガキやポンチ作業に役立つ工具

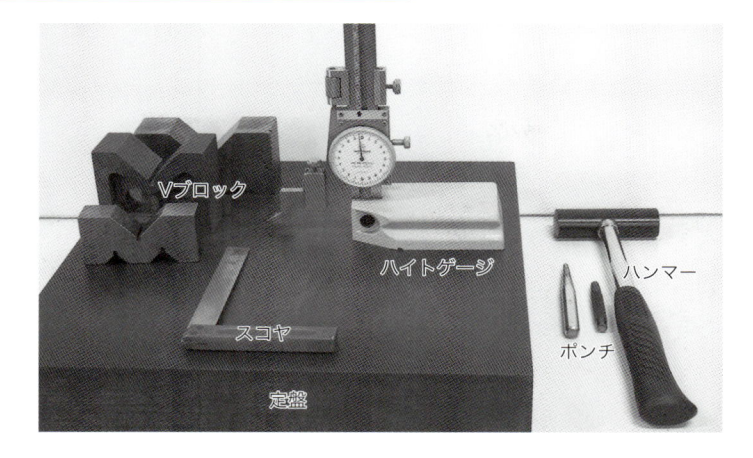

▶掃除道具

　旋盤加工では必ず切削屑が出ますので頻繁な掃除がつきまといます。切削屑をそのままにしておくと、加工中に排出される切削屑が長く連なって回転中のチャックやワークにからまり振り回され、ベッドの下に溜まった切削屑も巻き込んで切削屑を撒き散らすことになります。特にミニ旋盤ではベッド下のスペースも狭いため、頻繁な掃除を心がけることが、安心して作業に集中できる環境作りに不可欠です。旋盤のベッド下に溜まった切り屑を掃くための刷毛、チャックやバイト周りの細かい切り粉の掃除にはブラシ、作業台や床に散らかった切り屑の掃除には小型のホウキとチリトリがあると便利です。切削油や給油で付着した油を拭き取るためのウエスも用意しておくと良いでしょう。

図1-49 掃除道具

1 4 2 調整

　旋盤には可動部がたくさんあります。それぞれの可動部がガタなくスムーズに動かなくては加工中にビビって寸法通りに加工できないばかりでなく，旋盤の寿命を縮めたり，作業者の身に危険を生じたりします。機械は整備と調整なしには本来の性能を発揮しません。本節ではミニ旋盤『Compact 7』を例に，ミニ旋盤の調整箇所について説明します。

▶スライド部の調整

　往復台（サドル）と横送り台（クロススライド）の摺動面は長く使っていると摩耗し隙間が広がっていくので，定期的な調整が必要です。スライド部の調整は，図1-50に示す調整ネジで行います。『Compact 7』には，横送り台に4ヶ所，往復台に3ヶ所の調整ネジがあり，調整ネジをロックしているナットを緩めてから調整ネジを締め込むとカミソリがアリ溝に押し付けられることで摺動面の隙間が小さくなり，ガタがなくなります。スライド調整の際は，一旦調整ネジを全て緩めてから，1本目の調整ネジの締め加減を調整し，送りハンドルを回しながらスライド部の動きを確認してちょうど良い具合になったら，ロックナットを締めて調整ネジを固定します。

　次いで，2本目の調整と確認，3本目の調整と確認というふうに，1本ずつ調整と確認を進めます。"往復台や横送り台が，ガタなくスムーズにスライドし，送りハンドルが重すぎず軽すぎないちょうど良い具合"というのを言葉で説明するのは難しいですが，普段から旋盤を使っていれば自然と分かるようになる感覚ですから，説明の必要はないでしょう。ハンドルの重さと台のガタはハンドル調整ナットの締め加減も関係しています。

　調整ネジによるスライド部の調整は，ガタツキや動きの重さを感じたときに行えば良いと思いますが，数ヶ月に1度はオーバーホールも必要です。摺動面や送りネジの摩耗状態を確認し，必要であれば修正や交換をすることで，旋盤の性能を維持することができます。『Compact 7』の横送り台と往復台の分解手順を以下に示します。

　横送り台は横送り台調整ネジを全て緩めた状態で，横送りハンドルのハンドル調整ナットとハンドルを外し，横送り台を手前にスライドさせれば簡単に分解できます（図1-51）。

図1-50　スライド調整ネジ

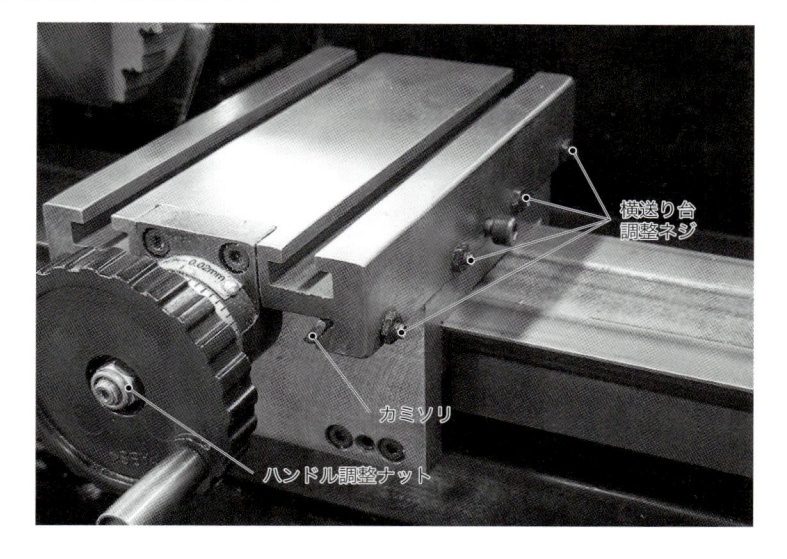

横送り台調整ネジ
カミソリ
ハンドル調整ナット

往復台調整ネジ
カミソリ

図1-51(a) 横送り台の分解方法

①ロック及び調整ネジを全て緩める
③手前にスライドさせる
②ハンドル調整ナットとハンドルを外す

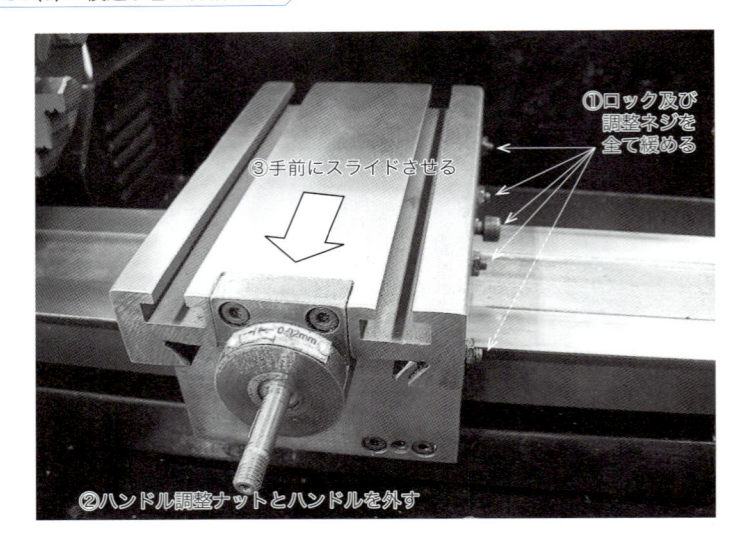

図1-51(b) 分解された横送り台

往復台は，図1-52に示すエプロン（往復台前面）にあるロックネジと親ネジナット固定ネジを緩めると親ネジから分離されます。背面の往復台調整ネジを全て緩め，縦送りハンドル調整ナットと縦送りハンドルを外し，往復台を右方向（心押し台側）へスライドさせればベッドから分離できます。ただし，往復台を分離する前に，心押し台をベッドから分離しておく必要があります。

図1-52　往復台の分解方法

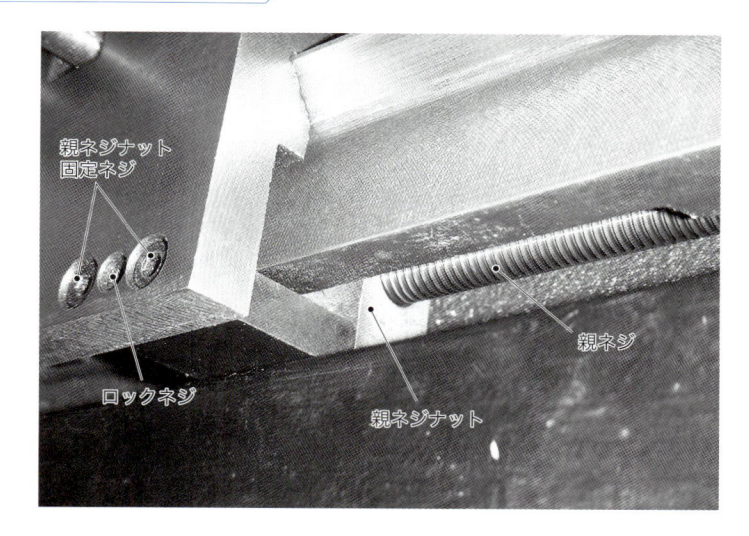

　図1-53(a)は分解した横送り台と往復台です。アリ溝やカミソリの摺動面についているゴミや潤滑油を拭き取り摩耗状態や傷がないかを確認します。クロススライドナットやクロススライドネジ(b)についてもネジ部の汚れを取り除き，摩耗や損傷状態もチェックし，必要であれば修正や交換をします。
　各部品の組み付けの際は油を塗布し可動部や摺動面の動きを確認しながら丁寧に組み立てます。

図1-53(a) 分解した往復台と横送り台

クロススライドナット
カミソリ
往復台（サドル）
横送り台（クロススライド）

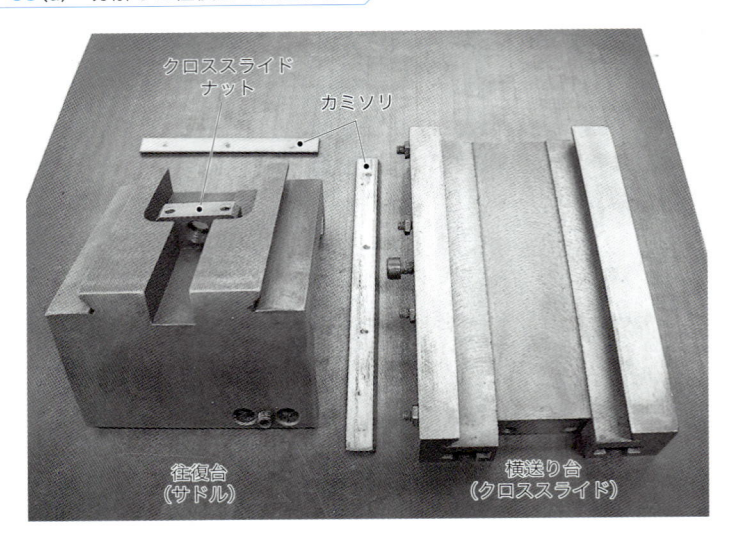

図1-53(b) 送り機構の構成

ハンドル
ダイアル
ブラケット
Cリング
キー
クロススライドネジ
ワッシャ
ナット

▶心押し台の調整

　心押し軸の心高があっていないとドリルを使った穴あけや両センター加工などが正しくできません。心押し軸のセンターがズレることはあまりありませんが，精密加工の前には必ず確認するようにします。

　『Compact7』の心押し台は，図1-54に示す心押し台固定ネジを外せばベッドから分離できます。

図1-54　心押し台固定ネジ

　図1-55(a)のように，心押し台の裏側にある固定ネジと背面にある仮固定ネジを緩めると心押し台がスライドできるようになります。固定ネジを緩めた状態で心押し台をベッドに取り付け，心押し軸と主軸にセンターを装着し（図1-55(b)），心押し台のズレを修正します。左右方向のズレについては，スライド機構で調整し，高さ方向のズレは心押し台のスライド部に薄板を挟んで調整します。調整が済んだら，心押し台背面の仮固定ネジを締め込み，スライドをロックしておき，心押し台をベッドから取り外し，裏側の固定ネジを締め込み完全に固定します。最後に心押し台をベッドに取り付け，再度センター確認をします。

図1-55(a) 心押し台調整ネジ

固定ネジ

心押し台裏側

仮固定ネジ

心押し台背面

図1-55(b) 心押し台の調整

84

心押し台は図1-56(a)のように，上面のネジを取り外すだけで簡単に分解できます。図1-56(a)では心押し軸（クイル）を抜いてから分解していますが，クイルを抜いていなくても，ハンドルと一緒に背面から抜き出せます。図1-56(b)は心押し台の構成部品です。前述の送り台同様，各部品の摩耗や損傷状態をチェックし，必要であれば修正，交換します。組み付け時には，油を塗布し丁寧に組み立てます。

図1-56(a) 心押し台の分解

図1-56(b) 心押し台の構成部品

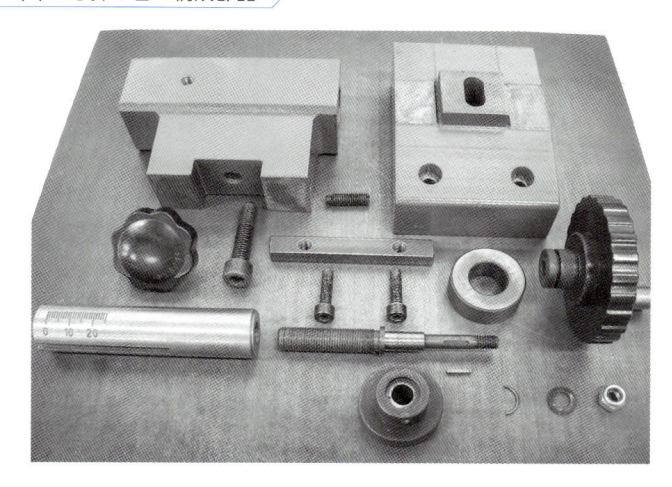

1 4 3 送り速度

　ミニ旋盤『Compact 7』はギアの配置によって2種類の送り速度が選択できます。図1-57のように，主軸から軸1（第1軸），軸2（第2軸），軸3（第3軸）と減速しながら，最終的に親ネジへと動力を伝えます。送り速度は表1-5に示すように主軸1回転あたりの往復台の移動距離［mm/rev］で表されます。荒削りの際は0.1［mm/rev］，仕上げ削りの際は0.05［mm/rev］というように使い分けると作業効率が高まりますが，ギアを組み替えるのに少々手間がかかります。普段は0.05［mm/rev］にセットして仕上げ削り用としておき，荒削りは自動送りを使わずに手送りで作業を進める方が効率的かもしれません。

図1-57　チェンジギア配置図

表1-5　送り速度とチェンジギアの組み合わせ

送り（mm/rev）	位置	主軸	軸1	軸2	軸3
0.05	奥	36	72	19	90
	手前		24	76	SP
0.1	奥	36	54※	19	76
	手前		24	60	SP

SP：スペーサリング　※別売りチェンジギア

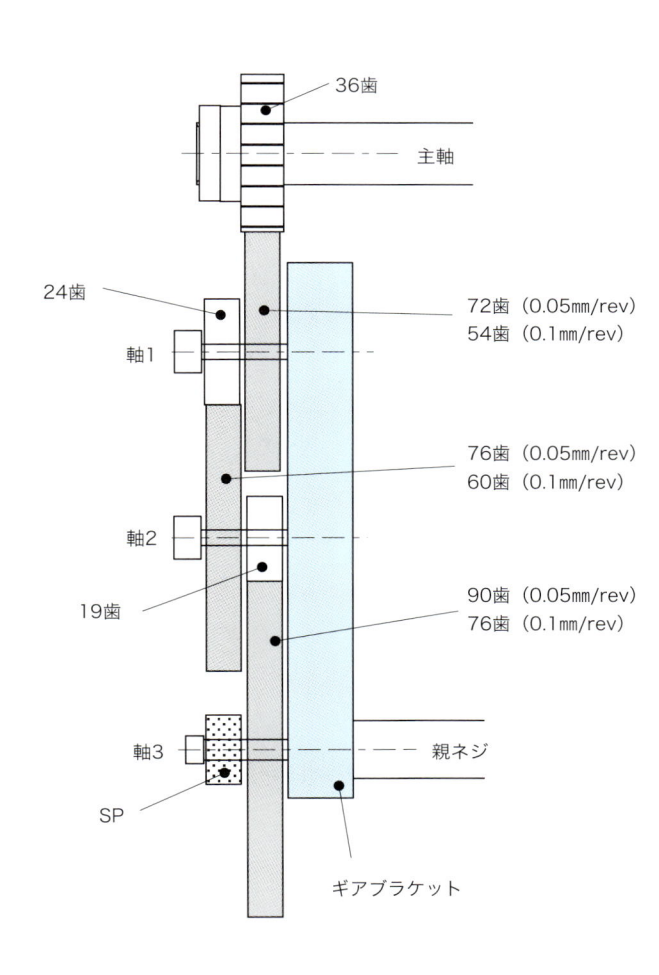

36歯
主軸

24歯
軸1

72歯（0.05mm/rev）
54歯（0.1mm/rev）

76歯（0.05mm/rev）
60歯（0.1mm/rev）

軸2

19歯

90歯（0.05mm/rev）
76歯（0.1mm/rev）

軸3
SP

親ネジ

ギアブラケット

1-4　4　バイトの取り付け

▶心高合わせ

　バイトを刃物台に取り付ける際には，図1-58(a)のように，心押し台にセンターを取り付けバイトの刃先をセンターに合わせて高さを調整（心高調整）します。高さを調整する際はバイトの下に図1-58(b)のような敷板を敷きます。敷板は余った端材を利用します。様々な厚さの敷板を用意しておくと心高合わせの際に手間取らなくて済みます。

図1-58(a)　センターを利用した心高調整

図1-58(b)　敷板

半月状の敷金がついている刃物台は敷板なしでもバイトの傾きを調整することで心高合わせができます（図1-59）。ただし，あまり刃先が上がりすぎた状態ではすくい角が付き過ぎ，刃先が下がりすぎるとすくい角がなくなりますので敷板を併用し心高を合わせます。

図1-59　バイトの傾き調整式の刃物台

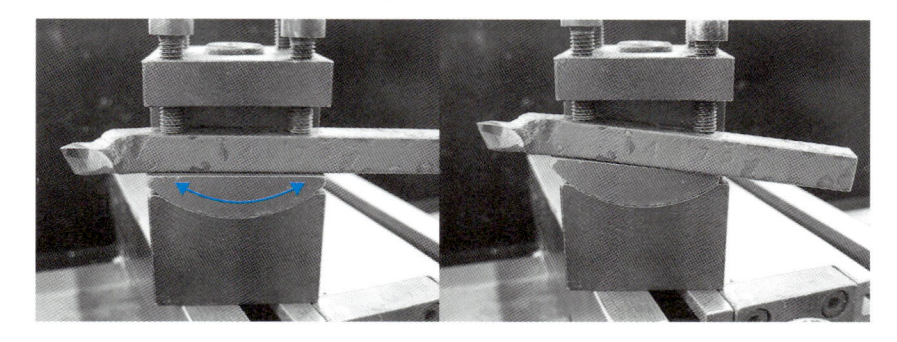

▶心高ゲージを用いる

　心高合わせの際にいちいち心押し台にセンターをセットして刃物台をセンターの方へ回転しバイトの刃先をセンターに合わせるのは面倒です。あらかじめ図1-60のようなセンターの中心に高さを合わせた心高ゲージを作って手元に置いておけば，バイトを取り替えるたびにセンターをセットする手間も刃物台をセンターの方へ回転する手間も省け，素早く心高合わせを行えます。

図1-60　心高ゲージ

1 4 5 バイトの研ぎ方

▶グラインダー

　砥石などで削って加工することを研削といいます。グラインダーは円盤状の砥石を高速で回転させ研削加工をするための機械です。バイトの研削に使用するグラインダーは図1-61に示す両頭グラインダーがお勧めです。両頭グラインダーは，2つの砥石を取り付けることができる置き型のグラインダーです。2種類の砥石を取り付けられるので荒削り用と仕上げ用，ハイスバイト用と超硬バイト用といった具合に使用目的に応じて砥石を組み合わせます。バイトを研ぐためにはグラインダーが安定していなければなりませんから，振動でグラインダーが動くことのないようにしっかりと作業台に固定でき，ワークレストがしっかりしたタイプのものを選びましょう。

図1-61　両頭グラインダー

　グラインダーを使ってバイトを研ぐ際は，作業前に，まわりに巻き込まれそうなものや引火性のものがないことを確認し，安全メガネと防塵マスクを着用し，回転中の砥石に巻き込まれないよう服装にも注意しましょう。また，砥石カバーを外したまま使用するのは非常に危険です。砥石は高速回転するため，回転中に砥石が割れると，もの凄い勢いで周囲に飛び散ります。

研削中はバイトが非常に高温になります。刃先が焼けるのを防ぐために，こまめに水に浸けて冷却します。ハイスバイトを研ぐ際，刃先が青く焼けた場合は焼戻した状態になっていますので，そのままでは刃の硬度が低下しており使えません。焼入れするか，変色した部分を削り取る必要があります。研削中はバイトが非常に高温になりますが，熱いからといって軍手など巻き込まれる恐れのある手袋を着用したり，バイトを布で包んで保持するのは非常に危険です。バイトを水で冷却しながら少しずつ研ぐか，しっかりとバイトを保持できるホルダーやバイスプライヤーなどを使用するようにします。
　また，砥石の側面を使って研ぐのは非常に危険です。図1-62のように砥石は形状によって研削に使用できる面（使用面）が決まっています。平形砥石の場合，側面からの力には弱いので側面にバイトを強く押し付けると割れてしまう恐れがあります。高速回転している砥石が割れると破片が周囲にもの凄い勢いで飛び出し危険です。使用面以外の面を使うことは厳禁です。落としたりぶつけたりして衝撃を受けた砥石の使用も厳禁です。
　グラインダーで研削中はバイトだけでなく砥石自身も削られ砥粒が飛散します。砥粒が旋盤の摺動面や軸受等に付着すると摩耗を早めますので，グラインダーは旋盤から離れた場所に設置するほうが良いでしょう。

図1-62　砥石の形状と使用面

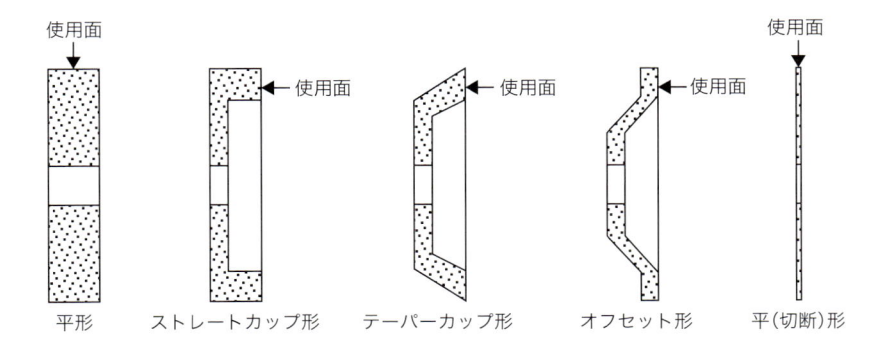

平形　　ストレートカップ形　　テーパーカップ形　　オフセット形　　平(切断)形

▶砥石

　砥石は砥粒と呼ばれる硬い粒を結合剤（ボンド）で焼き固めて作られています。砥粒の一粒一粒が小さな刃物となり，工作物の表面を削り取ります。砥粒は摩耗すると脱落し次の砥粒が砥石表面に出てくる仕組みです。このような作用を自生発刃（じせいはつじん）または自生作用といい，砥石は常に研削可能な状態を維持できるようになっています。砥粒には，アルミナ系，炭化ケイ素系，ダイヤモンドなどがあり，ボンドには，ビトリファイド（セラミックス），レジノイド（樹脂），メタル（金属）など様々な種類があります（表1-6）。ボンドの結合度合い（結合度）によって砥石の硬さが変わります。砥石の硬さは一般に，硬い加工物には軟らかい結合度のものを，軟らかい加工物には硬い結合度のものを用います。結合度合いはA〜Zの記号で表され，Aに近いほど軟らかく，Zに近いほど硬くなります（表1-7）。結合度はワークへのあたり（ワークを削る時の手応え）や砥粒の脱落しやすさに影響します。結合度が硬すぎる場合，砥粒の自生作用が妨げられ，砥粒が磨耗して切れ味が低下する「目つぶれ」や，砥石表面に切り屑が詰まる「目詰まり」が生じます。結合度が小さいと砥粒が脱落する「目こぼれ」が生じワークを削ることができなくなります。

表1-6　砥粒の種類

区　分	名　称	記号	色調	用　途
アルミナ系	褐色アルミナ	A	褐色	一般鋼材，生鋼材
	解砕型アルミナ	HA	灰白色	合金鋼，工具鋼，焼入鋼
	淡紅色アルミナ	PA	桃色	合金鋼，工具鋼，焼入鋼
	白色アルミナ	WA	白色	合金鋼，工具鋼，焼入鋼
	ジルコニアアルミナ	AZ	灰白色	鋼材
炭化ケイ素系	黒色炭化ケイ素	C	黒色	アルミや真鍮などの非鉄金属，非金属
	緑色炭化ケイ素	GC	緑色	超硬合金，鋳鉄，セラミック

表1-7 砥石の結合度と性質

A	←	結合度	→	Z
高い	←	砥石強度	→	低い
硬・脆	←	ワーク材質	→	軟・粘

　砥粒の大きさを粒度といい，粒度の大きさによって研削面の荒さが変わります。粒度はペーパーヤスリ等と同様に，数値が小さいほど大きな砥粒が使われ，研削面の荒さも荒くなります。砥粒やボンドの種類，結合度などは図1-63に示すように砥石のラベルで判断できます。バイトの研削には中目（粒度30〜60番）のアルミナ系（AかWA）砥石と，細目（粒度100〜200番）のGC砥石があれば大抵の作業に対応できます。

図1-63 砥石の表示

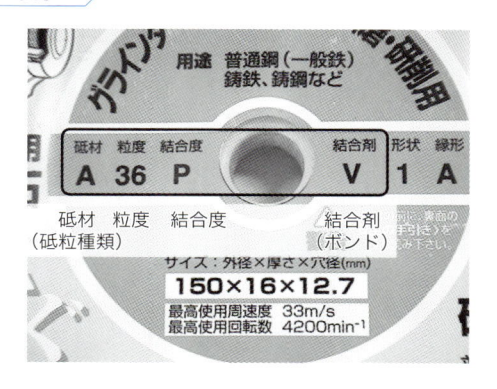

用途 普通鋼（一般鉄）
鋳鉄，鋳鋼など

砥材 粒度 結合度　　　結合剤　形状 縁形
A 36 P　　　　　　V　　1　A

砥材　粒度　結合度　　　結合剤
（砥粒種類）　　　　　（ボンド）

サイズ：外径×厚さ×穴径(mm)
150×16×12.7
最高使用周速度 33m/s
最高使用回転数 4200min^{-1}

用途 超硬合金，アルミ
陶磁器，非鉄金属，石材

砥材 粒度 結合度　　　結合剤　形状 縁形
GC 120 H　　　　　V　　1　A

砥材　粒度　結合度　　　結合剤
（砥粒種類）　　　　　（ボンド）

サイズ：外径×厚さ×穴径(mm)
150×16×12.7
最高使用周速度 33m/s
最高使用回転数 4200min^{-1}

砥石を交換する際は，砥石のラベルに記載されている寸法や最高使用回転数に注意します。グラインダー本体にも取付け可能な砥石の寸法や使用回転数が表示されていますので，適正な砥石を選ぶ必要があります。砥石の最高使用回転数は1分あたりの回転数で，[min^{-1}]（または[rpm]）のように表示され，寸法は図1-64に対応した各部の長さが，外径(mm)×厚さ(mm)×孔径(mm)の順序で表されます。

　砥石の使用面が偏摩耗したり目詰まりした場合は砥石修正用の砥石やドレッサー（図1-65(a)，(b)）などで修正をします。

図1-64　砥石の寸法

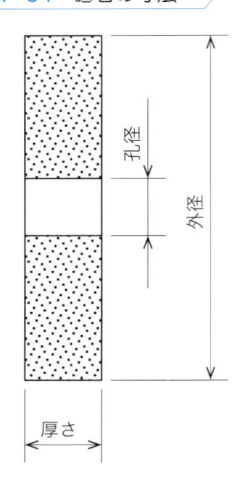

図1-65(a)　ドレッサー

図1-65(b)　ドレッサーによる砥石の修正

　砥石が減るとワークレストとの隙間が大きくなります。隙間が大きすぎるとワークが巻き込まれて危険です。図1-66のように隙間は1〜3mm程度になるようにワークレストの位置を調整します。

図1-66 ワークレストの隙間調整

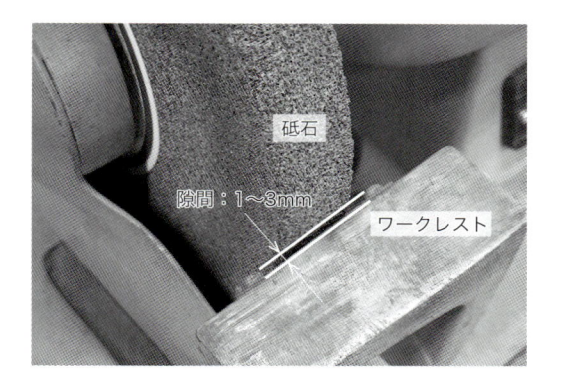

砥石
隙間：1〜3mm
ワークレスト

▶バイトの研削

バイトを研ぐ際は，図1-67(上)のように，砥石使用面にバイトの研削面を当て切れ刃と逃げ角（またはすくい角）を同時に研削します。前切れ刃と前逃げ角，横切れ刃と横逃げ角はそれぞれ，バイトをワークレスト上で必要な角度に傾けた状態で安定させ，左右に動かし砥石使用面全体を使いながら研削します。使用面全体を使うことで砥石の偏摩耗を防ぐことができます。すくい面や逃げ面の研削は図1-67(下)のようにワークレスト上に指を載せた状態でバイトを支え，指を支点にバイトを動かすと安定して研削できます。バイトを強く砥石に押し付けると速く研削できますが研削面は荒れやすくなります。また，砥石の摩耗も速くなります。

図1-67 グラインダーによるバイトの研ぎ方

※巻頭カラー P.5「バイトの研削」

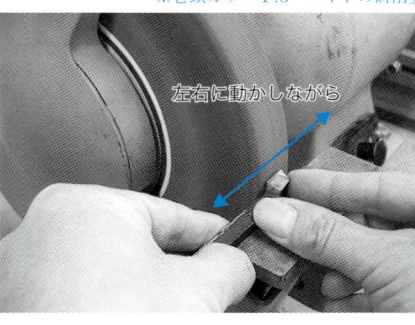

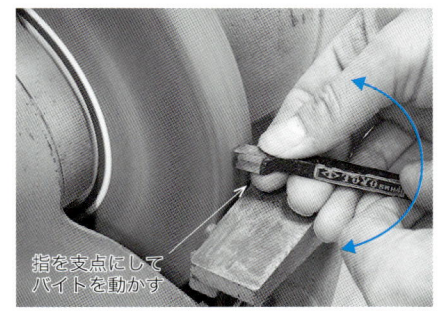

左右に動かしながら

指を支点にして
バイトを動かす

95

チップブレーカーは，図1-68のようにバイトを立てて支え砥石のエッジを利用して研削します。あまり強く押し付けると砥石のエッジばかりが摩耗していきます。エッジが摩耗して丸くなるとチップブレーカーのアールも大きくなりますので，砥石のエッジが丸くなったら砥石の使用面全体をドレッサーで削ってエッジを出します。

図1-68　チップブレーカーの研ぎ方

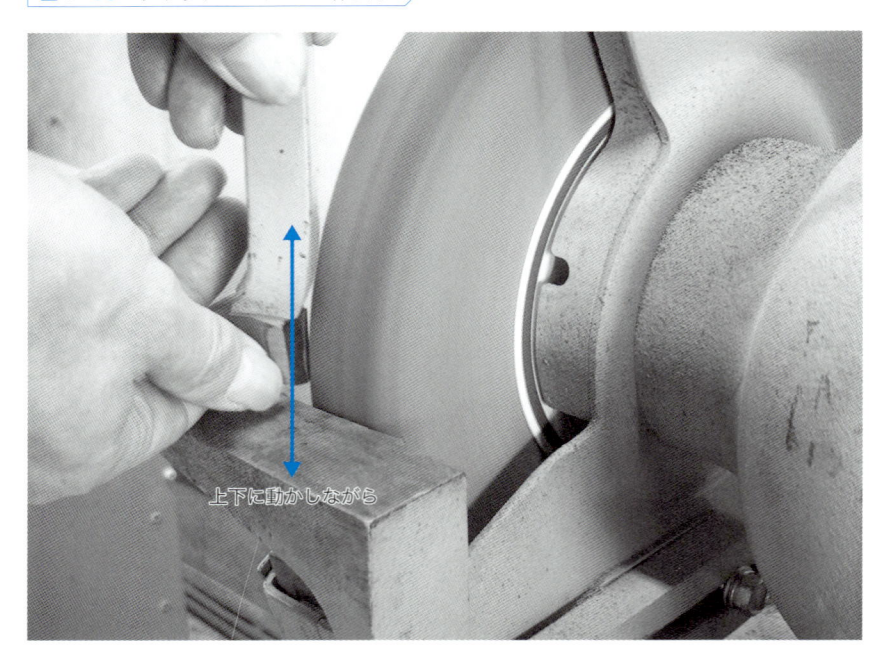

上下に動かしながら

　バイトの研削は慣れればバイトを手で持って研ぐだけで綺麗な切れ刃を研ぎ出すことができるようになりますが，慣れないうちはダイヤモンドヤスリ（図1-69）などを用いて手作業で研ぎ出すほうが楽かもしれません。特にミニ旋盤用の小さな刃先にすくい角やチップブレーカーを研ぎ出す作業は，グラインダーを使うと削りすぎてしまうことがよくあります。グラインダーやダイヤモンドヤスリなどで刃先を成形した後は，オイルストーン（図1-70）などの目の細かい砥石でホーニングします。

図1-69 ダイヤモンドヤスリ

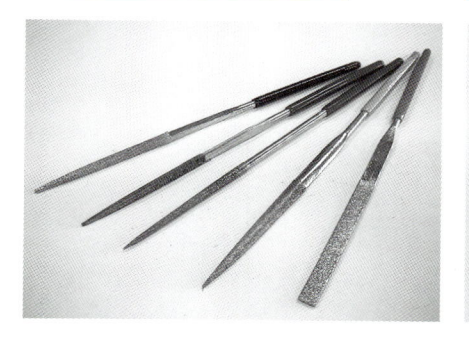

図1-70 オイルストーン

　グラインダーで研削しただけでは刃先にグラインダー目が残っていますので，切れ味が悪く切削面も荒れていまいますし，切削抵抗も大きくなってしまいます。オイルストーンでの研ぎ出しは刃面全体を研ぐ必要はなく，図1-71（わかりやすいように黒インクで着色後にホーニングしてあります。）のように切れ刃を研ぎ出せれば良いので，軽く研ぐだけで十分です。また，刃先のノーズアールもグラインダーを使うとノーズの曲率がいびつになったり，削りすぎてしまったりと力加減が難しく，綺麗なアールを研ぎ出すのには熟練を要しますが，オイルストーンを使えば削りすぎることなく比較的簡単に綺麗なノーズアールを研ぎ出すことができると思います。ノーズアールを研ぎ出すには図1-72のように，砥石を進めながら刃先に沿って旋回させるようにすると，アールがなめらかにつながります。

図1-71 ホーニングよる刃の研ぎ出し

ホーニング後

図1-72 ノーズアールの研ぎ方

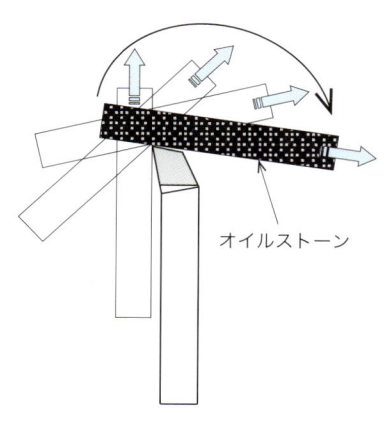

オイルストーン

▶ドリルの研ぎ方

▶▶ドリルの刃先

　図1-73にドリル（ツイストドリル）の刃先を示します。ドリルは先端部にチゼルエッジ（チゼルポイント）と呼ばれる直線部があり，チゼルエッジの中心部から点対称に切れ刃があり，切れ刃の表裏に逃げ面とすくい面が設けられ，効率よく穴あけができるように工夫されています。切り屑は，すくい面に沿って溝を通り排出されます。

図1-73　ドリルの刃先

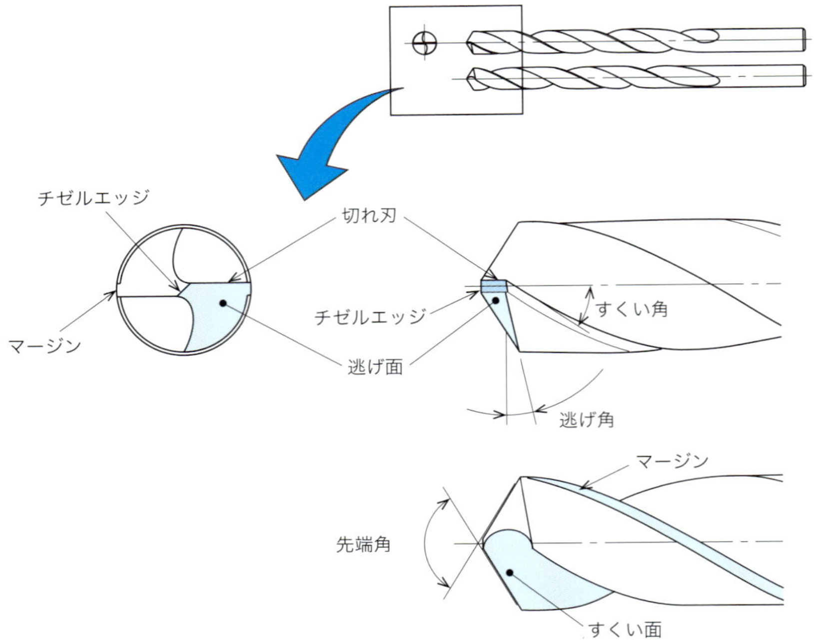

ドリルの研削にはグラインダーを使用します。まず，切れ刃を研ぎます。図1-74のようにドリルの切れ刃をグラインダーの研削面に当て，刃を研ぎ出します。右（左）手をワークレストに乗せて支点にしながら左（右）手でドリルの傾きを操作します。重要なのは左右の切れ刃を対称（切れ刃の長さが同じ）に研ぐことです。切れ刃に続き，ドリルを回転させながら逃げ面を成形します。研削が終了したら先端角を図1-75に示すドリル刃先ゲージで確認します。一般的なドリルの先端角は118°です。

図1-74　ドリルの研ぎ方

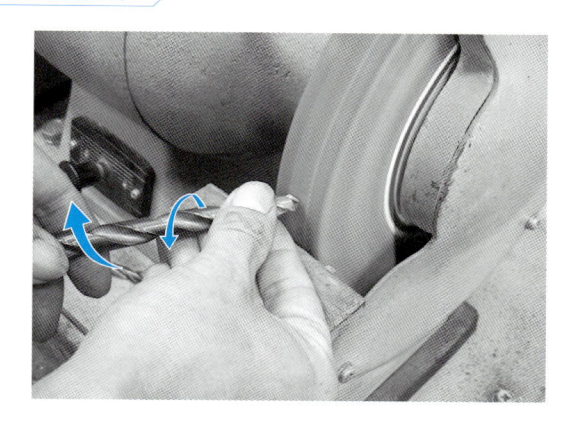

図1-75　ドリル刃先ゲージ

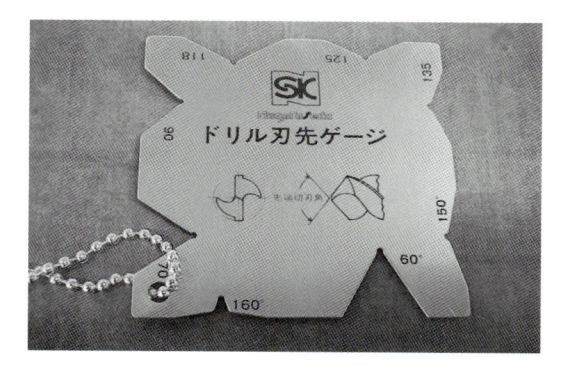

▶▶ シンニング加工

切削抵抗を軽減する目的でドリルに施される加工をシンニングと言います。シンニングはチゼルエッジの幅を小さくすることで切削抵抗を軽減するとともにドリルの食い付きを良くし，求心性を向上させます。砥石のエッジを利用して研削します。シンニングには図1-76のような形状があります。図1-77はX形シンニングを施したものです。

図1-76　シンニングの形状

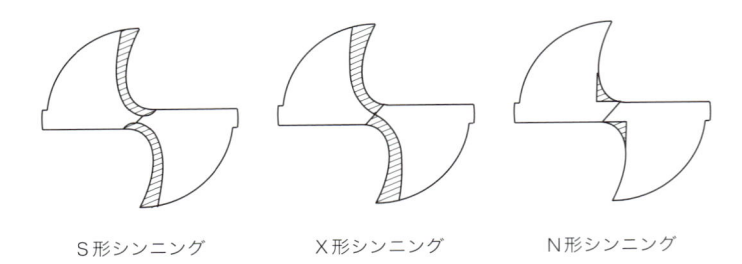

S形シンニング　　　X形シンニング　　　N形シンニング

図1-77　X形シンニング

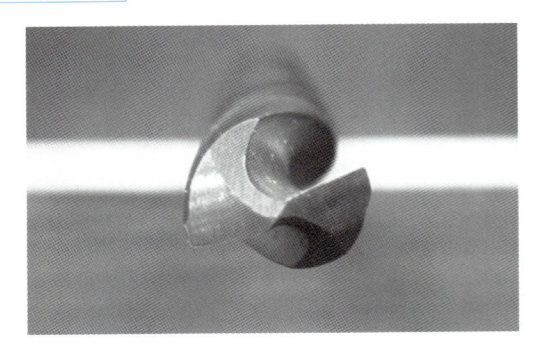

1.5 材料の種類

ものづくりを行う際，使用する材料の選定は非常に重要です。でき上がった作品の強度や耐久性，見栄えに影響するだけでなく，作品を作る最中の加工においても，材料の特性が分かっていないと適切な加工ができません。使用条件や使用環境などの要求性能を満たしつつ，手持ちの加工機で加工可能かどうかも考慮して材料の選択ができるようになるためにも，材料の特性を知っておく必要があります。材料といっても金属材料，木材，樹脂系材料など様々な種類がありますが，ミニ旋盤ユーザーが使用する機会が比較的多いと思われる代表的な金属材料とプラスチック材料を中心にそれぞれの材料の記号の意味と特徴について簡単にまとめてみました。

1.5.1 鉄鋼材料

▶一般構造用圧延材（SS材，軟鋼）

一般構造用圧延材（JIS G3101）は，車両，船舶，建造物などの一般的な構造物に幅広く利用されている材料です。Steel Structureの略で，SS400のように表されます。数字の400は引張り強さを表し，引張り強さが400 [N/mm^2] 以上であるということを意味します。

▶機械構造用炭素鋼（SC材，硬鋼）

機械構造用炭素鋼（JIS G4051）は熱処理を施すことにより品質が安定化され，軸，歯車などの機械部品として利用される代表的な炭素鋼です。炭素量0.08～0.65％の範囲で細かく分類されており，S45Cのように表されます。SはSteel，45は炭素量が0.45％，Cは炭素（Carbon）を表します。

▶鋳鉄（FC）

鋳鉄（JIS G3101）は，炭素を約2～6.7％含み，鋼よりも融点が低いため鋳造用として使用されます。FC200のように表されFCはねずみ鋳鉄を，200は引張り強さを表します。炭素量が多く凝固の過程で黒鉛を多量に放出

するため，耐摩耗性に優れていますが，他の鉄系材料に比べると引張り強さが低くなります。

▶工具鋼（SK，SKS，SKH）

バイト，ドリル，ヤスリなどの各種工具に使用される材料です。

炭素工具鋼（SK）（JIS G4401）は，炭素量0.6～1.5％の炭素鋼で，熱処理により硬度や靭性を高めています。

合金工具鋼（SKS）（JIS G4404）は炭素工具鋼にクロム（Cr），モリブデン（Mo），タングステン（W）などを加えて耐摩耗性，対衝撃性などを高めています。

炭素鋼や合金工具鋼は高温（300℃程度）になると軟化するため，低速で加工する工具に使われます。

高速度工具鋼（SKH）（JIS G4403）は，タングステン（W），クロム（Cr），バナジウム（V），コバルト（Co），モリブデン（Mo）などを添加し高温（600℃程度まで）でも硬さが低下しない性質があります。High Speed Tool Steel（ハイスピード工具鋼）からハイスと呼ばれます。含有する成分の違いによりタングステン系（W系），モリブデン系（Mo系）に大別されます。

▶ステンレス鋼（SUS材）

ステンレス鋼（JIS G4303）は，約11％以上のクロム（Cr）を含み，耐腐食性（錆難さ）を高めた合金鋼です。耐熱性も高く，溶接も可能なため，工業用器具から家庭用器具まで様々な用途で使用されています。ステンレスの記号はSUSで表されます。主成分によってオーステナイト系（18Cr-8Ni），フェライト系（18Cr），マルテンサイト系（13Cr）に分類されます。表1-8にステンレス鋼の分類と特徴を示します。

表1-8　ステンレス鋼の特徴

分　類	記　号	特　徴
オーステナイト系 18Cr-8Ni	SUS301	SUS304より加工硬化性が大きい。冷間加工によって引張り強さが増す。
	SUS302	冷間加工によって高い引張り強さを得る。伸びはSUS301よりやや劣る。
	SUS303	S，Pの添加により，被削性を改良。耐焼付性向上。SUS304より耐食性は劣る。
	SUS304	18Cr-8Niの代表鋼種。非磁性で炭素量が少なく，耐食性，溶接性良好。
	SUS305	Ni量を増し，SUS304に比べ加工硬化性を減少させたもの。
	SUS316	Moの添加によりSUS304より耐食性，耐酸性が良好であり高温強度が大。
	SUS317	SUS316のMo量を高めさらに耐酸性を改良したもの。
	SUS321	Tiを添加し，耐粒界腐食性を高めたもの。
フェライト系 18Cr	SUS405	13Cr鋼程度の耐食性を有し，Al添加により自硬性を軽減したもの。
	SUS410L	SUS410S低炭素鋼種。耐高温酸化性に優れる。
	SUS430	18Crの代表鋼種。冷間加工性，耐食性が良好。
	SUS434	SUS430にMoを添加して対塩分の耐食性を向上させた改良鋼種。
マルテンサイト系 13Cr	SUS403	耐熱鋼。SUS420J1より耐食性を向上。熱処理後の靭性を改良。
	SUS410	SUS420J1より耐食性を向上し，良好な機械加工性をもつ。
	SUS410J1	SUS410より耐食性，抗クリープ性を向上。
	SUS416	S，Pの添加により被削性を向上。SUS420J1に比べ耐食性は劣る。
	SUS420J1	13Cr系の基準型。焼入れ後，高硬度が得られる。
	SUS420J2	SUS420J1より炭素量を多くし，焼入れ後さらに高強度が得られる。
	SUS431	Ni添加にて靭性，Cr添加にて耐食性を向上。耐食性はSUS410より優れる。
	SUS440	焼入れ後の硬度が高く，耐食性と耐摩耗性を兼備。

103

1 5 2 アルミニウム合金

アルミニウムは，軽く，耐食性が高く，熱や電気の良導体であるなど優れた特徴があり，車両や航空機，建築物などに幅広く利用されています。純アルミニウムの融点はおよそ660℃，比重は2.7［g/cm^3］です。銅（Cu），マンガン（Mn），ケイ素（Si），マグネシウム（Mg），亜鉛（Zn）など添加される成分によって表1-9のように分類されます。

一般的なホームセンターで取り扱っている，加工用の素材として販売されているアルミニウム合金は，A1050（またはA1070），A5052，A6063が多いようです。A1050やA5052は表面に光沢があり，A6063はツヤがなく白っぽい印象です。A1050とA5052は見た目ではほとんど区別がつきません。A1050の方が軟らかいので加工してみると違いが分かると思います。

丸棒や板材のほとんどはA1050かA5052で，A6063と比較すると軟らかいため，金切りノコギリやヤスリなどによる手加工は楽にできます。一方，旋盤加工においては，軟らかいA1050やA5052の切り屑は，長く繋がりワークに巻きついたり，構成刃先が発生しやすいため，切削面が荒れやすくなります。バイトのすくい角を大きめにしたり，回転数を高めにする等して対処します。

サッシ材やアングル材（フラットバー，L形アングル，コの字アングル）などの押出成形品は主にA6063です。加工感はA5052と比較すると硬い印象ですが，切り屑の剥離性が良く，加工面は荒れにくいです。

表1-9　アルミニウム合金

分類	記号	特徴
純アルミ （1000系）	A1050 A1070 A1080 A1100	加工性，表面処理性が優れ，耐食性はアルミ合金中最良。強度は低い。電気，熱の伝導性に優れる。 A1100は純度99％以上のアルミニウム
Al-Cu （2000系）	A2011	快削合金。切削性が優れ強度も高いが，耐食性が劣る。
	A2014 A2017 A2024	強度が高く，構造用材として主用。鍛造用に適用。Cuを多く含むため，耐食性はよくない。 A2017：ジュラルミン。　A2024：超ジュラルミン。
	A2219	高温強度に優れ，溶接性も良い。耐食性は2000系では良好。
Al-Mn （3000系）	A3003	加工性，耐食性に優れる。1100より強度が10％高い。
	A3004	3003より強度が高く，深絞り性に優れる。耐食性も良好。
Al-Si （4000系）	A4032	耐食性，耐摩耗性に優れる。熱膨張係数が小さい。
Al-Mg （5000系）	A5005	加工性，耐食性が優れる。陽極酸化後の仕上がり良好。
	A5052	加工性がよく，最も代表的なアルミ合金。耐食性，耐海水性が優れる。
	A5056	切削加工による表面仕上がりがよい。アルマイト処理性がよい。
	A5083	溶接構造用合金。実用非熱処理合金のなかで最も強度が高い耐食材料。
Al-Mg-Si （6000系）	A6061	熱処理型の耐食性合金。
	A6063	6061より強度は低いが，押出性に優れ複雑な断面形状の型材が得られる。
	A6N01	6061と6063の中間の強度。耐食性良好。
	A6101	高強度導電用材。
Al-Zn-Mg （7000系）	A7003	A7N01より強度は若干低い。押出性がよく，大型型材が得られる。
	A7N01	溶接構造用合金。耐食性良好。
	A7075	アルミ合金中最高の強度を有する。耐食性は劣る。超々ジュラルミン。

1-5-3 銅合金

　銅（Cu）は電気伝導性や熱伝導性が優れ，耐食性が高く，展延性に優れる金属です。電気部品や熱交換器などに利用されています。銅の比重は8.96，融点はおよそ1080℃です。

　黄銅（真鍮）は代表的な銅合金です。亜鉛（Zn）の含有量により，表1-10のように分類されています。青銅（ブロンズ）は銅と錫（Sn）の合金，洋白は銅とニッケル（Ni）に亜鉛（Zn）を加えた合金です。

表1-10　銅合金の特徴

分　類	記　号	特　徴
黄銅　1種	C2600	Cu70：Zn30。展延性，絞り加工性（深），メッキ性良好。
黄銅　2種	C2700	Cu65：Zn35。冷間鍛造製，絞り加工性良好（浅）。
黄銅　3種	C2801	Cu60：Zn40。強度強く，展延性良好。
快削黄銅	C3604	快削性良好。
鍛造用黄銅	C3771	熱間鍛造性，切削性良好。
高力黄銅	C6782	強度が高く，耐食性が良い。
りん青銅	C5191	展延性，耐疲労性，耐食性良好。
ばね用りん青銅	C5210	りん青銅より若干硬く，ばね性が良い。
快削りん青銅	C5341	耐食性，耐摩耗性が高く，切削性がよい。
洋白	C7521	展延性，耐疲労性良好。光沢が美しい。
ばね用洋白	C7701	光沢が美しく低温焼きなましにて高性能ばね材に適する。
快削洋白	C7941	光沢が美しく，切削性良好。

1　5　4　その他の金属材料

▶マグネシウム

マグネシウムは銀白色の金属でアルミニウムよりも軽く，実用金属の中では最大の比強度（引張り強さと比重の比）を有します。機械加工性が良く，衝撃吸収性に優れます。融点はおよそ650℃，比重は1.74です。

▶チタン

純チタンは銀灰色で，強度，硬さ，耐熱性，耐食性が優れた金属です。融点はおよそ1730℃，比重は4.54です。

見た目はステンレス鋼材に近いですが，やや灰色っぽい印象です。手に持ってみるとステンレス鋼材よりもはるかに軽いためすぐに分かります。

▲マグネシウム（ブロック材）

▲チタン合金素材

1 5　5　プラスチック材料

▶汎用プラスチック

汎用プラスチックは価格が安く，加工もしやすい熱可塑性樹脂です。中でもポリエチレン（PE），ポリプロピレン（PP），塩化ビニル樹脂（PVC），ポリスチレン（PS）は四大汎用樹脂と呼ばれています。

▶エンジニアリングプラスチック

エンジニアリングプラスチックは，汎用プラスチックと比較すると，耐熱性，耐候性，耐油性，耐薬品性が高いなどの特性を持ったプラスチックで，要求性能に応じて多くの材料が開発されていますが，価格は汎用プラスチックと比較するとかなり高価です。エンジニアリングプラスチックは，汎用エンジニアリングプラスチックと特殊エンジニアリングプラスチックに分けられます。

▶汎用エンジニアリングプラスチック

ポリアミド（PA），ポリアセタール（POM），ポリカーボネート（PC），変性ポリフェニレンエーテル（m-PPE），ポリエステル（PET・PBT）はエンジニアリングプラスチックの中でも特に多く使用される主要なプラスチックで汎用エンジニアリングプラスチックと呼ばれています。エンジニアリングプラスチック全体の約9割を占めます。それぞれ用途に応じて使い分けられています。主に自動車や電機・電子機器などに使用されています。

▶特殊エンジニアリングプラスチック

汎用エンジニアリングプラスチックよりも更に特殊な性能を持つプラスチックで，ポリサルホン（PSU），ポリフェニレンサルファイド（PPS），ポリアリレート（PAR）などを，特殊エンジニアリングプラスチックと言います。高温にさらされる可能性のある電気絶縁材料や機械部品のような特殊な用途に使用されています。

表1-11に代表的なプラスチックの特性を示します。

表1-11　プラスチックの特性

分　類	特　徴	用　途
ABS アクリロニトリル・ブタジエン・スチレン樹脂	目的に合わせて成分（A：耐熱性・耐薬品性，B：耐衝撃性，S：流動性・光沢・硬度）の比率を変える。一般ABSは100℃に耐えない。日光に長時間暴露すると脆くなる。100℃以上の使用に耐える耐熱ABS樹脂，日光に暴露すると脆くなる欠点をなおしたAAS樹脂（アクリルゴムを使用）・AES樹脂(EPDMゴムを使用)などがある。	家電，電子機器，自動車内外装部品，一般機器，雑貨など。
EP エポキシ樹脂	電気的性質が極めて優れ，耐熱性，耐寒性，力学的性質，耐薬品性，耐油・耐水性が優れる。塗料，接着剤，注型品，積層品，成形品としても使用。	注型品：交流変圧器，回路ユニットなど。積層品：プリント配線基板，絶縁ボード。成形品：電子部品のレジンパッケージ，コネクタなど。
MF メラミン樹脂	耐衝撃性は低いが，表面硬度が高く，耐アーク性，耐熱性，耐熱水性が良い。耐薬品性に優れるが強酸・強アルカリには侵される。無色で着色に富む。	接着剤，塗料用，化粧板用，成形用に使用。成形用：食器，台所用品，電気部品など。
PA （ナイロン） ポリアミド PA6 （6ナイロン） ポリアミド6 PA66 （66ナイロン） ポリアミド	表面硬度が高い。摩擦磨耗性が高く，自己潤滑性あり。ガラス繊維（GF）にて耐温度特性を強化（PA66非強化は70℃(16.8kgf/cm^2)だが，ガラス繊維30%入りでは250℃）。耐薬品性・耐溶剤性は高いが，フェノール類，高濃度無機酸などには侵される。酸素バリヤー性に優れ，自己消火性がある。吸湿・吸水率が高いため寸法変化や衝撃強さの変化あり。PA9Tは吸水率小。	自動車用部品：エンジンカバー，エンジンルーム内の電装部品など。コネクタ，コイルボビン，スイッチなど。
PAI ポリアミドイミド	PIの耐熱性をやや犠牲にして成形性を良くしたもの。力学的性質，耐熱性，絶縁性，耐紫外線，耐放射線性に優れる難燃性の樹脂。寸法安定性が良く，耐薬品性に優れるが，強アルカリ，飽和水蒸気，高濃度の混酸には侵される。	機械部品：バルブシート，シーリング，ピストンリング，ローラ，カム，ギア，エンジン部品など。電気・電子部品：リレー，ソケット，スイッチ，コネクタなど。

109

分類	特徴	用途
PAR ポリアリレート	透明で耐熱性が高い。耐寒性，耐熱劣化性に優れる。力学的性質の温度依存性は小さく，クリープ変形も少ない。耐有機溶剤性，耐熱水性，耐アルカリ性は低い。	自動車部品：各種レンズ，室内灯用リフレクタ。精密機器部品：カメラや時計の部品。医薬機器：目薬容器・検査薬容器など。
PC ポリカーボネイト	透明。耐衝撃性，耐熱性，耐低温性，耐候性，自己消火性に優れる。吸水性が小さく寸法安定性が良い。強酸，アルカリには侵される。	電気・電子機器：CD，DVD等のディスク。パソコン，AV機器などのハウジング，バッテリーパック。自動車部品：ヘッドランプレンズ，ドアハンドルなど。
PBT ポリブチレン テレフタレート	ガラス繊維強化されたPBTは，耐磨耗性，自己潤滑性，耐疲労性，耐熱性，電気的性質が良好。吸水性が小さく寸法安定性は良い。耐候性，耐酸性，耐油性にも優れる。耐熱性ではPETに劣る。アルカリや過熱水蒸気などには弱い。	自動車部品：内・外装部品，ウィンドウォッシャノズルなど。電気・電子部品：コネクタ，ソケット，スイッチ，パソコンのキートップなど。
PE ポリエチレン	軽く，軟らかく，耐水・耐薬品性が良好で成形も容易。低温でも硬くならない。溶剤にも溶けない。塗装・接着は困難。低密度ポリエチレン（LDPE）は密度が0.92程度，軟化点100℃，引張り強度14MPa，伸び500%。高密度ポリエチレン(HDPE)は密度が0.95程度，軟化点130℃，引張り強度40MPa，伸び20%。	LDPE：包装用フィルム（エアーキャップ），農業用フィルム，パイプ，瓶など。 HDPE：包装用フィルム，ガス管，水道用パイプ，灯油缶，燃料タンクなど。
PEI ポリエーテルイミド	PIよりも成形加工性を重視した樹脂。耐熱劣化特性，耐候性，難燃性に優れる。耐薬品性も良好。極性溶剤(塩素系脂肪族炭化水素)に侵される。電気的性質は広い温度域，周波数域で安定だが，誘電特性は他の樹脂と比較すると良くない。	電気・電子部品：コイル，ボビン，スイッチ，コネクタなど。自動車部品：エンジン部品，キャブレータ部品。
PES ポリエーテル サルホン	耐熱性が非常に良好で幅広い温度域での使用が可能。耐衝撃性，耐熱水性，電気的性質は良好。アルコール，ガソリン，酸，アルカリ，油類などに耐性あり。ケトン類，エステル類などの溶剤には侵される。	スイッチ，コイルボビン，プリント基板，軸受，ギア，ガイド，電子レンジ用容器，耐熱食器，注射器など。フィルムとして電卓，携帯電話，電子手帳のLCD基板など。

分　類	特　徴	用　途
PET ポリエチレン テレフタレート	ペットボトルの原料として知られる。透明性が高く，食品に対する安全性や耐薬品性，耐熱性も良好。リサイクルが容易。	ペットボトル，フィルムとして多用。レトルト食品の包装，滅菌パック，コンデンサ誘導体，絶縁テープなど。
PF フェノール樹脂	一般的には力学的性質，耐熱性，耐寒性，耐水性，電気絶縁性，寸法安定性，耐有機溶剤性に優れる。耐アルカリ性,耐アーク性，耐衝撃性は低い。長時間高温にさらされると赤褐色に変色する。	自動車部品：電装部品，ディスクパッド，クラッチフェーシングなどの結合材。砥石の結合剤。電機部品：スイッチ，ブレーカー，電源トランスのボビンなど。
PI ポリイミド	耐熱性が非常に高く，対熱劣化性にも優れている難燃性の樹脂。熱膨張率が小さく寸法安定性が良好。耐薬品性良好。強酸・強アルカリには弱い。吸水性は大きいが耐熱水性。電気的性質に優れ誘電特性は安定。	プリント基板，絶縁材料，軸受など。
PMMA ポリメタクリル酸メチル	一般的にはアクリルとも呼ばれる。耐候性良好で硬度は高い。衝撃性はあまりよくない。酸・アルカリ・無機塩類に耐性があるが，有機溶剤には侵される。透明度がプラスチックの中では最高でガラスに匹敵。日光に当たっても変色しない。	自動車用ライトやメーターカバー，レンズ，光ファイバーなど。シリカなど適当な充填剤を用いた人工大理石。
POM ポリアセタール	強度と弾性率が大きく，表面硬度が高い。耐疲労性，耐クリープ性，耐摩耗性，自己潤滑性が良好。吸水性が低く寸法安定性あり。耐有機溶剤性，耐油性，耐グリス性良好。無機酸や有機酸には侵され，塩素や塩素系薬品によって分解する。コポリマー（ジュラコンなど）とホモポリマー（デルリンなど）がある。	自動車部品：ハンドル類，スイッチ類，ギア類。電気・電子部品：ギア，軸受，レバー，ローラーなど。衣料用のファスナーやホック。
PP ポリプロピレン	比重0.90程度で汎用プラスチック中最も軽量。引っ張り強さ，耐熱性，耐薬品性に優れ，溶剤にも溶けない。低温で脆くなる。難接着樹脂。	食品保存用容器類（タッパーなど），自動車部品，電子レンジ用容器，給食器，フィルム，繊維，結束材など。
PPS ポリフェニレン サルファイド	難燃性樹脂。耐熱劣化特性良好，耐有機溶剤性も優れる。200℃以下でPPSを溶解する溶剤はない。誘電特性，絶縁特性は広い温度域，周波数で安定。	自動車部品：電装部品，エンジン回り，ライト回り。電気機器：パソコン・携帯電話用部品，一般：シャワー水栓，キッチン水栓など。

111

分類	特徴	用途
PS ポリスチレン	透明で成形性に優れた樹脂。高周波域での絶縁性，耐酸性，耐アルカリ性，耐水性は良好。耐有機溶剤性，耐衝撃性は良くない。	家電・OA機器の筐体，洗面化粧台，玩具・文具類。発泡ポリスチレンビーズを水蒸気で暖めると発泡してポリスチレンフォーム(発泡スチロール)になる。断熱材。
PSU ポリサルホン	透明なプラスチック。低温から高温まで広い温度域で安定した物性を保持。酸・アルカリに高い耐性，長期耐加水分解性に優れた特性。ケトン類，エステル類，塩素系有機溶剤などには侵される。	哺乳瓶，酪農機械，滅菌箱，コンタクトレンズ消毒ケース，歯科用機器，電子レンジ用食品容器，住宅用配管継手など。
PTFE ポリテトラフルオロエチレン	一般にはテフロンの商標名で知られる。耐熱性，耐薬品性，耐候性，電気絶縁性に優れる。吸湿，吸水性もともに0%。摩擦特性にも優れる。色は乳白色。溶融アルカリ金属や高温のフッ素，三フッ化塩素などには侵される。	フライパンコーティング材，電気・電子部品，絶縁材料，軸受，ガスケット，各種パッキン，電線被覆など。
PVC ポリ塩化ビニルクロライド	耐薬品性・耐油性，電気絶縁性に優れる。リサイクル困難で，焼却不可。可塑剤を加えない硬質ポリ塩化ビニルと可塑剤(ジオクチルフタレートなど)を加える軟質ポリ塩化ビニルがある。比重1.30～1.58程度。硬質ポリ塩化ビニルは硬く，軟質ポリ塩化ビニルは，可塑剤を30～50%加えて柔軟にしたもの。	農業用フィルム，シート，ホース，電線被覆など。
SI シリコーン樹脂	耐熱，耐薬品性，耐油性，耐水性，耐候性に優れる。	シール材，コンデンサー。
UF ユリア樹脂	無色で着色性に富む。表面硬度が高いが耐衝撃性は低い。耐アーク性，耐有機溶剤性，耐薬品性に優れる。酸・アルカリ，耐熱性は良くない。	木材用接着剤として主用。成形材料：配線器具部品・照明器具部品・漆器用など。
UP 不飽和ポリエステル	(Fiber Reinforced Plastics)用の樹脂として主用。耐有機溶剤性，耐酸性，耐候性，電気絶縁性，耐アーク性，耐電圧に優れる。PSを溶解する溶剤，アルカリに弱い。耐熱水性もよくない。	水タンク，浴槽，浄化槽，パイプ，ダクト，ヘルメット，車両ボディ・エアロパーツ，漁船・ボート・ヨットなどの船体。

1.6 旋盤を使いやすくする工夫

▶心押し台固定ネジの交換

　心押し台を移動する際，いちいち六角レンチを使って固定ネジを緩めたり締めたりするのはとても面倒です。著者が講師をしている大学の工作室に置いてあるミニ旋盤に施されていた工夫です。学生が考案したもので，大変使い勝手が良いので紹介したいと思います。図1-78は六角レンチを使わなくても簡単に素早く固定ネジを緩めたり締めたりできるように市販の蝶ネジ（M5×30mm）を利用したものです。手で締めるだけでも，しっかりと心押し台の固定ができます。心押し台のネジ穴は六角ボルトの頭が沈み込むように座ぐりが施されているので，図1-78(b)のようにスペーサーを入れて蝶ネジの羽が干渉しないようにしています。蝶ネジはホームセンターでも簡単に入手できますし，わずか数十円の出費で操作性が大幅に向上します。

図1-78(a)　心押し台の固定ネジ変更

図1-78(b)　固定ネジのスペーサー

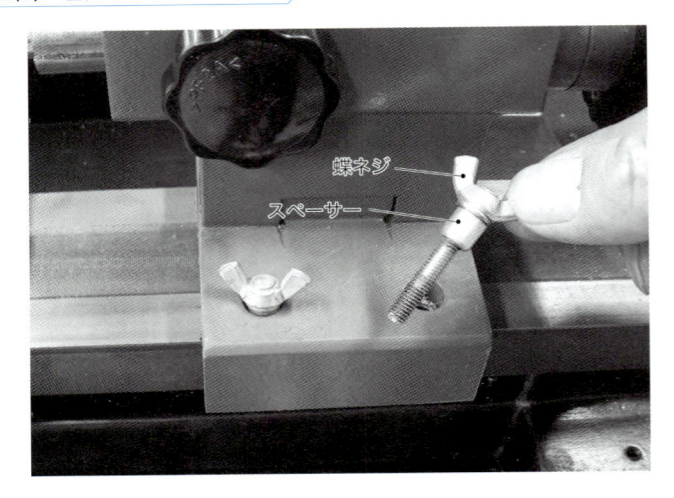

▶ 主軸手回しハンドル

　動力が小さいミニ旋盤では，切り込み量が大きい時など切削抵抗に負けて主軸の回転が止まってしまったり，剛性が小さいためにビビリが生じたりといったことが度々生じます。主軸手回しハンドル（図1-79(a)）はミニ旋盤愛好家の間では昔からよく自作される一般的なツールの一つですが，簡単に自作できますので，揃えておきたい必須アイテムです。チャックを直接手で回すよりはるかに楽に主軸に大きな回転力を与えることができます。本書付録に図面を掲載してありますので，是非自作にチャレンジしてください。

図1-79(a)　主軸手回しハンドル

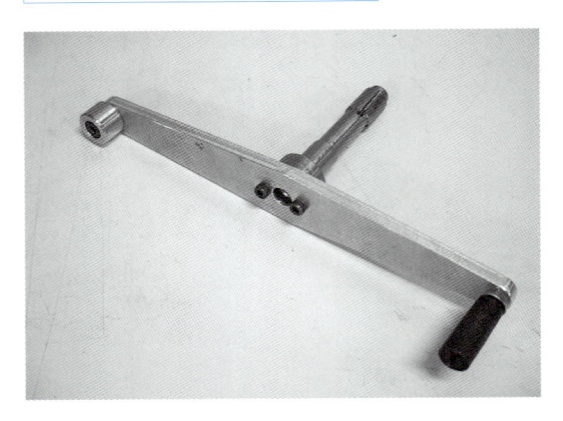

図1-79(b) 主軸手回しハンドル　　　　　　　※巻頭カラー P.24「主軸手回しハンドル」

　図1-79(b)のように，旋盤側面の主軸貫通孔に主軸手回しハンドルの軸を差し込んで使用します。
　主軸手回しハンドルの軸の先端は四つ割りになっていて，テーパーナットで内側から押し広げられることで旋盤の主軸にロックされる仕組みです。

▶簡易割り出し装置とポンチホルダー

　図1-80は，前述の主軸手回しハンドルの軸に取り付け，主軸で割り出しを行うための簡易割り出しゲージです。アルミ板に分度器を貼り付けただけの簡単なものですが，マグネットスタンドに取り付けた測定針で主軸の回転角度を読み取ります。

図1-80　簡易割り出しゲージ　　　　　　　　※巻頭カラー P.20「簡易割り出し装置」

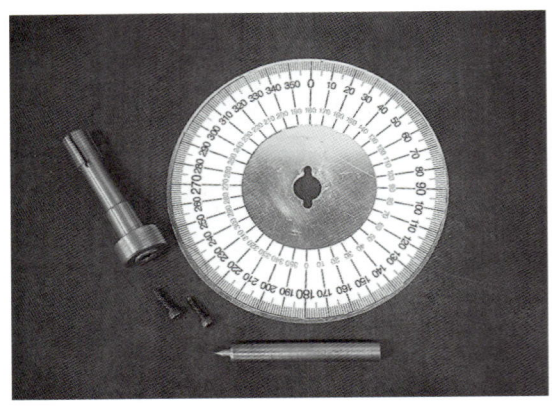

　フランジに等間隔にネジ穴を開ける際などには，簡易割り出し装置と図1-81のポンチホルダーが便利です。シャンク部分は工具鋼に6mmの穴を開けただけの簡単なものです。φ6mmの丸型完成バイトの先端を円錐状に

成形したものを差し込み使用します。ポンチホルダーは刃物台に固定できるようになっており，ポンチの先端が心高に合うように製作しています。図1-82のようにポンチの先端を穴あけ位置に合わせ，ポンチのお尻をミニハンマーなどで叩きます。簡易割り出し装置で主軸の回転角度を合わせると，円周上に等間隔にポンチを打つことができます。

図1-81　ポンチホルダーとミニハンマー

図1-82　フランジ穴の位置決め

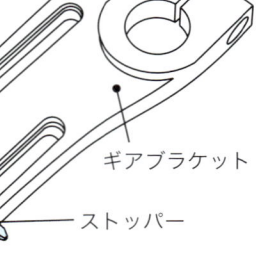

▶主軸割り出しストッパー

　前述の分度器を利用した簡易割り出し装置はワークにポンチを打つ程度なら問題ないのですが，主軸がフリーなため，溝切りや歯車の製作でワークにバイトを切り込むような作業の際には主軸が動いてワークがズレてしまうことがあります。

　図1-83は主軸に取り付けられているスピンドルギアを利用した主軸割り出し装置です。ギアブラケットに装着して主軸スピンドルギアにストッパーをかけることができます。ミニ旋盤『Compact 7』のスピンドルギアは36歯なので，1歯づつストッパーを掛ける位置を変えていけば10°刻みで割り出しが可能になります。さらに図1-84のようにストッパーの先端を加工することで，隣合う歯の中間位置でもストッパーをかけられるようになり，5°刻みの割り出しができるようになります。

図1-83　主軸割り出し装置　　　　　※巻頭カラー P.20「主軸割り出しストッパー」

ギアブラケット
ストッパー

図1-84　主軸割り出しストッパーの仕組み

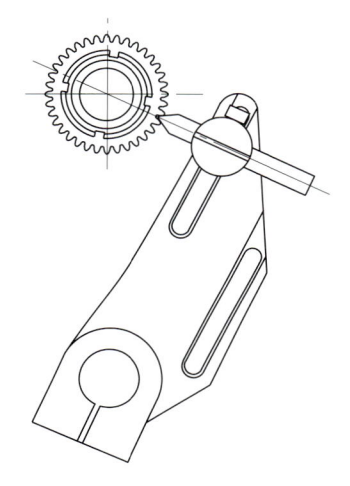

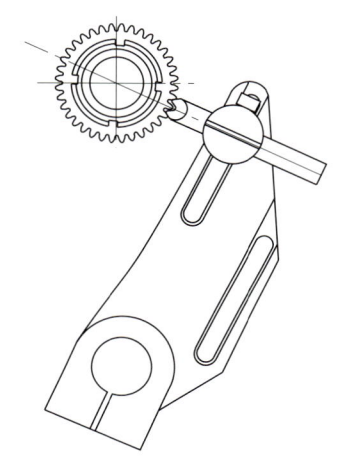

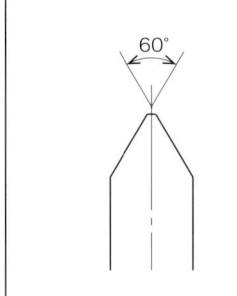

（a）谷に掛けたとき　　　　　（b）山に掛けたとき

ストッパー先端形状

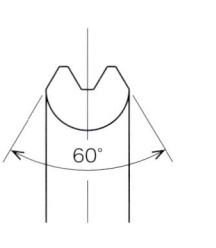

60°

60°

（a）谷に噛み合う　　　　　（b）山に噛み合う

▶刃物台の加工

ミニ旋盤用の刃物台は8mm角かせいぜい10mm角までのバイトしか固定できませんので基本的にミニ旋盤用のバイトしか使うことができません。図1-85の右側は最大で25mm角のバイトまで取り付けできるように加工した刃物台です。図1-85の左側が加工前の刃物台です。加工後（右側）の刃物台はバイトを取り付ける土台部分を10mmほど削り落としてあります。最近ではミニ旋盤用のバイトはインターネットを通じて簡単に入手できるようになりましたが、普通旋盤用のバイトの方が圧倒的に流通量が多く安く入手できます。

図1-85　刃物台

▶心高ゲージ

バイトの心高合わせはセンターを装着した心押し台を使う方法やトースカンを使う方法などが一般的ですが、どれも刃物台にバイトを取り付けた状態で合わせる方法です。作業をスムーズに進めたいとき、刃物台に使用中のバイトが装着されている状態で次のバイトと敷板を用意しておきたい事は度々あります。図1-86は刃物台にバイトを取り付けることなくバイトの心高を合わせるための、敷板の厚さ（枚数）を測るためのゲージです。ゲージといってもただの円柱です。この心高ゲージを使えば、送り台（平らな場所な

図1-86 心高合わせ用ゲージ

らどこでもいいのですが）の上でゲージの上面にバイトの刃先が合うように敷板の厚さを調整しておけます。目視でも合わせやすいですが，ゲージの上面（刃先との接点）を指先で撫でるだけで刃先がゲージ上面より高いのか低いのかがわかりますので，心高合わせが素早く簡単にできます。

▶自作チェンジギア

チェンジギアセットにない歯数のギアを自作することで往復台の送りピッチの種類を増やすことができます。『Compact 7』のチェンジギアセットは表1-12に示す6種類しかありません。主軸の金属ギアが36歯でこれを組み合わせることができれば送りピッチのバリエーションを増やせるのですが，

表1-12 チェンジギアセット諸元

項　目	スペック
切削可能ピッチ（mm）	0.5, 0.7, 0.75, 0.8, 1.0, 1.25
パッケージ内容（ギア歯数）	40, 42, 45, 50, 54, 60

内径が異なるため主軸にしか取り付けられません。図1-87は前述の主軸割り出しストッパーと組み合わせて自作した歯数36のギアです。『Compact7』の主軸ギアを利用して1歯ずつ主軸を割り出しながら図1-88に示す方法でPOM樹脂（ジュラコン）の丸棒から削り出したものです。バイトをギアの歯形に合わせて成形し切り込むだけなので簡単です。自作方法は 4 をご覧下さい。

図1-87　自作ギア

図1-88　ギアの加工方法

著者が感銘を受けた本

　著者が多大な感銘を受け，本書執筆のきっかけになった本を紹介したいと思います。久島諦造 著『ミニ旋盤を使いこなす本』，『ミニ旋盤を使いこなす本《応用編》』です。旋盤加工に関する様々な技法に加え，バイトや治具の自作方法や熱処理にまで及ぶその内容は，多くの機械工作愛好家を唸らせるものでした。先人たちの手により編み出され，受け継がれてきた様々な技法や，久島氏本人による試行錯誤から生み出されたアイデアや工夫が盛り込まれた両書は，機械工作愛好家の間ではバイブルとなった名著です。

　著者が通っていた大学の機械工作室は，常時（24時間，365日）学生に解放されいつでも自由にものづくりができる環境が整えられていました。新たな知識を得ることができる図書館には久島氏の2冊の名著も並び，獲得した知識をすぐに実践できる工作室で，学生時代の著者はものづくりに明け暮れる日々を過ごしていました。

　ミニ旋盤に関する技法書（本書「ミニ旋盤マスターブック」）の執筆依頼を受けたのは，ものづくりに明け暮れた学生時代から20年が経とうとする頃でした。久島氏逝去とロングセラー『ミニ旋盤を使いこなす本』・『ミニ旋盤を使いこなす本《応用編》』に続く新たな技法書出版についての企画書を提示されたとき，名著の後に続くことになる本書の執筆を引き受けることは大きなプレッシャーでしたが，学生の頃の著者のように，ものづくりに夢中な学生たちが，本書「ミニ旋盤マスターブック」を『知識の工具箱』としてくれればと思い執筆を決意しました。先人たちにより受け継がれてきた旋盤加工に関する知を集め，ほんの少しだけ著者の知も加えてまとめたのが本書「ミニ旋盤マスターブック」です。（※本書は品切れとなっております）

Chapter 2 基本切削

2.1 切削条件

2.1.1 主軸回転数

　旋盤で切削加工を行う際にまず決めなくてはならないのが，主軸の回転数です。回転数の設定には，表2-1のようなワーク材料に応じた切削速度を目安にします。

表2-1 ワークの材質と切削速度

ワーク材質	切削速度 [m/min]
軟鋼	20 – 30
硬鋼	10 – 20
鋳鉄，ステンレス	10 – 20
アルミニウム，真鍮（黄銅）	50 – 80
銅	30 – 40

　この数値はあくまで目安ですので，使用するバイトの種類・材質や切り込み量・送り量によって主軸回転数を調整してやる必要があります。切削速度の単位は［m/min］で表されているので，1分間あたりに刃先が材料を削り取る長さということになります。旋盤のようにワークがチャックに固定されその場で回転しているだけといったような加工の場合には必要な切削速度を得られる回転数に変換してやる必要があります。主軸の回転数（1分間あたりの回転数）を N ［rpm］とすると，バイト刃先がワークの表面を削り取りながら移動した距離，つまり1回転あたりに削り取る距離はワークの円

周に相当するので，円周の長さ（＝直径D［m］×円周率π（＝3.14））となり，円周の長さ×回転数で1分間あたりの切削距離（切削速度v［m/min］）は次式で計算できます。

$$v = \pi D N$$

これを，回転数Nを求める式に変形すると次式のようになります。

$$N = \frac{v}{\pi D}$$

ここで，ワーク直径Dの単位がメートル［m］だと取り扱いが面倒なので，分母のDの単位をミリメートル［mm］にするために，分子に1000をかければ旋盤加工の参考書によく出てくる次式が得られます。（d：直径［mm］）

$$N = \frac{1000v}{\pi d}$$

上式から旋盤で切削加工を行う際の主軸の回転数はワークの材質と直径から求めることができるということがわかります。加工の度に上式を用いて計算するのは面倒ですが，慣れてくれば材料に応じた回転数を設定することは瞬時にできるようになります。特に，端面切削の場合には外周から中心部へと切削を進めるにつれてdの減少に伴い切削速度が小さくなっていき，中心部では切削速度がゼロになりますので，理論的には中心に進むにつれて回転数を上げていき，中心部では無限大にしなくてはならないということになります。無段変速装置付きの旋盤であれば刃先が中心部へと進むにつれて回転数を上げていくことはある程度可能ですが，最高回転数は決まっているのでそれ以上回転数を上げることはできません。通常はワーク直径を基準に回転数を決めたら，回転数は固定したまま中心部まで切削をしていきますので，上式による回転数の計算結果はあくまで目安ということがわかると思います。大事なのは自分なりの基準を決めておくということです。自分がよく加工する材料を基準にしておけば回転数の設定は楽です。例えば，いつもハイスのバイトを使って軟鋼を加工する人ならば，400rpmを基準にしたとして，ステンレスなら半分（200rpmくらい），アルミや真鍮などの軽合金なら2倍（800rpm），超硬バイトを使う場合はハイスバイトの2倍といったように決めてやればよいのです。

特に，出力の小さいミニ旋盤では上式を用いた回転数では速すぎる場合が多々生じてしまいます。剛性が低いために生じるビビリや振動，切削抵抗増大時の出力不足による回転数低下などの問題が発生した時に臨機応変に対応する必要が生じてきます。振動やビビリが生じた時には主軸回転数を下げていき，場合によっては電源を切りモーターの動力を使わずに，手で直接チャックを回すといった対応も必要になってきます。大事なのは，実際に加工してみた時に，切削抵抗を感じながら適切に切削条件を選ぶことです。キーキーというような摩擦音（刃先とワークが擦れるような音）やビビリが生じたり，切り込み量が大きすぎるために主軸の回転数が低下するといった状況に対応するためには，切削音をよく聴き，切り屑の排出状態やチャックの回転をよく見て，送りハンドルを回す指先で切削抵抗を感じながら判断します。

2.1.2　送り速度

　バイトの送り速度v_f[mm/min]は主軸1回転あたりの送り量をf[mm/rev]，主軸回転数をN[rpm] とすると次式にて表されます。

$$v_f = f \times N$$

　バイトの送り量については，ミニ旋盤では手送りを使う場合が多いと思います。特に送り量はワークの仕上げ面粗さを左右しますので一定の速度で送るには熟練を要します。経験を積むしかありませんが，送りハンドルを一定の速度で回すコツは，右手で送りハンドルを回しながら左手でハンドルにブレーキをかけると微妙な速度の調整ができると思います。自動送りを使用して送る場合，多くのミニ旋盤では送り速度を変更するには，ギアの組み合わせを変えたり，プーリーのベルトを掛け替えるなど手間がかかりますので,自動送りは仕上げ削りにだけ使って，荒削りは手送りで，というのが一般的でしょうか。送り速度は遅くすれば美しい加工面が得られますが，目安としては荒削りで0.2〜0.3［mm/rev］程度,仕上げ削りで0.01〜0.1［mm/rev］程度です。

2 1 3 送りハンドルのバックラッシュ

　旋盤の往復台や心押し軸は送りハンドルと直結されたネジによって動きます。ネジや歯車がスムーズに動くためには適切な隙間が必要です。この隙間のことをバックラッシュといいます（図2-1）。バックラッシュは機械が動くためには必要なものですが、旋盤加工を行う際にはバックラッシュを意識した操作が必要です。例えば、送りハンドルで往復台を操作する際、送りハンドルを進める方向と戻す方向で往復台の動きには、バックラッシュ分のズレが生じるからです。旋盤の送りハンドルを操作する際には必ず、送る方向で目盛を合わせます。予定目盛を超えた場合には、バックラッシュ分以上にハンドルを戻し、再度ハンドルを送りながら予定目盛に合わせるようにします。

図2-1　バックラッシュ

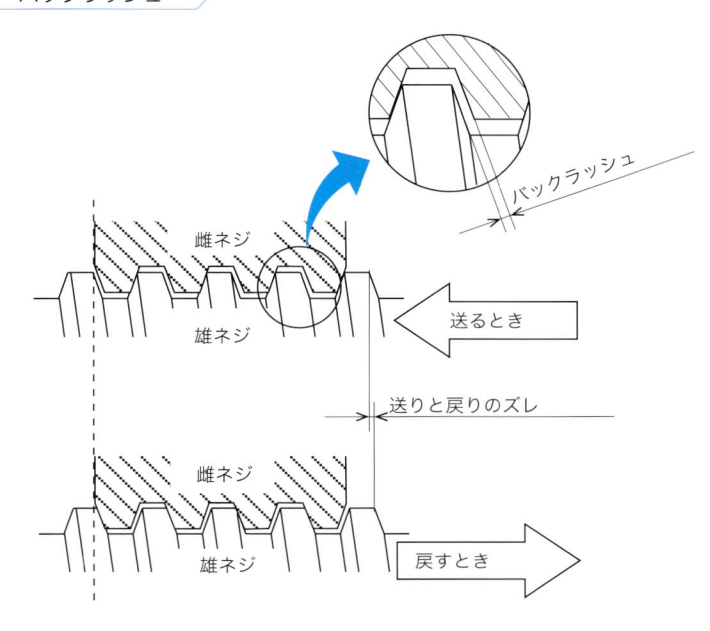

2　1　4　切り込み量

　切り込み量はバイトの材質や形状，主軸の回転数等によって異なりますので一概には決められませんが，ミニ旋盤の場合，一度に切り込める量はモーターの動力が大きく関係します。動力が小さい機種では切込み量を大きくするとモーターに負担をかけてしまいますので連続運転できる時間にも注意が必要です。切削抵抗を感じたり切削音を聞きながらモーターに負担をかけない程度に切り込み量を調整します。目安として荒削りでは，軟鋼で1mm以下，アルミ合金や真鍮で2mm以下，ステンレス鋼で0.5mm以下といったところです。もちろん旋盤の動力に余裕があれば切り込み量を大きくすることができます。旋盤の動力やバイトの刃先強度に余裕があっても切り込み量を大きくしすぎると切削面にむしれが発生して仕上げ面を悪くするので注意が必要です。大きく切り込む場合は仕上げシロに余裕を持たせておかないと予定寸法まで仕上げ削りを終えてもムシレ跡が残る場合があります。仕上げ削りでは切削面の状態を見ながら美しい切削面が得られるように切り込み量を小さくします。仕上げ削りで切削面が荒れる原因は様々ですが，一番多いのはバイトの刃先が傷んでいるか，傷んでいるように見えなくても刃先が摩耗していることが考えられます。また，構成刃先が原因の場合もあります。構成刃先とは図2-2のように切り屑が刃先に凝着して一体化した状態を言います。

図2-2　構成刃先

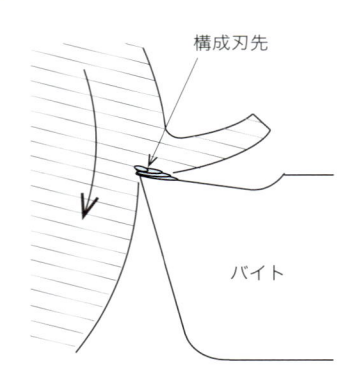

構成刃先は，軟鋼や5000系アルミなどの柔らかくて粘りのある材料を加工する際に発生しやすく，切れ刃がなくなりますのでそのまま切削を続けると切削面が荒れたり構成刃先ごとバイトが欠けたりします。バイトの刃の状態が原因の時はバイト（チップ）を取り替えるか刃先を研ぎ直すと改善されます。それ以外の原因としては，主軸回転数が速すぎることやビビリが発生している等の原因が考えられます。切削面荒れの原因と対策については次項で説明します。

2 2　切削面荒れの原因と対策

　ビビリの主な原因は強度不足による各部の振動です。旋盤，バイト，ワークのいずれかの剛性が低く振動が発生するような場合，バイトの刃先とワーク切削点の距離が一定に保たれなくなり切削面に連続的な筋模様が切削跡として残ります。バイト刃先とワーク切削点の距離が一定に保たれなくなるのは加工機やワークの剛性が切削抵抗に負けて撓むことで生じます。ミニ旋盤における振動の発生原因の多くは旋盤本体の剛性不足です。ベッドや主軸の剛性不足はどうしようもありませんが，送り台や刃物台などの摺動部の調整，切削条件やバイトの形状を工夫することでビビリを抑えることが可能です。以下，ビビリの原因とその対策について説明します。ビビリの本質を理解すれば，剛性に頼ることなくビビリをコントロールできるようになります。

2 2 1　旋盤本体が原因のビビリ

　振動の発生原因が送り台や刃物台など可動部におけるあそびや緩みの場合は調整することでビビリをなくすことが可能です。送り台にガタがある場合は調整ネジで摺動部の隙間調整をします。調整の仕方は1章をご覧下さい。刃物台の固定ネジやバイトの固定ネジにも緩みがないか確認します。バイトの突き出し長さが大きいとビビリが生じやすくなりますので可能な限り短くします。

2 2 2　切削条件が原因のビビリ

　切削速度を小さくすると多くの場合ビビリの発生が抑制されます。また，切り込み量を小さくすることも有効です。要は切削抵抗を小さくして旋盤本体，バイト，ワークの撓みを抑えるのです。

2 2 3 バイト形状が原因のビビリ

切削抵抗を受けるとバイトは変形します。

図2-3(a)のように刃先が変形の支点よりも下にある場合は刃先がワークから離れるように撓みます。このようなバイトを逃げ勝手のバイトと呼びます。逃げ勝手のバイトは下方向に撓みながら刃先がワークから離れていくので，切り込み量が小さくなり，切削抵抗も減少します。切削抵抗とバイトが元に戻ろうとする弾性力がつり合うように主軸回転数を調整することでビビリはなくなります。ヘールバイトはこの特性を利用したものです。

図2-3(b)のように刃先が変形の支点よりも上にある場合，刃先はワークに食い込む方向に撓みます。刃先がワークに食い込むにつれ逃げ角が小さくなり，最後は逃げ角がなくなるとともにバイトの逃げ面がワークの切削面に押されてバイトが後方へ跳ね飛ばされます。ミニ旋盤では刃物台や送り台の剛性が低いためバイトともに台全体が大きく振動してしまいます。食い込み勝手のバイトはその特性上，刃先がワークに接触するだけでビビリを生じてしまいますので，ミニ旋盤には不向きです。

図2-3 バイト形状による逃げ勝手と食い込み勝手

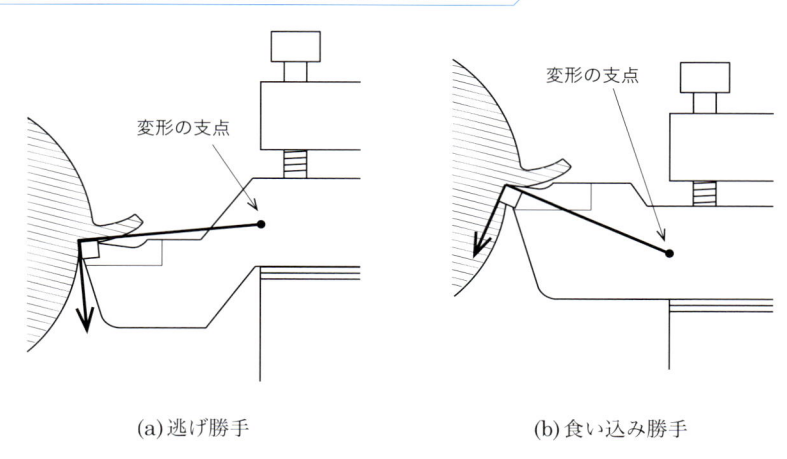

(a)逃げ勝手　　(b)食い込み勝手

心高によってビビリが解消される場合もあります。通常の心高（センターと一致）で食い込み勝手になってしまっている場合（図2-4(a)），心高を下げることで逃げ勝手になり，ビビリを抑えることができます（図2-4(b)）。ただし，心高がセンターと一致していないと，送りダイアルの目盛を利用した寸法読み取りに誤差が生じますので注意が必要です。

図2-4　心高による食い込み勝手と逃げ勝手

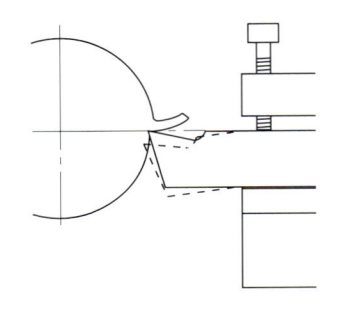

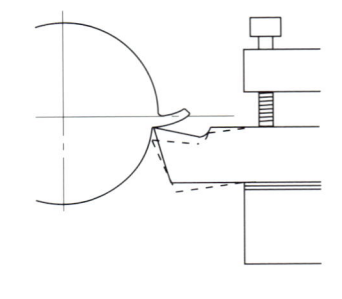

(a) 食い込み勝手
（刃先が心高と一致）

(b) 逃げ勝手
（刃先を心高より下げた場合）

2 2 4　送り方向が原因のビビリ

　食い込み勝手によるビビリは，刃物台の固定ボルトやバイト固定ボルトとバイト刃先の位置関係によっても生じることがあります。図2-5のように，刃先に作用する力によって固定ボルトを回転中心としてモーメントが生じ，バイト刃先がワークに食い込んでいくとともにビビリも大きくなります。ビビリにより振動が大きくなると刃物台固定ボルトやバイト固定ボルトが緩んで刃先が動き，バイトが破損したり，ワークがチャックから外れて飛んだりして危険です。送り方向が原因のビビリは，逃げ勝手になるようにバイトの固定位置や送り方向を変えることで対処できます。

図2-5(a) 送り方向により生じるモーメント

(a) 食い込み勝手になる送り方向

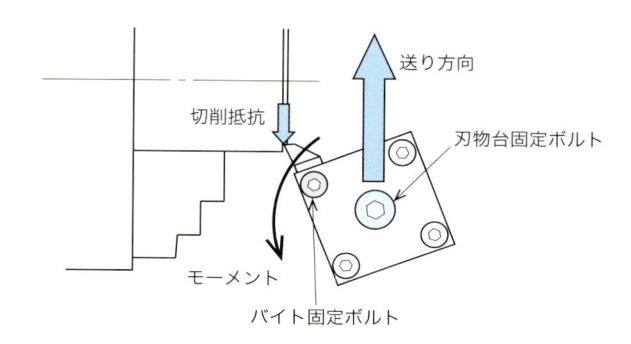

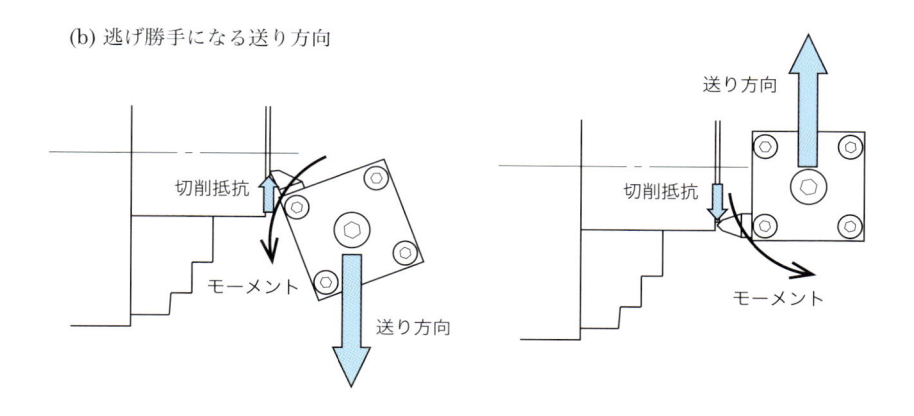

(b) 逃げ勝手になる送り方向

2 2 5　ワーク形状が原因のビビリ

　ワークの形状が原因で生じるビビリの例を示します。図2-6は径の大きな円盤状のワークの端面削りで，中心の軸部分をチャックして加工する場合です。軸から離れた位置ほど撓みが大きくなりますのでビビリも大きくなります。軸の根元までチャックにくわえ爪にワーク背面をしっかりと押し当て固定することである程度ビビリは生じにくくなります。外爪でワークの外側

図2-6　径の大きな円盤

ワーク背面を爪に押し付ける

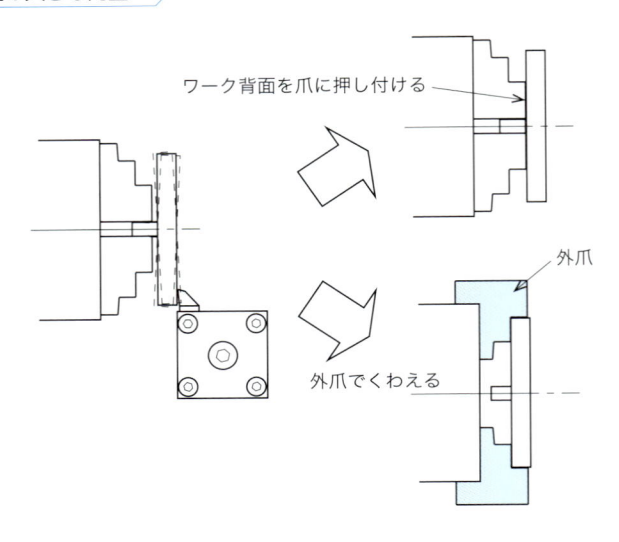

外爪

外爪でくわえる

を掴むのも有効ですが，中心部がビビりやすくなりますので，切り込み量を小さくして切削抵抗を小さくします。

　径の細いワークの外径削りは，切り込もうとするとビビりが生じ，刃先に押されてワークが逃げるのでそのままでは寸法通りに仕上がりません。ワークは先端ほど大きく逃げるため図2-7のように，先端が広がったテーパー状に仕上がります。先端をセンターで押して加工すれば一番逃げやすい先端の逃げを抑えることができますが，仕上げ寸法があまりに細い場合には押さえがない中間部が逃げて寸法通りに仕上がりません。長く細いワークの外径を精度よく仕上げるには振れ止めを使用するか，逃げを抑える治具を自作するしかありません。図2-8は移動振れ止めを使用した外径削りの例です。移動振れ止めは往復台にセットし往復台とともに移動するので，バイトに押されるワークの逃げを抑えてくれます。ただし，ワークは押し棒先端に接触した状態で回転することになるので，摩擦を抑えるために押し棒先端に潤滑油を差し，主軸回転数は低速にします。

図2-7　細長い棒

センターで押す

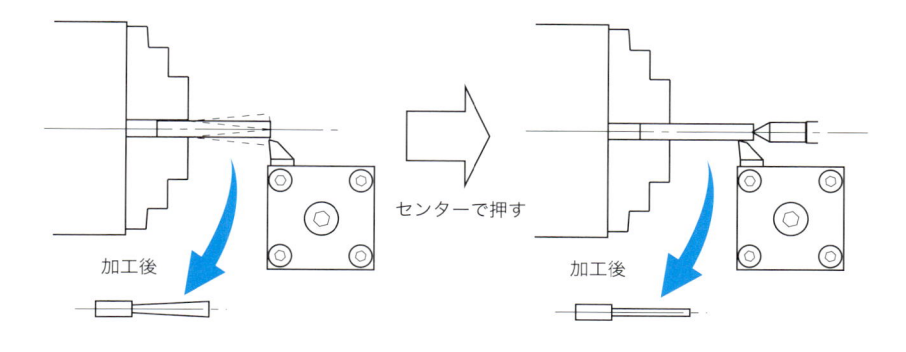

加工後

加工後

図2-8　振れ止めを使う

押し棒

薄肉円筒もビビリが生じやすいワーク形状です。細長いワーク同様，切り込もうとするとワークが撓み逃げますので，刃先が食い込みにくく，ビビリが生じます。円筒内でビビリ音が反響しキーンと甲高い騒音が出るため耳栓が欲しくなります。薄肉円筒の外径削りの際によく使われるのは，円筒内に詰め物をしてセンターでワーク端面を支える方法（図2-9）です。詰め物は金属製の円柱や比較的硬い木材が使われることが多いですが，いちいちワークの内径に合わせて詰め物を作るのは面倒です。著者がよく使う手は，円筒内に水に濡らしたティッシュペーパーを固く詰め込む方法です。比較的小径（40mm程度まで）の薄肉円筒の外径加工に有効で，ワークが逃げることもなく，ビビリ音も抑えられます。濡れティッシュのおかげで内部から冷却もできるので，一石二鳥です。円筒肉厚が薄くなるほど強度が下がりますので，肉厚が薄くなるに従い切り込み量も小さくしていきます。

図2-9　薄肉円筒の加工方法

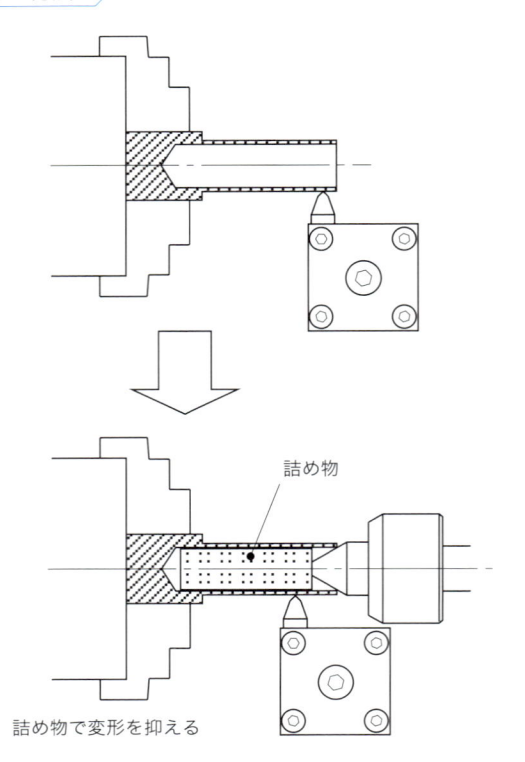

詰め物

詰め物で変形を抑える

2 2 6 構成刃先の抑制

　構成刃先は切り屑がバイトのすくい面に次々と堆積して圧縮され高温高圧状態になり凝着することで発生します。従って，構成刃先が再結晶温度以上になれば軟化し刃先から離れ，切り屑と一緒に排出されます。再結晶温度は，炭素鋼で600℃程度，ステンレス鋼で700℃程度，アルミ合金で230℃です。耐熱性が高くないハイスバイトを使用する場合は高温になると刃先が軟化し切削できなくなるので，構成刃先を発生させないように主軸回転数を落とすか切り込み量を小さくして刃先や切り屑が高温にならないように切削することで構成刃先の発生を防止します。逆に，超硬やサーメット等の耐熱性が高いチップであれば主軸回転数を上げることで切削中に刃先温度（切り屑の温度も）が上がり構成刃先の発生を抑えることができます。ただし，高温で切削を続けることはバイトの寿命を縮めます。

　切削油を供給することも構成刃先の発生を抑えるには効果的です。潤滑を良くし切り屑の流出性を高めることは構成刃先を生じにくくすることに効果がありますが，同時に切削油には冷却効果もありますから，再結晶温度以上で切削していて構成刃先の発生を抑制しているときなどは温度低下により構成刃先が発生する場合があります。

　構成刃先の発生を抑制するためには切り屑がバイトのすくい面に堆積するのを防ぐことが重要です。バイトのすくい角を大きくすると切り屑の流出性を高めることができ，構成刃先を発生しにくくします。あまりすくい角を大きくすると刃先角が小さくなり刃先の強度が低下するので，刃先の強度が低下しない程度にすくい角を大きくします。

2 3 切削作用

2 3 1 切削抵抗

　切削加工においてバイトがワークに及ぼす力を切削力とよび，その反力を切削抵抗と言います。切削抵抗は図2-10に示すようにワークとバイトとの間に生じる力（主分力，送り分力，背分力）の合力です。切削抵抗が大きくなるとワークやバイト刃先の温度が上昇したり，ビビリが生じる原因になりますから，動力や剛性が低いミニ旋盤で加工を行う場合には特に，切削抵抗が大きくなるような切削条件での加工をいかに避けるかがポイントとなります。

図2-10　切削抵抗

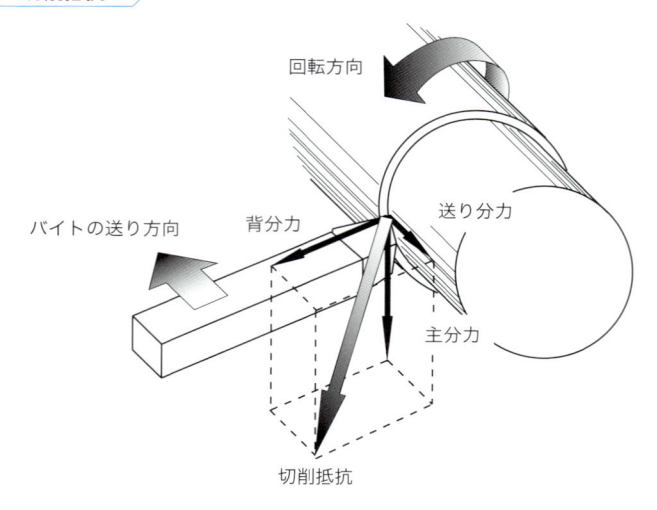

2 3 2 切り屑の形状

旋盤作業において切り屑は切削条件を判断するための重要なものです。切り屑の形状は，バイトの刃先に生じる圧縮・せん断により連続的に繋がった形状で排出される『流れ型』，圧縮・せん断を受けつつ断片的に排出される『せん断型』，バイト刃先で生じる圧縮力により，母材側にせん断が生じてむしり取られたような切削面になる『むしり型』，刃先に生じたき裂により切り屑が母材から離れる『き裂型』に分類されます（図2-11）。

図2-11 切り屑の形状

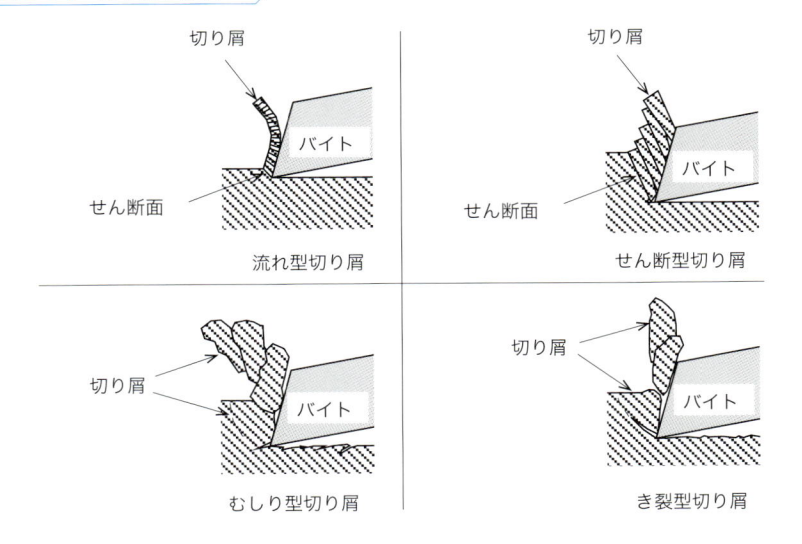

流れ型切り屑　　せん断型切り屑
むしり型切り屑　　き裂型切り屑

流れ型は，切削抵抗の脈動も小さく，美しい仕上げ面が得られます。

せん断型は炭素鋼等の切削時に生じやすく，一定間隔のせん断すべりによってバラバラになった切り屑が排出されます。仕上げ面は荒れます。

むしり型は粘りの大きい材料を加工する際に生じやすく，刃先に切り屑が付着し切削抵抗の脈動が激しくなります。仕上げ面にはむしれた跡が残ります。

き裂型は鋳鉄等，脆い材料を加工する際に生じやすく，切削抵抗の脈動が激しく，不連続なせん断により切削面が荒れます。

2 3 3　加工変質

▶加工硬化

　切削加工中の金属の切削点は高温高圧状態になります。それにより，材料の結晶構造や性質が変わってしまうことを加工変質といいます。材料の組織が変質し硬化する現象を加工硬化と言います。加工硬化が生じると文字通りワーク表面が固くなりますから切削性が悪化します。ステンレス鋼は特に注意が必要です。ただでさえ硬く粘る材料ですが，加工硬化が生じると，バイトの刃先がワークに食い込みにくくなり，無理に切り込もうとすると刃先が欠けたり，摩擦熱で刃先が軟化し加工不能に陥ります。ワークにも摩擦熱で焼けた跡が残ります。

　加工硬化を生じさせないようにするためには，切れ味の良いバイトを使うことです。切れ味の悪い（刃先が鈍い）バイトを使って無理に切り込もうとすると，刃先が材料に食い込む前に加工面が硬化し刃先が滑って切削ができなくなります。その結果，材料より先に刃先が傷みます。加工硬化が生じてしまった切削面を削る場合，切り込み量が小さいと硬化した層を削ることになるので余計に刃先を傷めます。旋盤の出力に余裕があれば，切り込み量を硬化層の厚さよりも大きくすることで，硬化層ごと削り取ることができます。

2.4 基本切削

2.4.1 端面削り

端面削りは図2-12のように，（1）縦送りで切込み，（2）横送りで送りながらバイトを操作し切削を行います。端面削りに限りませんが，バイトの心高合わせは丁寧に行います。心高が高過ぎると図2-13のようにバイトの刃先より先に逃げ面がワークに当たり，切削できません。直径が大きなワークの場合，はじめは切削できても中心部に近づくにつれ刃先が切削面に当たらなくなり，逃げ面でワークを押すことになるので切削できなくなり，送りハンドルの抵抗が大きくなったり，切削音が大きくなったりします。心高が低いと図2-14に示すように中心部にへそが残ります。いずれにしても，心高が合っていない場合，送りハンドルのダイアルで進めたバイトの送り量と実際の切削量との間に誤差が生じますので仕上がり寸法に影響が出ます。（図2-15）

図2-12 端面削り

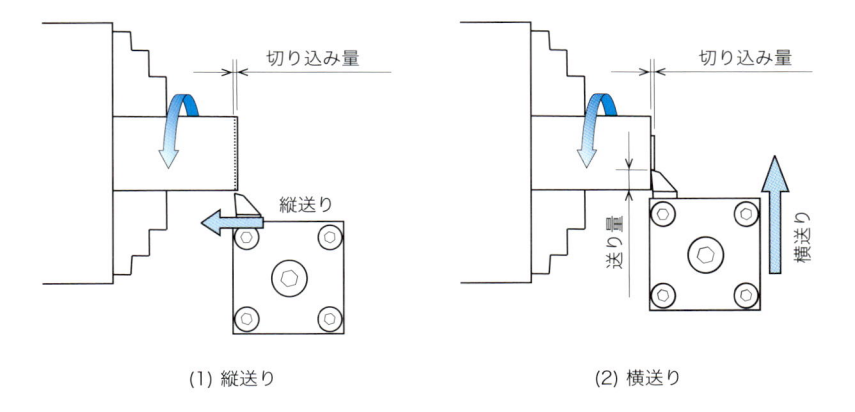

(1) 縦送り　　　(2) 横送り

図2-13 心高が高い場合

心高が高い
逃げ面が接触

図2-14 心高が低い場合

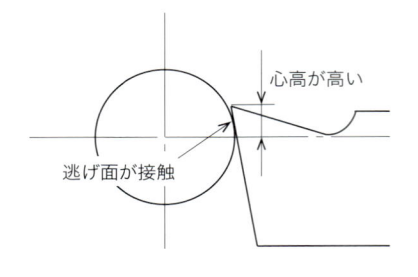

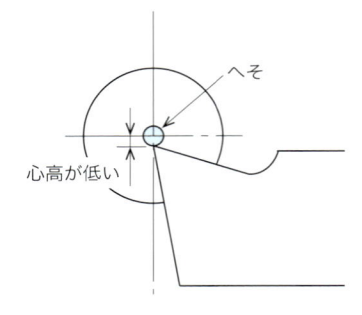

へそ
心高が低い

図2-15 心高のズレによる寸法の狂い

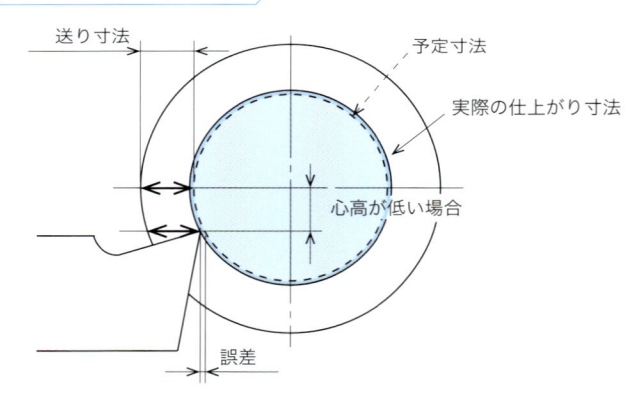

送り寸法
予定寸法
実際の仕上がり寸法
心高が低い場合
誤差

　片刃バイトで端面切削を行う場合，ノーズアールよりも大きな切り込みを与えることはできません。ノーズアールよりも大きな切り込みを与えると，図2-16のように，刃先がワークに食い込む方向へ力を受け，そのまま切削を続けていくと次第に切削抵抗が大きくなり送りハンドルの回転が重くなっていくのがわかると思います。ミニ旋盤では特に感じやすいと思います。その結果，切削面が荒れたりバイトの刃先を傷めます。無理にハンドルを送るのを避け，切り込み量をノーズアール以下になるように小さくします。

　端面切削の場合には外周から中心部へと切削を進めるにつれて切削速度が小さくなっていき，中心部では切削速度がゼロになりますので，理論的には中心に進むにつれて回転数を上げていき，中心部では無限大にしなくてはな

らなくなります。通常はワーク直径を基準に回転数を決めたら，回転数は固定したまま中心部まで切削をしていきますので，中心部付近は切削面を美しく仕上げるのが難しくなります。送り量を極力小さくすることである程度改善されますが，ワークの材質によっては，構成刃先が発生しやすくなり切削面が荒れやすくなりますので注意が必要です。

図2-16 送り量とノーズアールとの関係

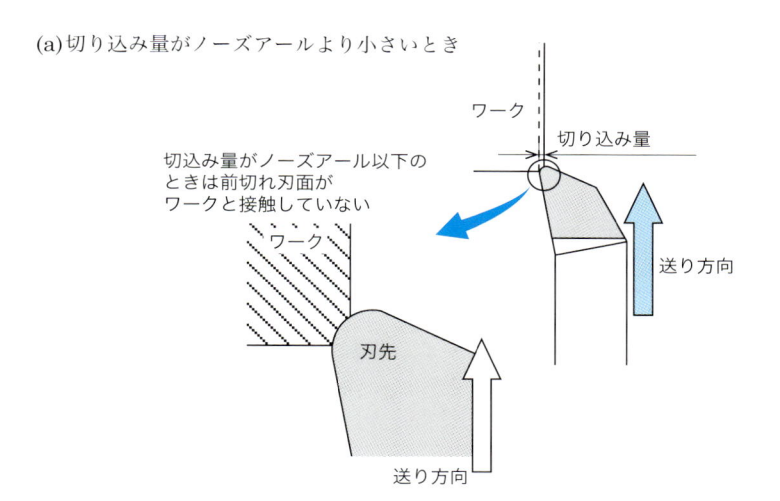

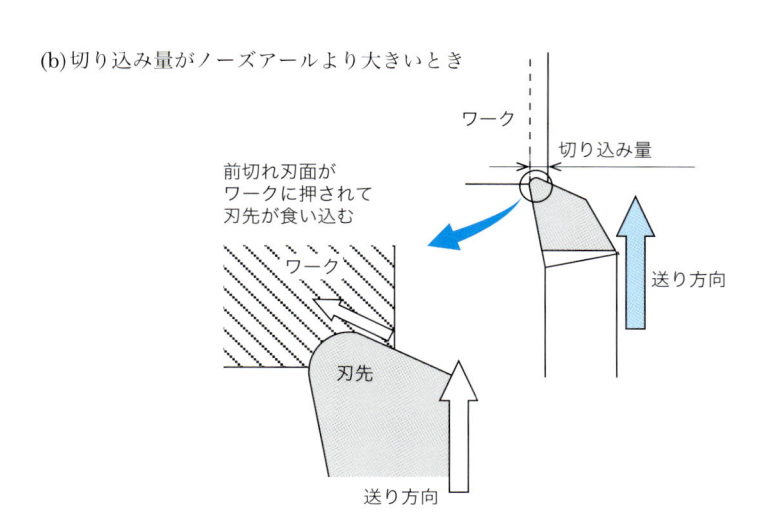

(a) 切り込み量がノーズアールより小さいとき

切込み量がノーズアール以下のときは前切れ刃面がワークと接触していない

(b) 切り込み量がノーズアールより大きいとき

前切れ刃面がワークに押されて刃先が食い込む

2.4.2　外径削り

　材料切り出しの際は，チャックのくわえシロと加工の際の削りシロを考慮して寸法に余裕を持たせるのが基本ですが，チャックからの突き出し量が大きいとビビリが生じやすくなります。

　ワークをチャックに固定したら，ワーク端面を削って平面を出し，送り台のゼロ点合わせを行います。図2-17のように主軸を回転させた状態で刃先をワークに近づけ，接触したところ（または，何回か削ったところ）で，ハンドルを動かないように片方の手で押さえ，もう片方の手で送りハンドルのダイアルをゼロに合わせます。縦送り・横送りそれぞれのゼロ点を合わせると，図2-18のように削り出されたワークの角部がちょうど縦軸・横軸の座標の原点（0位置）となります。

図2-17　送りダイアルのゼロ点合わせ

　横送りハンドルの目盛は，メーカーや機種によって直径目盛と半径目盛があるので注意してください。直径目盛の場合は，目盛の数値と送り台の移動距離が同じになります。例えば，横送りハンドルを目盛で1mm分進めれば，横送り台も1mm進みます。一方，半径目盛の場合は，送りハンドルを目盛

で1mm分進めると，横送り台は0.5mm進みます。つまり，ダイアルの目盛と直径の寸法変化量が等しいということです。旋盤で外径削りを行う際には，1mm分切込むと直径で2mm分削り取ることになるため，切り込み量と直径の変化量を合わせる目的で半径目盛を採用している機種があります。日本で販売されているミニ旋盤の多くは，直径目盛が採用されています。

外径削りは図2-19のように，(1)横送りで切込み，(2)縦送りで送りながらバイトを操作し切削を行います。

図2-18 刃先のゼロ位置

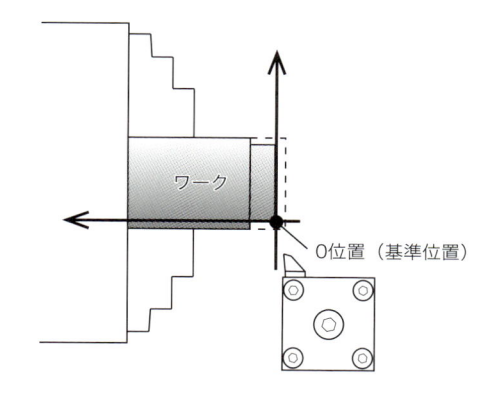

図2-19 外径削り

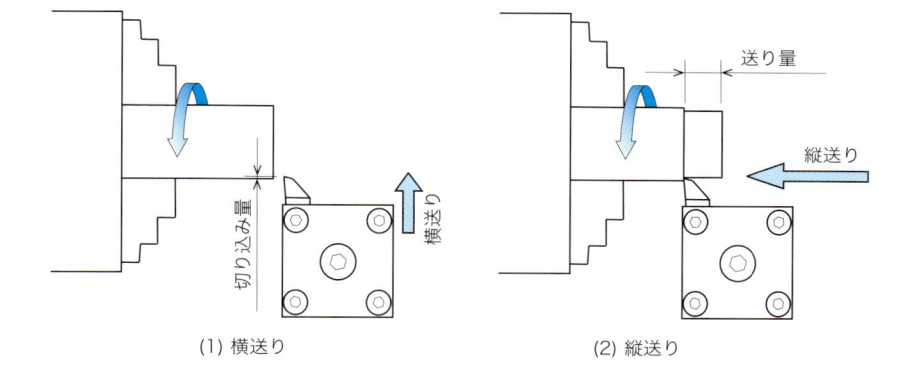

(1) 横送り

(2) 縦送り

突き出し量が大きいワークや径の小さいワークの外径削りをする際は，センターで押す方が良いですが，図2-20(a)のように，センターがバイトや刃物台に干渉して邪魔になる場合があります。バイトの突き出しを大きくすれば刃先がワークに届きますが，バイトの突き出しを大きくするとビビリやすくなるなどの悪影響があります。図2-20(b)のように刃物台を傾ければバイトの突き出しを大きくすることなく干渉を回避できます。ただし，バイトの刃先角は適切になるように調整しておきます。

図2-20　センターと刃物台の干渉

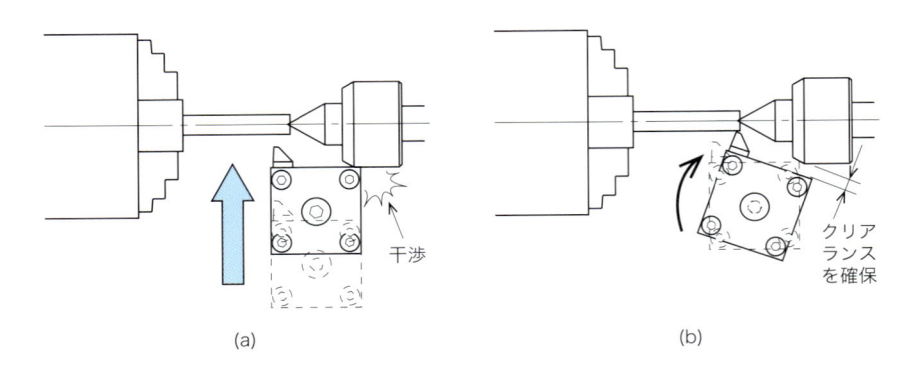

(a)　干渉

(b)　クリアランスを確保

2 4 3　ドリル加工

▶ドリルの種類

　ドリル（きり）は材料や目的に応じて様々な種類があります。金属加工で使用するドリルは図2-21(a)のようなツイストドリルと呼ばれるものが一般的です。図2-21(b)はフラットドリル（平ぎり，剣ぎり）と呼ばれるもので，形が単純なので自作する人も多くいます。特に径の細い穴あけには，ピアノ線を利用するのがお手軽です。作り方は図2-22のように，①ピアノ線の先端をハンマーで叩き平らにしてから②グラインダーで刃先を削り出します。アルミや真鍮等の軽合金であれば熱処理をしなくても穴あけができま

す。図2-21(c)は直溝ドリルと呼ばれ，刃先にすくい角がないので食い込みが少なく，真鍮等の穴あけに使用すると，ドリル貫通時の食い付きを防げます。図2-21(d)は薄板用のドリルです。普通のドリルで薄板に穴あけを行うとドリル貫通時の衝撃が大きいので，材料が振り回されたり，裏バリが大きくなったり，穴の形が5角形になったりしますが，薄板用ドリルはそういった不良が生じにくいように刃先の形が工夫されています。

図2-21 ドリルの種類

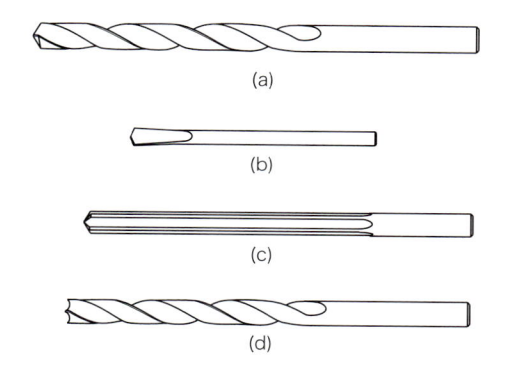

(a)

(b)

(c)

(d)

図2-22 ピアノ線を利用した小径ドリルの作り方

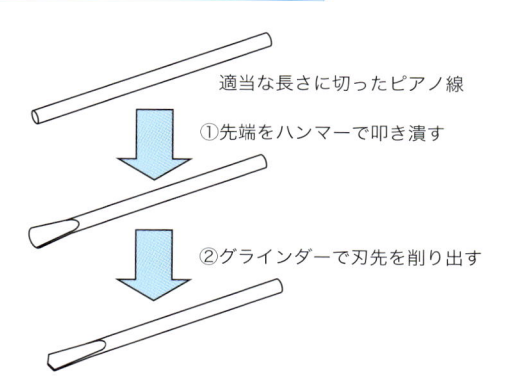

適当な長さに切ったピアノ線

①先端をハンマーで叩き潰す

②グラインダーで刃先を削り出す

図2-23はセンタードリルです。センタードリルはドリル加工の前に案内穴を開けるために使用し，ドリルの刃先の食い付きを良くし，刃先が逃げるのを防ぎます。また，ワークをセンターで押さえる為のセンター穴加工を行う際に使用します。

図2-23　センタードリル

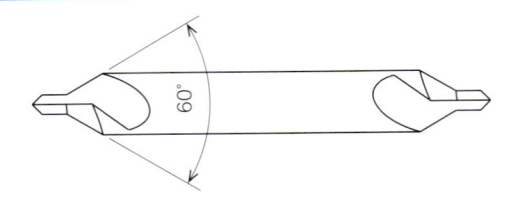

▶切削条件

　主軸回転数が速すぎるかドリルの送り量が遅すぎるとドリルが材料を削り取る割合よりも刃先とワークが擦れる割合の方が大きくなり摩擦音（キーキー音）が大きくなります。主軸回転数が遅すぎてドリルの送り量が速すぎるとドリルの刃を傷めます。特に小径のドリルでは送りが速すぎるとドリルが折れてしまいます。

　ミニ旋盤での大径ドリル加工はモーター動力によって工程数が左右されます。動力が小さい機種の場合，下穴との径差が大きいドリルを使うと動力不足で主軸の回転が切削抵抗に負けて止まってしまいます。径の小さいドリルから始め，徐々にドリルの径を大きくしていきます。旋盤に装着できる最大ドリル径以上の穴はドリル加工後，中ぐり（次項参照）で穴を拡大していくことになります。

　ミニ旋盤の心押し台には，送りハンドルにダイアルがないものも多くあり，クイルに刻まれているメモリは細かくないので，ドリル加工した穴の深さを正確に知るためには測定器を使って実際に測定するしかありません。穴の深さ測定にはノギスのデプスバーを使うのが一般的ですが，ドリル加工の途中で深さを確認するためにはいったん心押し台ごとドリルを移動し，ノギスを当てるスペースを確保してから測定する必要があり手間がかかります。また，デプスバーの幅より小さい穴ではデプスバーが入りません。ドリルを突っ込

んで先端を穴の底に当てた状態で，印をつけておき，ドリルを穴から抜いてノギスでドリル先端から印までの距離を測定する方法はよく使われる方法です。図2-24のようにドリル先端を穴の奥に当てた状態でワーク端面にOリングを合わせておき，ドリルを戻した後にドリル先端からOリングまでの距離をノギスで測定します。この方法であればわざわざ心押し台を逃がすことなくノギスが使えますし，ノギスのデプスバーが入らないような径が細い穴でも測定が可能です。

図2-24　穴の深さ測定方法

下穴を開けた後，ワークをチャックから外してくわえ直したり，センター穴はワークの回転中心に開いているのにドリル先端が振れて穴が曲がったりして，中心からズレてしまうことがあります。ドリルの切れ刃が対称でないことが主な原因ですが，穴の開け始めであれば対処方法はあります。図2-25のように刃物台に木片など（ある程度の硬さがあってドリルを傷つけないもの）を取り付け（または刃物台とドリルの間に木片を挟み）ドリル側面を木片で押してやることで振れを抑えることができます。ただし，この方法が使えるのは図2-26のように穴の開け始めでドリルの肩の部分まで穴が広がっていない場合です。肩まで入ってしまっている場合は，木片で押すと振れは抑えられますが穴の入口が広がってしまいます。

図2-25　ドリルの振れ止め

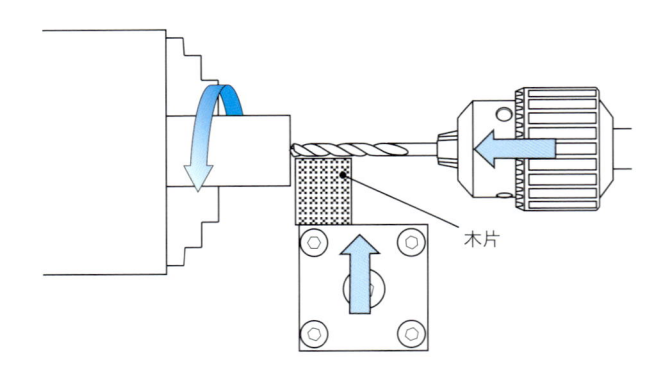

図2-26　ドリルの肩

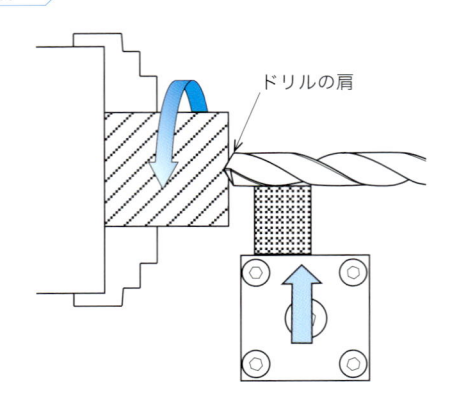

2-4　4　中ぐり

　中ぐりバイトを刃物台に固定する際は図2-27(a)のように穴の内壁にバイトが接触しないように慎重に位置決めを行う必要があります。バイトの先端だけでなく根元の部分も接触しないことを確かめてから加工に移ります。特に，手持ちの中ぐりバイトが穴の径に対して余裕がない場合には接触する部分をグラインダーで削る等して対処しますが，削り過ぎるとバイトの強度が低下してビビリが生じやすくなったり，破損しやすくなりますので，どうしても無理な場合は図2-27(b)のように心高を少し上にしてセットします。ただし心高を上げてバイトをセットした場合には送りダイアルの数値と実際の切り込み量が一致しませんから注意が必要です。

図2-27　バイトの高さ調整

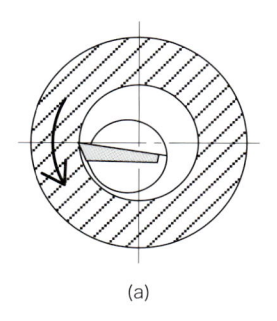

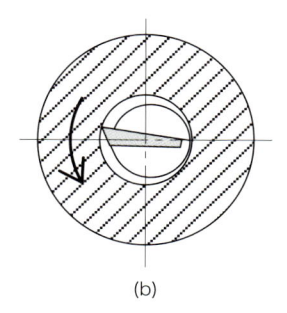

(a)　　　　　　(b)

　中ぐり加工では，加工中に刃先や切削屑の排出状態が見えないので，送りハンドルを送る手に神経を集中するとともに切削音にも注意を払う必要があります。特に深穴の中ぐり加工では，首の長い中ぐりバイトを使うとビビリが生じやすくなります。切れ刃の形状を工夫したり，超硬バイトを使う等の対策を要します。止まり穴の場合，バイトが穴の底に到達すると急に切削抵抗が大きくなるため注意が必要です。特に自動送りを使う場合は，送りハンドルのダイアルをよく見て穴の底に到達する手前で自動送りを止め，手送りで慎重に送ります。ドリル加工後の止まり穴を中ぐりバイトで仕上げるのは非常に厄介です。

図2-28のように，ドリルの肩の部分から先は円錐形になっているので，そのまま中ぐりバイトを進めていくと底に近づくにつれ中ぐりバイトの前切れ刃とワークの接触幅が増加していき，切削音が大きくなってくるとともにビビリも生じやすくなります。浅い穴であれば同じ径のエンドミルで底を平面に削れますが，深い穴だとエンドミルが届きません。以下にドリル穴の底を仕上げる方法の例をいくつか挙げます。

図2-28　止まり穴の加工

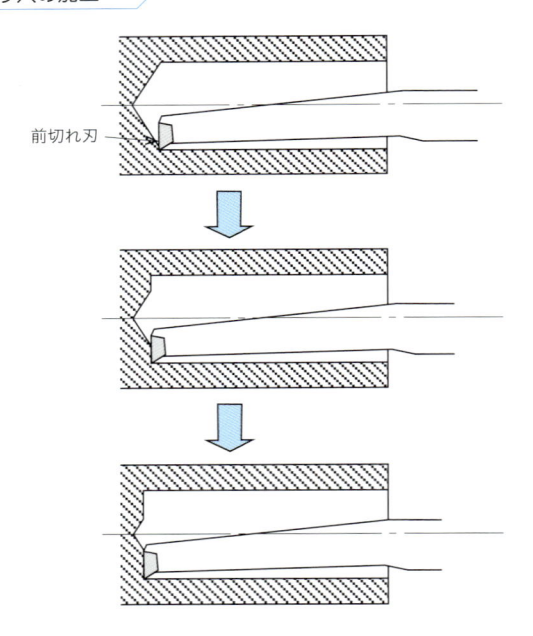

前切れ刃

　図2-29(a)は中心部から円錐部分を削り取りながら拡大していく方法です。中ぐりバイトの頭をできるだけ小さく削り，中心部付近から縦送りで穴の底まで（最後に底を仕上げ削りする場合は仕上げ削り分だけ削りシロを残す）バイトを送ります。底まで達したらバイトを戻し，切り込み量の分だけ刃先を手前に送り，再び縦送りで穴の底まで削ります。仕上がり寸法になるまでくり返します。
　図2-29(b)は外周部から円錐部分を削り取りながら仕上げる方法です。外周部から縦送りで切り込み，中心へ向かって横送りをします。

図2-29 止まり穴の仕上げ

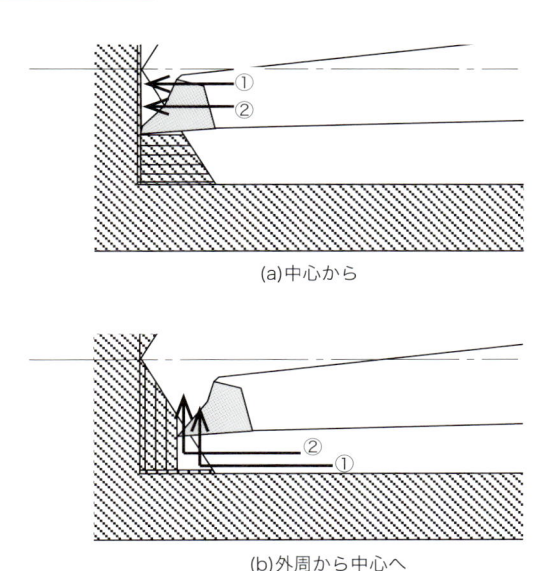

(a)中心から

(b)外周から中心へ

2 4 5 突っ切り

図2-30に突っ切りバイトを示します。突っ切りバイトは，回転軸に対して垂直に取り付けなくてはいけません。主軸の回転数は外径削りの半分くらいにして，送りハンドルを回す指先に意識を集中して切削抵抗を感じながら送りを進めます。他のバイトと比べて刃先とワークの接触幅が大きいので，切削抵抗が大きく，ビビリも生じやすくなります。刃幅を小さくすると切削抵抗は小さくできますが無理に送りを進めようとすると刃が折れやすいので注意が必要です。また，切り溝に切り屑が詰まりやすくなるので切り屑にも注意を払います。刃幅を大きくすると動力が小さい機種では切削抵抗に負けて主軸の回転が止まります。ミニ旋盤で切削可能な突っ切りバイトの刃幅は3mm程度が限界です。

ミニ旋盤での突っ切り加工は大変ビビリが生じやすいので，送り台や刃物台の調整は特に念入りに行います。横送りしか使用しない場合は，縦送り台

図2-30　突っ切りバイト

　の調整ネジを締めて台が動かないように固定してしまうのも有効です。ビビリが生じる場合には主軸回転数を落とすのが基本ですが，どうしてもビビリが生じてしまう時には，電源を切り，チャックを直接手で回す方法が有効です。送りも小さくする必要があるので，加工に時間はかかりますが，ビビリ音も切削音もほとんど出ません。

　突っ切りバイトの刃先は図2-31のように刃先の切れ刃だけがワークに接触するように，前面および両側面に逃げを設けます。すくい角はワークやバイトの材質によります。ハイスバイトでは，軽合金（アルミなど）で15°～20°程度，鋼材で10°～15°程度，真鍮等の食付きが良い材料では0°～5°程度が目安です。超硬バイトの場合はハイスの半分程度にします。また，すくい面には切り屑の排出性を良くする加工を施します。突っ切り加工では，溝が深くなるに従い切り屑が溝に引っかかって排出されにくくなります。切り屑が溝とバイトの間に巻き込まれると刃を破損したり，加工面に傷が残ります。図2-32は突っ切りバイトのすくい角に施すアール加工の例です。すくい面のアールが小さいと切り屑が小さな渦巻き状になって溝に詰まりやすくなります。径が大きいワークの切断や，深い溝を加工する際は，すくい面のアールを大きくして，切り屑の排出性を高める等の工夫が必要です。

図2-31　突っ切りバイトの刃先

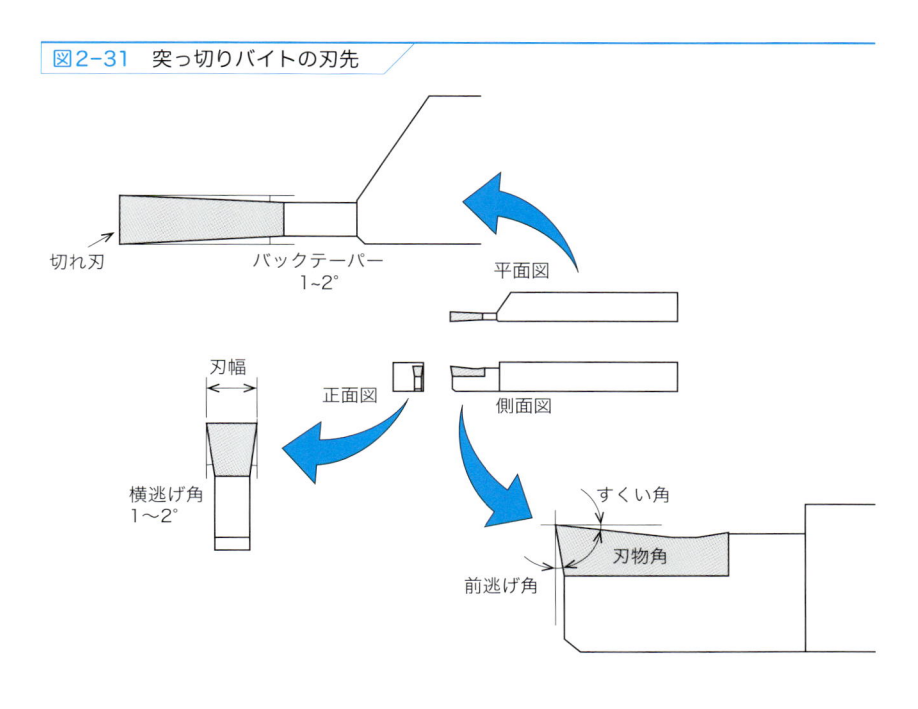

切れ刃　バックテーパー
　　　　1~2°
平面図
刃幅
正面図
側面図
横逃げ角
1~2°
すくい角
刃物角
前逃げ角

図2-32　すくい面のアール

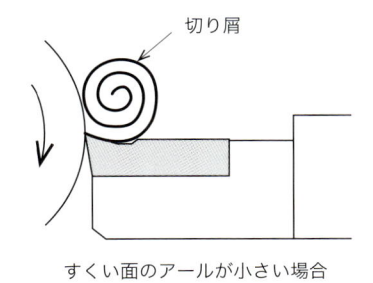

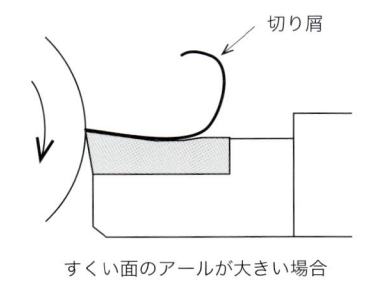

切り屑

切り屑

すくい面のアールが小さい場合　　　すくい面のアールが大きい場合

155

突っ切りバイトの取り付けは図2-33のように，チャック等を基準面にして主軸に対して直角になるように調整します。バイトが直角になっていないと刃先が斜めに切り込んでいくことになるため，深く切り込んでいくほど切削抵抗が大きくなり，刃を破損します。

図2-33　突っ切りバイトの取り付け

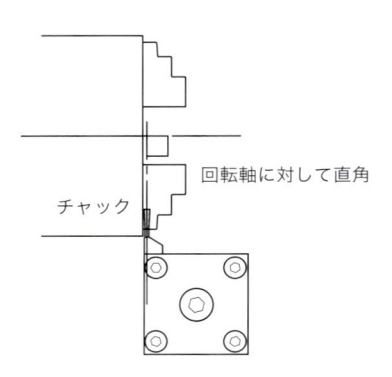

　突っ切りバイトを使って，正確な溝加工を行う（または切り落とす）ためには，送りハンドルのゼロ合わせを正確に行う必要があります。ゼロ合わせの際に，回転していないワークにバイトを当てると刃を破損する恐れがあるため，図2-34(a)のように主軸（ワーク）は回転させながら刃先がワークに触れたところでゼロ合わせを行います。最後の仕上げ削り前にダイアルのゼロ合わせを行い，そのまま仕上げ削りを行うのがベストです。溝を入れる（または突っ切る）位置まで縦送りハンドルのダイアルを頼りに送りを進めます。図2-34(b)のように，『端面からの寸法＋バイトの刃幅』が送り量になります。

　突っ切りバイトの切削抵抗を小さくするために，図2-35のようにバイトの位置をずらしながら交互に切り込んでいく方法があります。予定寸法の位置である程度まで切り込んだら，一旦，バイトを戻し，刃幅に対して2/3程度進んだ位置で一回目の切り込み位置より進んだ位置まで切り込みます。以上を交互にくり返し突っ切っていくと，切削抵抗が最小限に抑えられビビりにくく，切り屑も詰まりにくいので刃が破損するのを防ぐことができます。

図2-34 突っ切り加工のゼロ点合わせと送り量

(a) 縦送りのゼロ合わせ / ゼロ位置 / 予定寸法

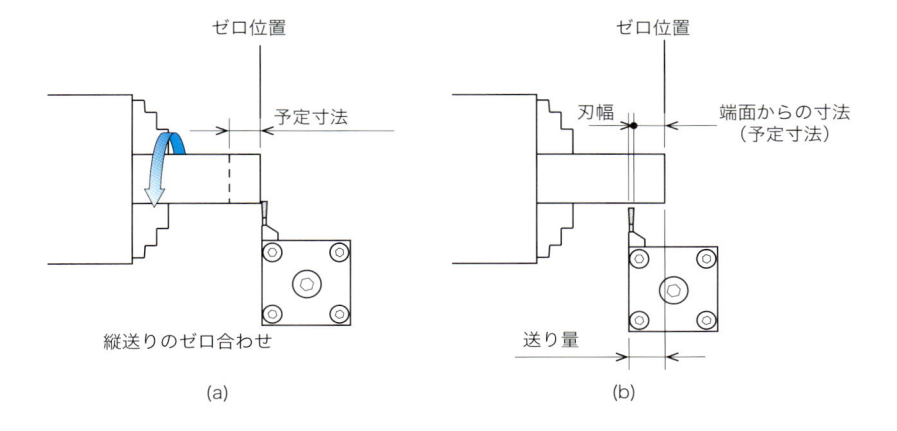

(b) 送り量 / ゼロ位置 / 刃幅 / 端面からの寸法（予定寸法）

図2-35 交互送り加工

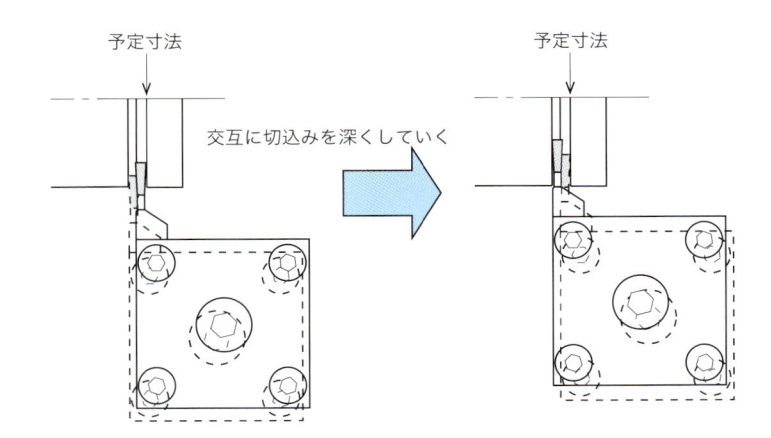

予定寸法 → 交互に切込みを深くしていく → 予定寸法

2 4 6 面取り

　面取りとは工作物の角を斜めに削り落としたり丸みを付ける加工を行うことです。切削加工を行った金属の角はバリやカエリのため鋭く尖っています。そのままでは，触ると怪我をする危険があるため面取りをします。

　また，面取りには工作物の美観を良くする目的もあります。45°面取りは図2-36のように面取りバイトを使います。刃物角が90°の面取りバイトであれば，バイトを取り付ける方向は図2-36(a)でも(b)でもどちらでも構いません。送り方向も，縦送りでも横送りでもどちらでも構いません（図2-37）。

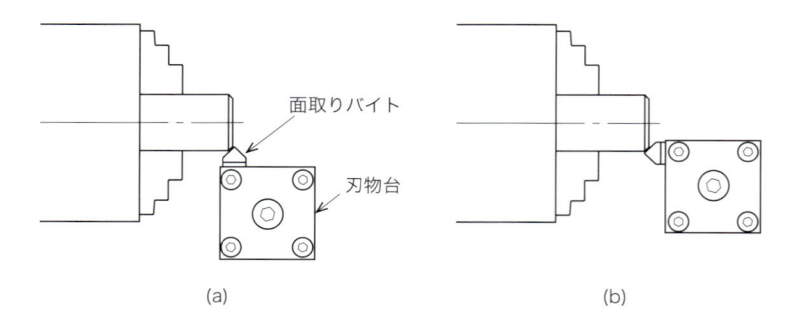

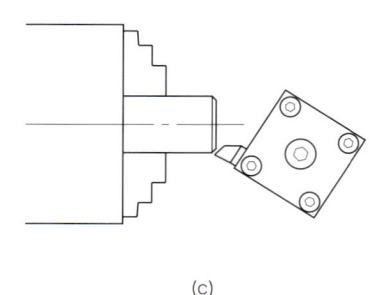

図2-36　面取りバイトの取り付け方向

(a)　面取りバイト　刃物台

(b)

(c)

図2-37 面取りバイトの送り方向

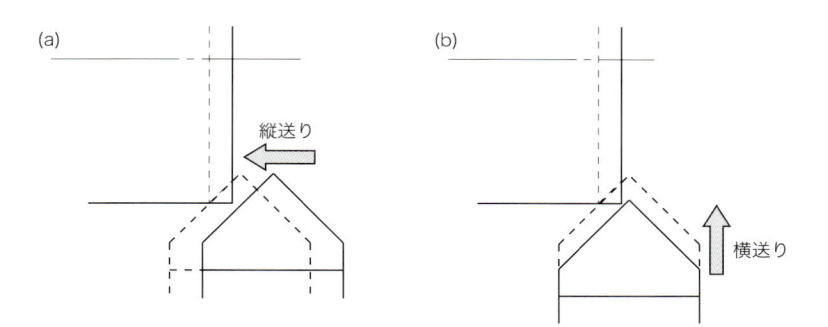

(a) 縦送り
(b) 横送り

　特に角度を気にする必要がないときは，図2-36(c)のように刃物台ごと傾けて片刃バイトや剣バイトなどでも面取り加工を行うことができます。
　面取りは，設計図では図2-38のようにCやRの記号が用いられますが，特に指定がなくても糸面（糸のように細い面）とよばれる軽い面取りを行うのが普通です。Cは45°の面取り，Rは円弧の半径を表します。CやRの後ろの数値は寸法（単位はmm）を表します。

図2-38 面取り記号

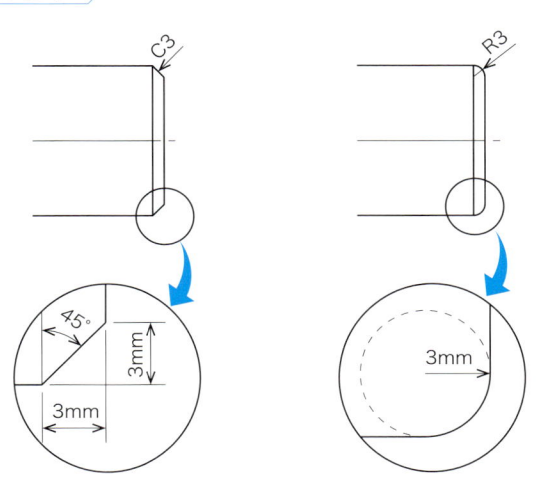

面取りを行う際の主軸回転数は外径切削荒削り時の回転数と同じで構いませんが，ビビりが大きいようであれば回転数を落とします。特に，面取り寸法が大きくなると，送りを進めるにつれ切れ幅が大きくなり切削抵抗も増大しますから，十分に回転数を落とします。

▶穴の面取り

穴の面取りは，面取りバイトを図2-39(a)のように穴の内側から外側へ向けて横送りで切り込む方法と，(b)のように縦送りで切り込む方法があります。ただし小径穴の面取りをする際は図2-40のように，バイトの逃げ面や下部が接触しやすいので注意します。小径穴の面取りには，図2-41のようなドリルチャックに取り付けて使用できる面取りカッターが便利です。

図2-39　穴の面取り

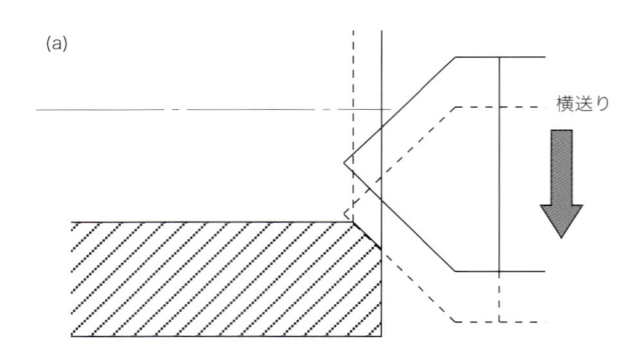

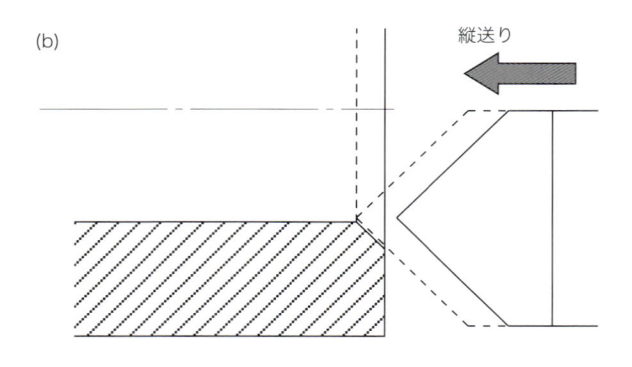

図2-40　面取りバイトの干渉

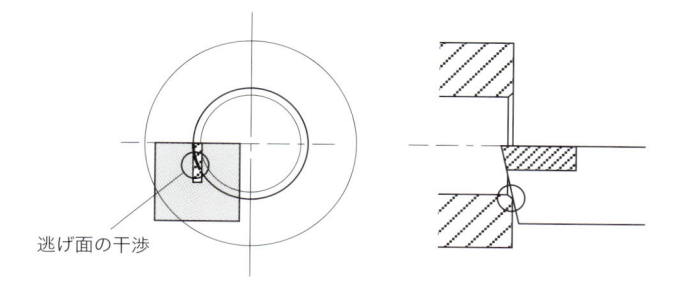

逃げ面の干渉

図2-41　面取りカッター

Chapter 3 応用切削

3-1 穴あけ

▶ **旋盤によるドリル加工**

　旋盤によるドリル加工については既に2章で述べましたが，3章ではドリル加工の応用として，特殊な加工法を紹介します。

▶▶ **主軸側チャックにドリルをくわえる方法**

　ミニ旋盤に付属のドリルチャックは小さいため，径の大きなドリルをくわえられないといった問題があります。一般的にストレートシャンクドリルは最大径13mmですが，ミニ旋盤に付属のドリルチャックでは最大でもシャンク径が10mm程度のドリルまでしかくわえられないものが一般的です。本書で取り扱っている東洋アソシエイツの『Compact7』では取り付け可能なドリル径の最大径は10.5mmです。

　図3-1のような，ノスドリルと呼ばれるシャンク部分が細くなっている大径ドリルや図3-2のようなステップドリル（タケノコドリル）と呼ばれる複数の径の切れ刃を持つドリルが市販されています。ステップドリルはその形状上，浅い貫通穴や薄板の穴あけにしか使えません。ミニ旋盤での穴あけ作業には，予算に余裕があるのならノスドリルを一通り揃えておけば良い

図3-1　ノスドリル

図3-2　ステップドリル

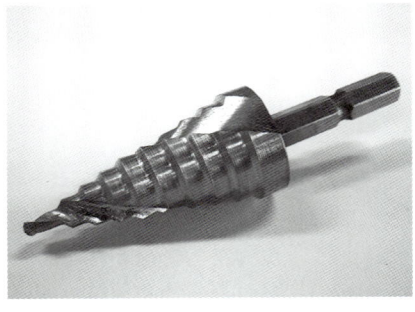

と思います。ホームセンターなどで一般的に取り扱っているノスドリルはシャンク径が6.5mm，9.5mm，12.65mmのものがあります。

　手持ちのドリル径が大きく，ドリルチャックに装着できない場合でも，主軸側に装着することで旋盤によるドリル加工が可能です。特に，大径のドリル加工をボール盤で行う場合には，回転数を最大まで落としても速すぎますから，旋盤で穴あけを行う方が回転数を合わせやすく安全に作業できます。図3-3は主軸側三つ爪チャックにドリルをくわえ，ワークを心押し台のクイルで押している様子です。この方法の利点は，三つ爪チャックにくわえることができないような形状のワークにも旋盤でドリル加工ができることです。図3-3は見やすいように右手でワークを支え，左手でクイルハンドルを回しながら切り込み量を調整しています。右利きの人は左手でワークを支え，右手でクイルハンドルを回す方が切り込み量の調整がやりやすいと思います。ワークが小さくて手で支えることができない場合はバイスプライヤーなどで把持します。

図3-3　主軸チャックにドリルをくわえて穴あけ　　　※巻頭カラー P.18
「心押し台でワークを支える」

　ワークを安定させるには，図3-4のように刃物台（または往復台）にワークを固定します。敷板などを利用してワークの穴開け予定位置を主軸回転中心に合わせます。ワークの穴位置と主軸センターを正確に合わせるのは手間がかかりますが，往復台を主軸側へ送りながら穴あけを進めると，縦送りダ

163

イアルの目盛を頼りに正確な深さの穴あけができる利点があります。エンドミルを使えば段付き穴の深さも正確な寸法で仕上げることができます。また，卓上ボール盤では困難な，正確な間隔の平行穴加工も旋盤の横送りダイアルを使えば簡単に行えます。

図3-4　往復台にワークを据え付ける　　※巻頭カラー P.18「刃物台にワークを据え付ける」

　深穴加工などの際，ドリルの長さが足りなくて，ワークの表と裏からドリル加工を行うと穴が一致しないということは多くの人が経験していると思います。ロングドリル（図3-5）があれば深穴を片側から貫通できますが，裏面に開いた穴が予定位置からずれてしまったということもよく起こります。

図3-5　ロングドリル

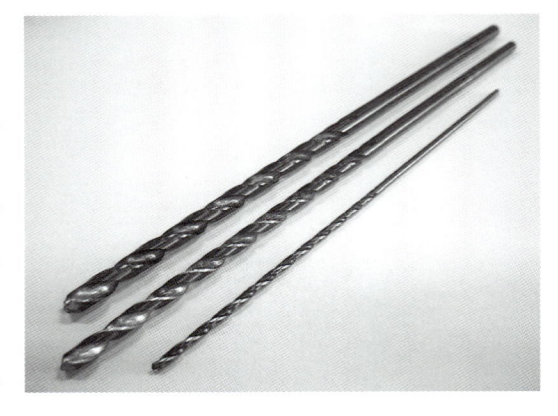

▶▶ 心押し台センターでワークを押す方法

　ドリルをまっすぐ進めるのは意外に難しいものですが，深い穴や貫通穴をまっすぐに開ける方法があります。

　図3-6のように，ワークの両側にセンター穴を開けておき，心押し台にセンターを装着し，ワーク片側のセンター穴を心押し台センターで支え，ワークを手で持った状態で主軸側からドリル加工を行います。小径のドリルであれば，ワークがドリルと一緒に回転しない程度に（回り止めとして）手で支えるだけで十分です。ロングドリルは切り屑が排出されにくいので，こまめに心押し台ごとセンターを退けながらワークからドリルを抜き切り屑を払います。ドリル先端は常に心押し台側センターの先端に向かって回転するため貫通穴は必ず心押し台センターの先端と一致します。ドリルが貫通して心押し台センターと接触するとセンターを傷めますので心押し台側のセンター穴に到達したら（貫通直前で），最後はボール盤で貫通する方が安全です。両側からショートドリル（ロングドリルではない普通のドリル）で片側ずつ穴開けしていきワークの真ん中あたりで穴を貫通する方法でも，両側から開けた穴はピッタリと一致します。

　大きな貫通穴を，いきなり大径ドリルで開けようとすると切削抵抗が大きく，刃先がワークに食い込んだ瞬間にワークがドリルと一緒に回ってしまい手で支えきれません。小径ドリルから始めて徐々に径を大きくしていきます。ドリル径が大きくなるにつれ，主軸の回転数は落としていきます。ワークを

図3-6　深い貫通穴の加工

ドリルの回転と反対方向へゆっくりと回しながら心押し台の送りハンドルを進めると，曲がりのない真っ直ぐな穴が開けられます。当然ですが，主軸と心押し軸のセンターが一致していないと真っ直ぐな貫通穴は開きませんので，加工前にしっかりと心押し台の調整をしておきます。

▶▶ 心押し台センターでドリルを押す方法

　大径のストレートシャンクドリルやテーパーシャンクドリルはミニ旋盤に付属のドリルチャックではくわえられません。前述したように，ノスドリルを購入すれば解決できる問題ですが，ドリルチャックを使わずに，主軸側チャックにワークをくわえ，心押し台側からドリルで穴あけを行う方法を紹介しておきます。図3-7のように，ドリル端部にセンター穴加工をしておき，センターで支え，ケレ（回し金）を回り止めにすると，心押し軸で押しながらドリル加工を行うことができます。

図3-7　センターによるドリル押し　　　※巻頭カラー P.18「大径ドリルを心押し台で押す」

3-2 ネジ切り

▶タップを用いたネジ切り

　模型工作におけるネジ加工はタップによる雌ネジ加工が圧倒的に多く，部品にネジ穴を加工し，締結に市販のボルトを使用するのが一般的です。雌ネジ加工に使用する工具をタップといいます。使用するボルトの呼び径，ピッチに合わせてドリルで下穴を開け，タップでネジを切ります。下穴を開ける際のドリル径は使用するボルトの谷の径に合わせれば良いので，下穴径は使用するボルトの呼び径Dからピッチを引いた値（下穴径＝$D-P$）です。ただし，硬くて粘る材料や小径のタップを用いる場合などは，下穴の径を少し大きめにしておくと，切削抵抗を小さくでき，タップに無理な力をかけずに済みます。表3-1にネジの呼び径と下穴の目安を示します。

表3-1　タップ加工の下穴（メートル並目ネジ）

呼び径	ピッチ	下穴径
M1	0.25	0.75
M2	0.4	1.6
M2.5	0.45	2.1
M3	0.5	2.5
M3.5	0.6	2.9
M4	0.7	3.3
M4.5	0.75	3.8
M5	0.8	4.2
M6	1.0	5.0
M7	1.0	6.0
M8	1.25	6.8
M9	1.25	7.8
M10	1.5	8.5
M12	1.75	10.3
M14	2.0	12.0
M16	2.0	14.0
M18	2.5	15.5
M20	2.5	17.5

タップは組タップと呼ばれる3本1セットになったものが一般的です。組みタップは図3-8のように，先タップ，中タップ，仕上げタップ（上げタップ）で構成されています。先タップは先端が細くなっており，山が徐々に高くなる形状になっているので，立てはじめでタップが傾き難く，硬い材料でも比較的無理なくネジ切りができます。先タップによるネジ加工ではタップの先端部（下穴の奥の方）は不完全ネジ部になっている（ほとんどネジ山が切れていない）ので，中タップ，仕上げタップの順でネジ山を仕上げていきます。先タップが傾けば中タップ，仕上げタップではネジ穴の傾きを修正することは困難です。特に小径のタップでは傾いたままネジ切りを進めるとタップが折れます。

図3-8　組みタップ

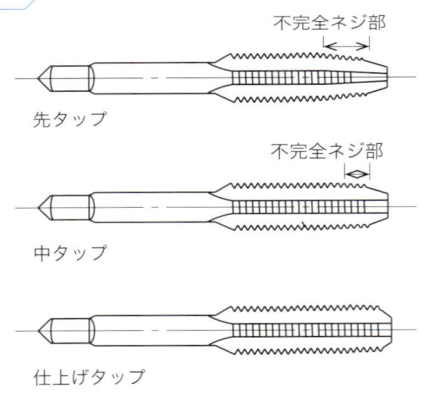

先タップ　不完全ネジ部

中タップ　不完全ネジ部

仕上げタップ

ホームセンターなどで一般的に入手可能なバラ売りのタップはほとんどが中タップです。中タップがあれば大抵のネジ加工は完了できるので，組みタップよりも中タップを好んで購入する方も多いと思います。中タップは立てはじめでタップが傾かないように気を遣う必要がありますが，旋盤を使えば真っ直ぐにタップを立てることができます。図3-9のように，心押し軸やセンターでタップを支え，タップのたてはじめ（最初の3回転くらい）だけ旋盤を利用します。旋盤の電源は切り，チャック（ワーク）を手で回します。ネジの切り始めが真っ直ぐであれば，あとはワークを万力などに固定して手回しでタップを立てても傾くことはありません。

図3-9　旋盤によるタップ立て　　　　　　　　　　　　　※巻頭カラー P.6「旋盤によるタップ立て」

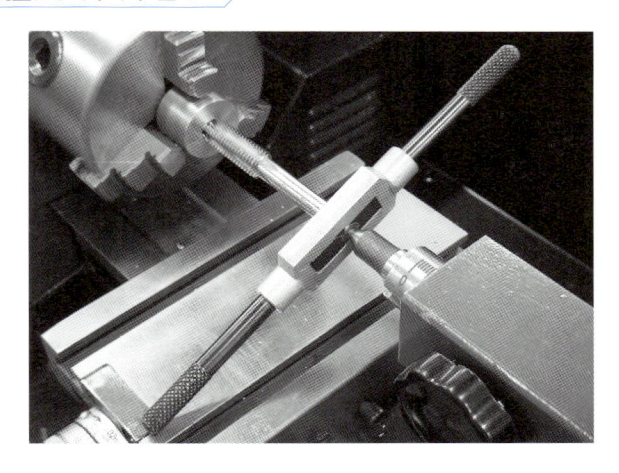

　タップ加工は『3回転切り込み，2回転戻す』とよく言われますが，ワークの材質やネジ穴の径によって切削抵抗が変わりますので何回転回すかは条件に応じて変えます。特に，ステンレスなどのように硬くて粘る材料に細い径のタップを立てる際は，細心の注意を要します。何度もタップを折った経験がある人なら，タップハンドルを回しながらタップが折れる直前の感触を感じ取ることができると思いますが，慣れないうちはしょうがありません。小径のタップには小さなタップハンドルを使い，無理な力をかけないように，タップハンドルを回す指先に意識を集中し，切削抵抗を感じながら加工するしかありません。

タップハンドルを回しながら，回転が重いと感じたら，タップを抜き，こまめに切り屑を排出しながらタップを進めます。切り屑が詰まると逆回転すらできなくなることがあります。抵抗が大きく，これ以上正回転させたらタップが折れる。でも逆回転もできない。となるとどうしようもなくなりますが，CRCなどの潤滑剤をたっぷりとタップ溝の隙間から下穴に吹き付け，少しずつタップを折らないように注意しながら正転・逆転方向に交互に（タップは回らないが）力を加えているとタップが回せるようになることがあります。

▶ダイスを用いたネジ切り

雄ネジを加工するための工具をダイス（図3-10）と言います。加工したいネジの呼び径，ピッチに合ったダイスを使い，ダイスハンドルに取り付けハンドルを回しながらネジを切ります。ダイス加工する際は，作りたいネジの呼び径に合わせてワークの外径を加工しておきます。ダイスには表と裏があります。ネジ穴に食付き部（テーパー）がある方をワーク側に向けて切り込んでいきます。食付き部が表も裏も同じダイスは向きを気にする必要はありません。タップ同様，切りはじめが傾くと真っ直ぐなネジが切れませんから，最初の1～2回転は特に傾きに注意します。傾いたままネジ切りを進めると，小径のワークでは途中で折れることがあります。切込はタップ同様"何回か回しては戻す"をくり返し，切り屑を排出しながら進めます。硬い材料にダイス加工をする際は，切りはじめでなかなかダイスが食いつかない場合があります。調整型のダイス（図3-10左）の場合は，調整ネジでダイスを開き気味に調整すれば食いつきやすくなります。ただし，あまり開きすぎるとダイスが割れます。開き気味のダイスでネジを切った後は，ダイスに基準となるボルトなどを通して適正な径に戻し，再度仕上げ加工を行います。

ダイスを傾かないように手回しで切り込むのは結構難しいものですが，旋盤を使えば簡単に真っ直ぐに切

図3-10　ダイス

り込むことができます。図3-11は，ハンドルを取り付けたダイスを，爪を引っ込めたドリルチャックで押しながらチャックを直接手で回しながらダイス加工をしている様子です。図3-12は自作のダイスホルダーです。ドリルチャックに取り付けて使用します。こちらも手回し用のハンドルを取り付けてありますのでクロススライドに当てて，回り止めにしておけば，チャックを直接左手で回しながら，右手で心押し台のクイル送りハンドルを回して切り込んでいくことができます。

図3-11　旋盤を使うダイス加工　　　　　　　※巻頭カラー P.6「旋盤を使うダイス加工」

図3-12　自作ダイスホルダー

▶旋盤によるネジ切り

　市販のミニ旋盤の多くは，ネジ切りを行う際に加工するネジのピッチに適合したチェンジギアが必要になります。表3-2は東洋アソシエイツ『Compact7』のチェンジギア（メーターネジ用）の組み合わせ表です。『Compact7』のチェンジギアセット（メーターネジ用）は，ギアの組み合わせ方により，ピッチが0.5，0.7，0.75，0.8，1.0，1.25［mm］の6種類のピッチに対応できるようになっています。なお，他のミニ旋盤をお使いの方は，機種ごとの取扱説明書に従ってください。

表3-2　チェンジギア組み合わせ表

ピッチ〔mm〕		主軸	軸1	軸2	軸3
0.5	奥	36	42	60	SP
	手前		sp	40	72
0.7	奥	36	40	45	SP
	手前		sp	42	72
0.75	奥	36	42	48	SP
	手前		sp	40	60
0.8	奥	36	42	45	SP
	手前		sp	40	60
1	奥	36	42	45	SP
	手前		sp	40	45
1.25	奥	36	42	48	SP
	手前		sp	50	45

SP：スペーサリング
sp：スペーサ（19歯か24歯ギアを使用）

　図3-13にネジ切りバイトを示します。ネジ切りバイトの刃物角は正確に60°に仕上げます。正確な角度のネジ切りを行う際にはすくい角をつけません。刃物角を正確に60°に仕上げた後にすくい角をつけたネジ切りバイトでネジ加工を行うと図3-14のように切り込みが進むほどワークの中心線よりも下側を削ることになるので，加工されたネジの谷の角度は60°よりも小さ

くなります。横逃げ角が大きいほど顕著に現れます。荒削り用にすくい角付き，仕上げ用にすくい角無しのバイトを使い分ければ問題ありません。また，横逃げ角は図3-15のように，ネジのリード角＋αが必要となります。ネジ切りの様子を模式的に表すと図3-16(左)のようにバイトは円筒上を螺旋状に進んでいます。円筒側面にできた螺旋を平面に表すと三角形になります。

図3-13　ネジ切りバイト
※巻頭カラー P.5「ネジ切りバイト」

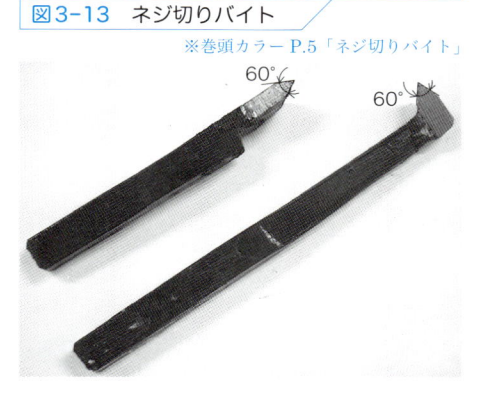

図3-14　ネジ切りバイトのすくい角

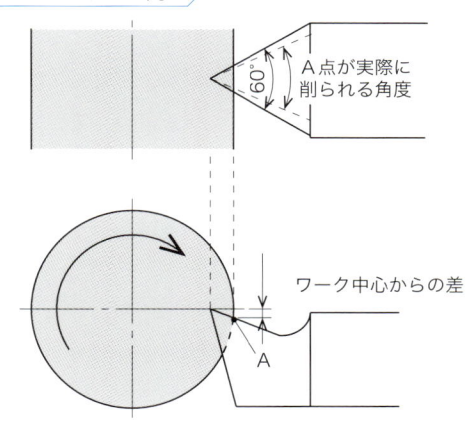

図3-15　リード角と横逃げ角のすくい角

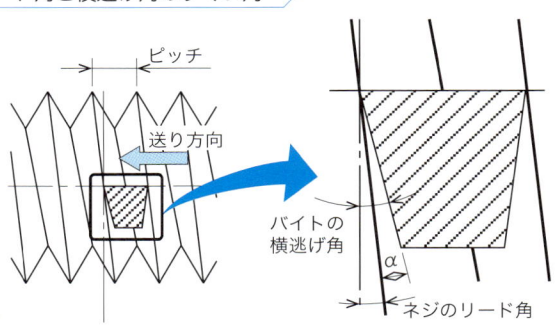

図3-16(右)のように1回転分の螺旋を取り出したとき、三角形の底辺ABが円周の長さ、三角形の高さBCがネジのピッチになります。そして、∠Aの角度θがリード角になります。ネジ山はリード角θの分だけ傾いているため、ネジ切りバイトに適切な横逃げ角がないと、切削中にバイトの側面がワークに擦れてしまいます。

図3-16　ネジのリード角

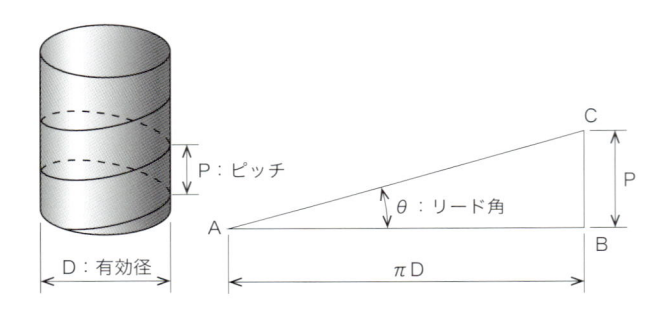

▶バイトの取り付け

刃高をセンターに正確に合わせるとともに、図3-17のようにセンターゲージを使いバイトの角度も正確に合わせます。シャンク側面を基準に刃の角度を60°に仕上げたバイトであれば、センターゲージを使わなくても、刃物台を真っ直ぐに合わせるだけでセット完了です。また、チャック面などを基準にバイトをセットできます（図3-18）。

図3-17　センターゲージ　　　　　　　　　　　　　※巻頭カラーP.7「センターゲージ」

図3-18　チャック面を基準にする

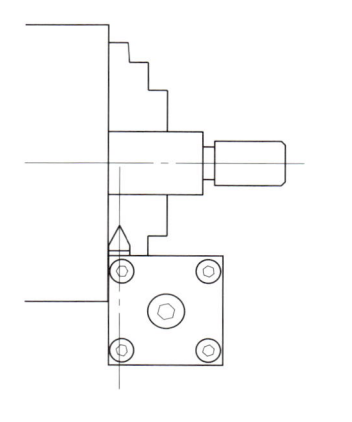

　主軸の回転数は，慣れないうちは十分に低速にしておく方が安全です。主軸の回転数を上げると送り速度も速くなるので，ネジ切り操作に慣れていないと，思わぬ事態に即座に対応できません。切り込み量は1回あたり0.02〜0.05mm程度で，少しずつ切り込んでいきます。ネジ溝が深くなるに従い切削抵抗が大きくなっていきバイトにかかる負荷も大きくなるので，潤滑にも気を配ります。

　1回目の自動送りをかけたら最後まで自動送り装置切り替えスイッチ（自動送りレバー）を操作する（親ネジとの連結を解除する）のは厳禁です。自動送りレバーを解除して，縦送りハンドルで送り台を操作すると，刃先の位置がネジの谷位置とずれてしまいます。バイトがネジ部の終わりにきたら図3-19の緊急停止スイッチで主軸（と親ネジ）の回転を止め，横送りでバイトを少し逃がし，逆転スイッチを操作し回転を逆にして送り台を元の位置まで戻します。

図3-19　ネジ切り加工の際の操作パネルの操作スイッチ

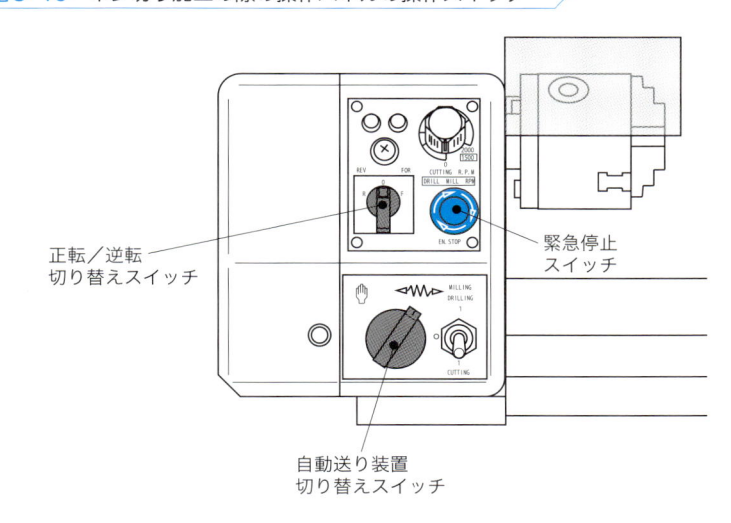

正転／逆転切り替えスイッチ

緊急停止スイッチ

自動送り装置切り替えスイッチ

切削抵抗を小さくする方法として，図3-20のように，ネジ切りバイトの切れ刃の左側だけで切削する方法があります。ネジ山（谷）の角度は60°なので，切り込み量を1としたとき，縦送りを進める量は一回の切込み量に対して，縦送りを切り込み量の1/1.73倍だけ進めればよいことになります（図3-21）。

図3-20　切り込み方法と切削抵抗

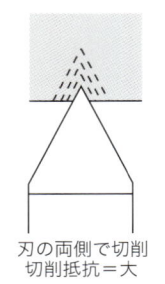

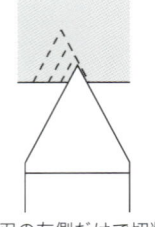

刃の両側で切削
切削抵抗＝大

刃の左側だけで切削
切削抵抗＝小

ネジ加工中は親ネジの縦送りは使えませんので，複式刃物台の縦送りを使います。

図3-21　バイトの進め方

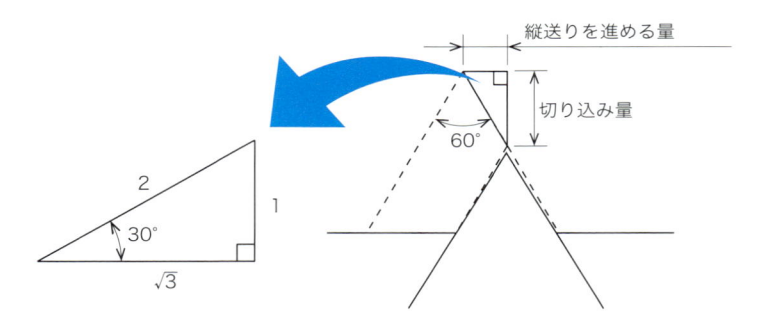

一回ごとに縦送りを僅かに進めながら切り込んでいく方法は，複式刃物台があれば簡単にできます。図3-22のように複式刃物台を切り込み方向に対して30°（複式刃物台の回転角度＝60°）傾けた状態でセットすれば，一回自動送りを終えるごとに複式刃物台を進めるだけで切れ刃の左側だけでの切削が可能です。ただし，右側の面が荒れやすいので，仕上げ削りは横送りを使い，切れ刃全体で切削します。

複式刃物台を29°に傾けてセットすると，刃の左側をメインに使いながら右側でも僅かに切削できるため，切削抵抗を抑えながら右側の面の荒れがない綺麗なネジ加工ができます。『Compact 7』では複式刃物台が刃物台と一

体になっていますから、図3-23のように刃を30°傾けて成形したネジ切りバイトを使用する必要があります。複式刃物台の角度目盛も45°までしかありませんから、チャック面を基準に三角定規などを当てて角度を合わせます。

図3-22 複式刃物台による切り込み

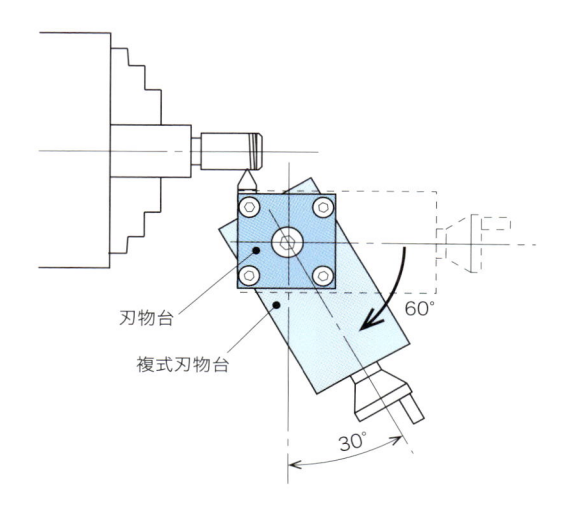

図3-23 刃物台一体型の複式刃物台

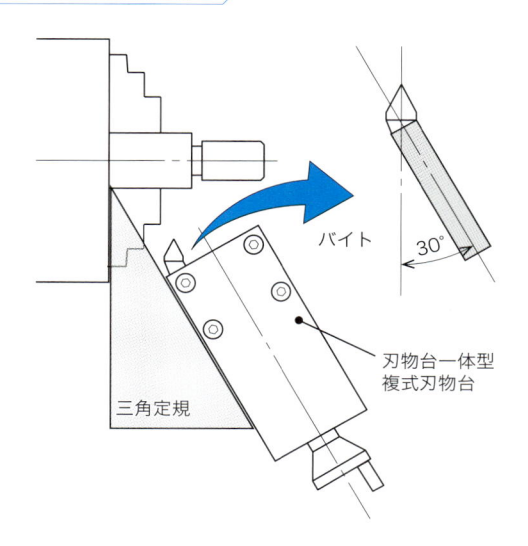

▶ネジの切り終わりの処理

ミニ旋盤にはハーフナット装置がありませんので、自動送りを掛けた状態での切り上げでネジ加工を終えるのは困難です。切り上げとは図3-24のように、ネジ加工の終わりにネジの切込みを徐々に浅くしていく加工テクニックです。普通旋盤では、切り上げ部の手前で主軸をニュートラルにし、惰性で回転させながら横送りハンドルを操作しバイトを手前に引き、切り上げを行います。ネジが仕上がりに近づくほど、一瞬の操作遅れがバイトにもワークにも大きなダメージを与えます。切り上げのタイミングが遅れた場合、刃先がワークに食い込みバイトもワークも損傷します。切り上げは熟練を要するため、ネジ加工の際はネジ部終端に図3-25のように、ネジの谷の深さに応じて逃げ溝を加工しておきます。逃げ溝を作っておくことで、刃先が溝に入ると同時に主軸の回転を止め、次にバイトを手前に引いて逃がし、逆回転して刃先をネジの始点に戻します。

どうしてもミニ旋盤で切り上げを行いたい場合には、主軸手回しハンドルを用いて、手動で主軸を回します。図3-24の切り上げは主軸手回しハンドルを用いて加工したものです。手回しであれば主軸も送りもゆっくりできるため、横送りハンドルの操作も合わせやすく、切り上げが遅れて切り込み量が大きくなったとしてもハンドルを回す手を止めてしまえばバイトやワークを傷めることはありませんし、バイトを逃がしてハンドルを逆回転し、切り上げポイントの直前まで戻して途中からネジ加工を再開することも簡単にできます。

図3-24　切り上げ

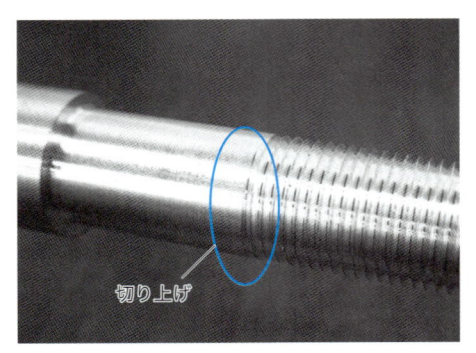

図3-25　逃げ溝

3　3　両センター加工

▶外径加工

　両センター加工の利点は，心間を目いっぱい使えるためミニ旋盤でも長尺のワークを振り回すことができることと，センター穴加工されたワークを両センターで支えると何度ワークを取り外しても軸心がずれることがないことです。回転軸などの加工において，両センター加工はなくてはならない方法です。

　両センター加工を行うためには，まず，ワーク両端面にセンター穴加工を施す必要があります。センター穴はセンタードリルの円錐部2/3程度まで開けます（図3-26）。表3-3は，ワーク直径に対するセンター穴の目安です。ワークの直径に対して小さすぎるセンター穴は加工中に広がってワークがガタついたりセンターが外れたりする恐れがあります。

図3-26　センター穴の深さ

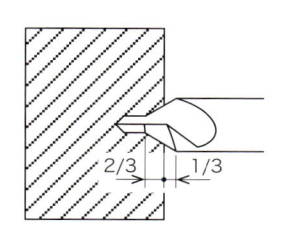

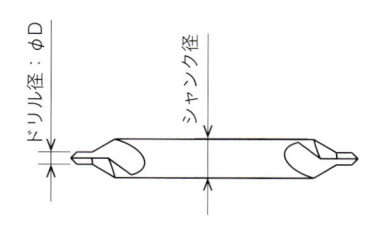

表3-3　ワーク直径とセンター穴の目安

ドリル径ΦD	ワーク直径
0.5	3～4
0.6	4～6
1.0	6～10
1.5	10～15
2.0	15～20
2.5	20～35
3	25～45

センターで支えるだけでは，バイトを当てた瞬間にセンターとワークが滑ってしまうため，主軸の動力をワークに伝えるために，ケレ（回し金）（図3-27）を使います。図3-28は，ミニ旋盤『Compact7』の主軸側センター支持部です。ワーク端部の外径をケレの内径以下に加工しておき，ケレを装着し，ワーク固定ネジでケレとワークを一体化します。ケレの駆動棒は主軸に固定した駆動ネジに当てます。本書で取り扱っているミニ旋盤『Compact7』は主軸の駆動ネジ取り付け穴（図3-29 主軸P.C.D）を使うとしたらケレの外径はϕ25mm以下でなければなりません。ϕ25mm以上では駆動ネジを取り付けることができなくなってしまいます。

図3-27 ケレ（回し金）

図3-28 両センター加工の際の動力伝達

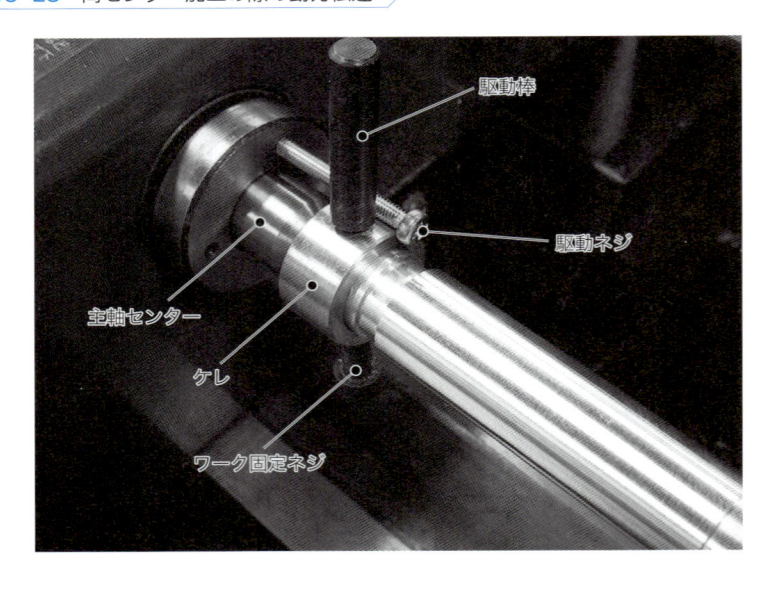

図3-29 ケレの外径

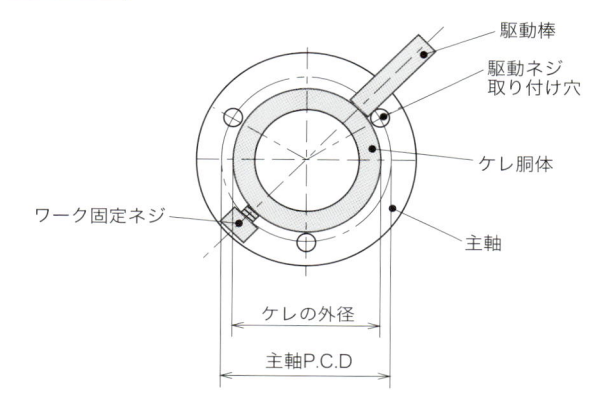

『Compact 7』のように主軸に駆動ネジを取り付けるタイプのミニ旋盤では，両センター支持可能なワーク径が，主軸の取り付けネジP.C.Dに依存してしまいます。そのようなミニ旋盤で大径のワークを両センター支持するためには，図3-30に示すようなオフセットアタッチメントを製作し駆動ネジの取り付け位置を外側へ変更する必要があります。また，面板を組み合わせることで大径のワークを支持できるようになります（図3-31）。

図3-30 駆動ネジオフセットアタッチメント

図3-31　面板と組み合わせたセンター支持

　『Compact7』に限った裏技ですが、『Compact7』は主軸のフランジ（チャック取り付け用のアダプター）を取り付けた状態ではMT-2のセンターが入らないため、両センター加工を行う際にはフランジを外します。フランジ穴の内径φ16mm）がMT-2センターの外径（φ17.8mm）よりもわずかに小さいためですが、図3-32のように、フランジの中心穴を拡大することでMT-2のセンターを取り付けることが可能になります。図3-33の

図3-32　『Compact7』主軸フランジ

ように，フランジの穴を利用すれば裏側から駆動ネジを通し，ナットで固定し，大径ワークを振り回すことができるようになります。

両センター加工後に，ワーク端部を切り落とすなどの理由で，差し支えなければ，図3-34のように，ワークに駆動棒を直付けしてしまう方法もあります。

図3-33 『Compact 7』大径ワーク支持用センターフランジ

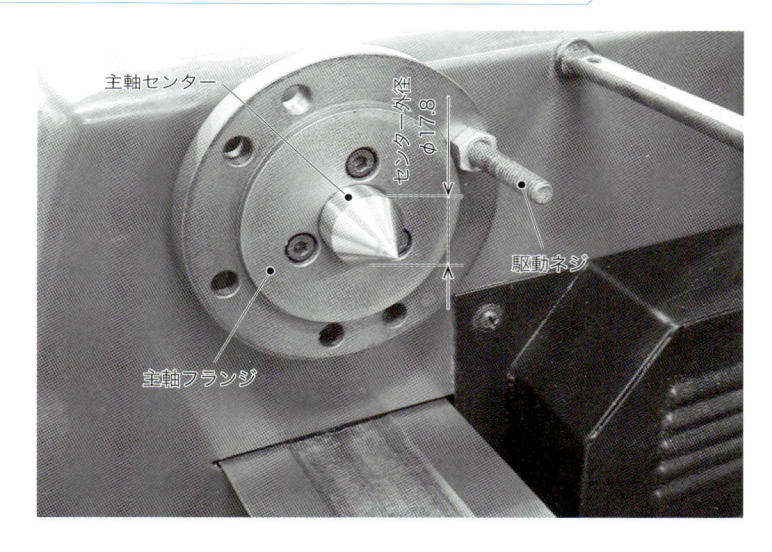

図3-34 ワーク直付け駆動棒

3-4 テーパー削り

▶リーマー

　リーマーはドリルで開けた穴などの加工面を仕上げたり，真円度を上げるために使う工具です。図3-35(a)は直溝ハンドリーマーです。柄の端部が四角形になっていてハンドル（タップハンドルと同じ）を取り付けて使用します。使用するリーマー呼び径の0.1～0.2mm小さいドリルで下穴を開けておきます。リーマー加工をする際は切削油をつけ，右回ししながらリーマーを通していきます。抜き取る際も右回ししながら抜きます。逆回転させると切削面とリーマーの間に切り屑が詰まり，切削面が荒れたり，リーマーの刃が欠けたりします。(b)は下穴に倣いやすいように左向きにねじれ溝をつけたリーマーです。溝は左にねじれていますが，右回転で使います。刃の食い込みを防ぎ，切り屑の排出性にも優れています。(c)はテーパー穴を仕上げるテーパーリーマーです。柄の部分の穴にハンドル（丸棒）を取り付け使用します。テーパー穴の仕上げに使う場合は，テーパー角に応じたテーパーリーマーを用意する必要があります。また，テーパーリーマーは薄板の穴を拡大するのにもよく使用されます。

図3-35　リーマー

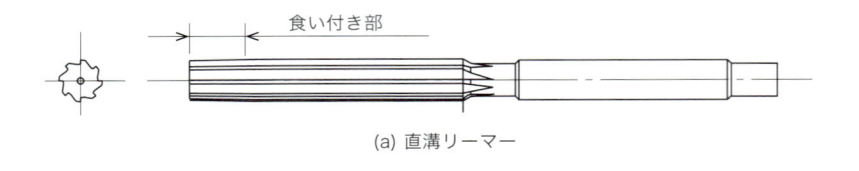

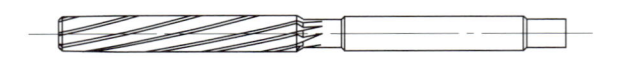

(a) 直溝リーマー

食い付き部

(b) ねじれ溝リーマー（左ねじれ溝）

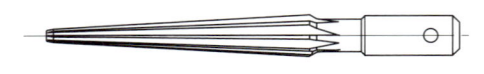

(c) 直溝テーパーリーマー

小径のストレートリーマーを旋盤で使用する際は，心押し台ドリルチャックにくわえるか，後端部にセンター穴が空いているリーマー（図3-36左）であればフローティング法（図3-37）によってセンターで押します。主軸の回転数は低速で，クイルの送りは速めにします。切り屑が詰まると切削面に傷が残るので，深い穴の加工の際はこまめにリーマーを抜き，切り屑を払います。リーマーを抜く際も主軸は回転させたままにします。リーマーの食付き部が完全に貫通するまでクイルを送ります。小径で長いリーマーはビビりやすいので，ビビったら主軸の回転数を落とすか送りを速くします。どうしてもビビリがおさまらないときは電源を切り，チャックを直接手回ししながらリーマーを通します。動力が小さいミニ旋盤の場合は，大径のリーマーやテーパーリーマーは主軸の回転を落とすとモーターの動力が足りず回転が止まるかもしれません。特にテーパーリーマーは切削面積が大きいので切削抵抗に負けて回転が止まりやすいです。チャックを直接手回しするか，主軸手回しハンドルを使うしかありません。

図3-36　リーマー後端部

図3-37　フローティング法によるリーマー加工

端部にセンター穴がないリーマーでも，図3-38のように爪を引っ込めたドリルチャックで押すことでリーマー加工を行うことができます。主軸の動力が足りれば，主軸は電動で回しながら，リーマーを左手で保持しつつ右手で心押し台クイルハンドルを回せばよいのですが，主軸を手回しする場合は，リーマーを保持しつつ，心押し台クイルハンドルを回し，主軸を手回しするには手が3本必要になります。

図3-38　ドリルチャックで押すリーマー加工

　主軸を手回ししてくれる要員を確保できれば良いですが，一人で行うには図3-39(a)のようなリーマーホルダーを作るなどの工夫が必要です。図3-39(b)はダイスホルダーに取り付け可能なように製作したリーマーホルダーの図面です。手持ちのリーマーのシャンク径に合わせて内径16mm，14mmの差込穴と，10mm〜14mmシャンクには無段階で対応可能な45°の面取りを施してあります。リーマーは差込穴に差し込むだけで特に固定は必要ありません。リーマーハンドルが回り止めになります。このような簡単な治具でも作業性は格段に改善されます。左手で主軸手回しハンドルを回しながら，右手でクイルハンドルを回してリーマー加工を行うことができます。

図3-39(a) リーマーホルダー

ダイスホルダー
ドリルチャック
リーマーホルダー
テーパーリーマー
リーマーハンドル
ダイスホルダーハンドル

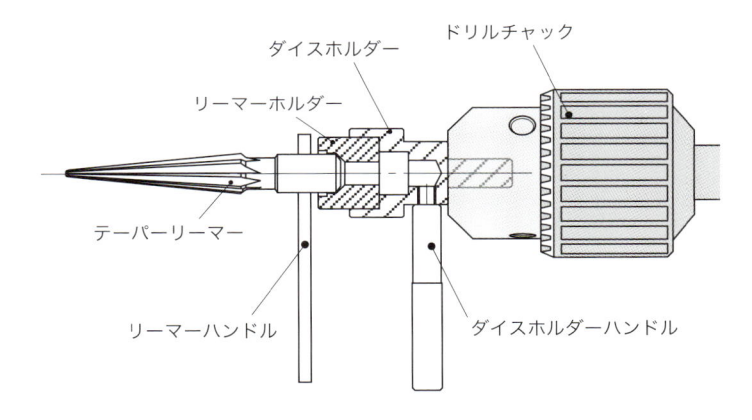

図3-39(b) リーマーホルダー図面

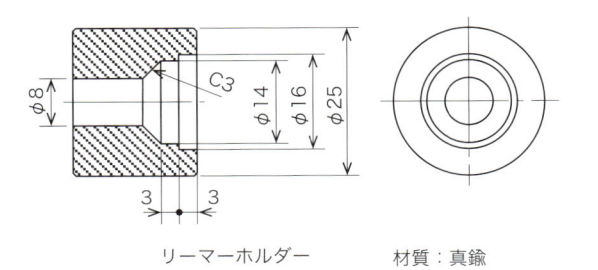

φ8　φ14　φ16　φ25　C3
3　3

リーマーホルダー　　材質：真鍮

187

ストレートドリルで開けた下穴をテーパーリーマーで仕上げる作業は，模型工作を行う際には比較的頻繁に必要になります。中ぐりバイトが入らないような小さな下穴では，直接テーパーリーマーを突っ込んで穴を拡大していくのが簡単です。

　小さな下穴からテーパーリーマーで穴を広げていくとき，最初は主軸を低速で回転させながら加工ができますが，ワークのテーパーがリーマーのテーパーに近づくにつれ切削面積が増え，切削抵抗が大きくなってくるので，モーターの出力が足りなくなってきます。この場合，電源を切り，主軸かリーマーを直接手回しするしかありません。リーマーが深く入るほど切削抵抗が大きくなるので，手回しでも主軸を回すのが大変になります。おとなしくチャックからワークを外して万力を使用して固定します。ある程度深くまでリーマーが入っていれば穴が曲がることは少ないですが，リーマーを真っ直ぐに押し込みながらリーマーハンドルを回すことを心がけます。

▶ **旋盤によるテーパー削り**

　図3-40のように，複式刃物台の角度を削りたいテーパーの角度に合わせればテーパー削りが可能です。図3-41のように，テーパーは円錐の開き角度ですから，テーパーの角度の半分が複式刃物台を傾ける角度になります。

図3-40　複式刃物台によるテーパー削り

図3-41 テーパー角

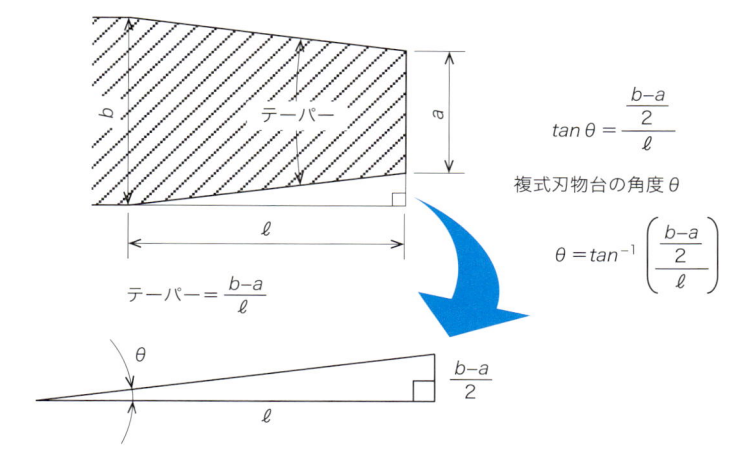

$$\tan\theta = \frac{\frac{b-a}{2}}{\ell}$$

複式刃物台の角度 θ

$$\theta = \tan^{-1}\left(\frac{\frac{b-a}{2}}{\ell}\right)$$

テーパー $= \frac{b-a}{\ell}$

　細長いワークのテーパー削りは切込み量が大きいとワークが逃げるので少しずつ切り込んでいきます。端面にセンター穴加工を施し心押し台側からセンターで押して支えます。特に細いテーパー切削ではワーク先端にセンター穴を開けられないので，図3-42のよう

図3-42 凹センター

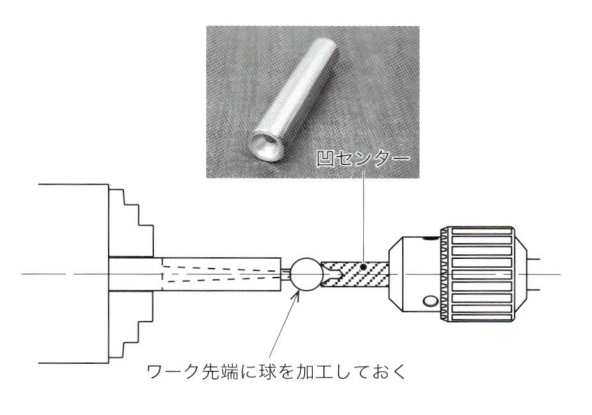

凹センター

ワーク先端に球を加工しておく

に先端を球形に加工しておき，凹センターで支えます。図3-42は，心押し台ドリルチャックにくわえてワーク球面を支える自作凹センターです。φ8mmのSUS304丸棒の先端にセンター穴加工を施した簡易的な凹センターですが，図3-43のような極細テーパー（先端径2mm）を削れるほどしっかりと支持できます。ワークと凹センターの接触面には潤滑油を塗布して支持します。テーパー加工終了後に先端の球を切り落とせば極細テーパーの完成です。

図3-43 凹センター支持による極細テーパー削り

※巻頭カラー P.27「凹センター支持による極細テーパー削り」

　ミニ旋盤は，心押し台クイルのストロークが小さいので，心押し台を併用して細いテーパー削りをしようとすると，複式刃物台が心押し台と干渉してしまいます。逆テーパー（チャック側が細いテーパー）を削るのであれば干渉の問題はないのですが，逆テーパーにするとワークの根元が細くなるため，加工途中で折れてしまう恐れがあります。機種によって対策は異なりますが，『Compact 7』では，図3-44のように，複式刃物台をクロススライドの奥側に取り付け，主軸を逆回転にすることで複式刃物台の干渉をギリギリ回避できます。また，軸心に届くようにバイトの突き出し量を大きくしておく必要があります。

　ミニ旋盤の複式刃物台は，送り装置の可動範囲が小さいため長いテーパーを削る（図3-45）ことができません。複式刃物台の可動距離以上のテーパーを削るには，心押し台オフセット機構を利用する方法があります。ただし，心押し台にオフセット機構がある機種に限られます。

図3-44 『Compact7』による細長いテーパー削り

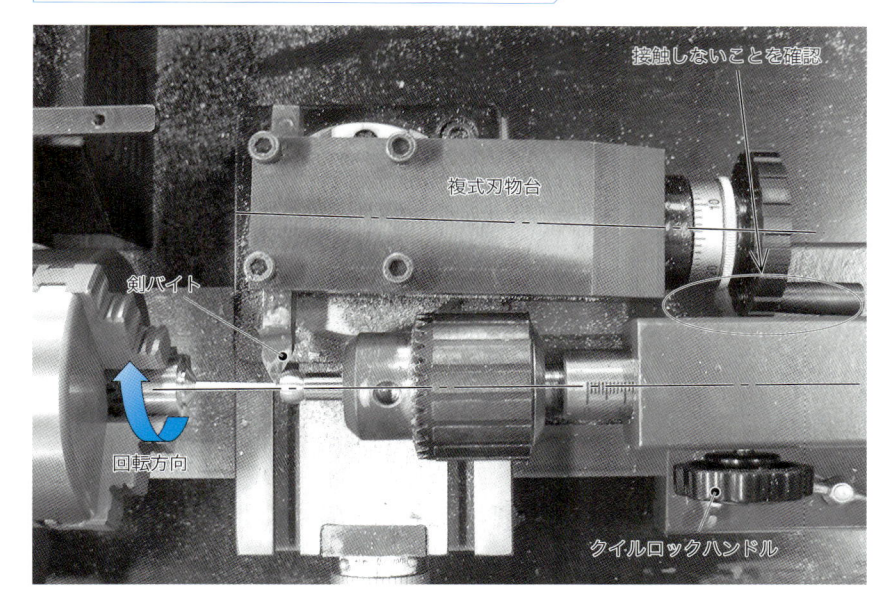

接触しないことを確認
複式刃物台
剣バイト
回転方向
クイルロックハンドル

図3-45 長いテーパーの加工

191

図3-46は『Compact7』の心押し台オフセット機構です。心押し台をベッドから外し，心押し台裏側の固定ネジと背面の仮固定ネジを緩めると，心押し台がスライドできるようになっています。ただし，角度が大きなテーパーを削る際には図3-47のように心押しセンターがワークセンター穴に対して大きく傾くため，加工中にセンター穴が広がり安定しません。

図3-46　心押し台のオフセット機構

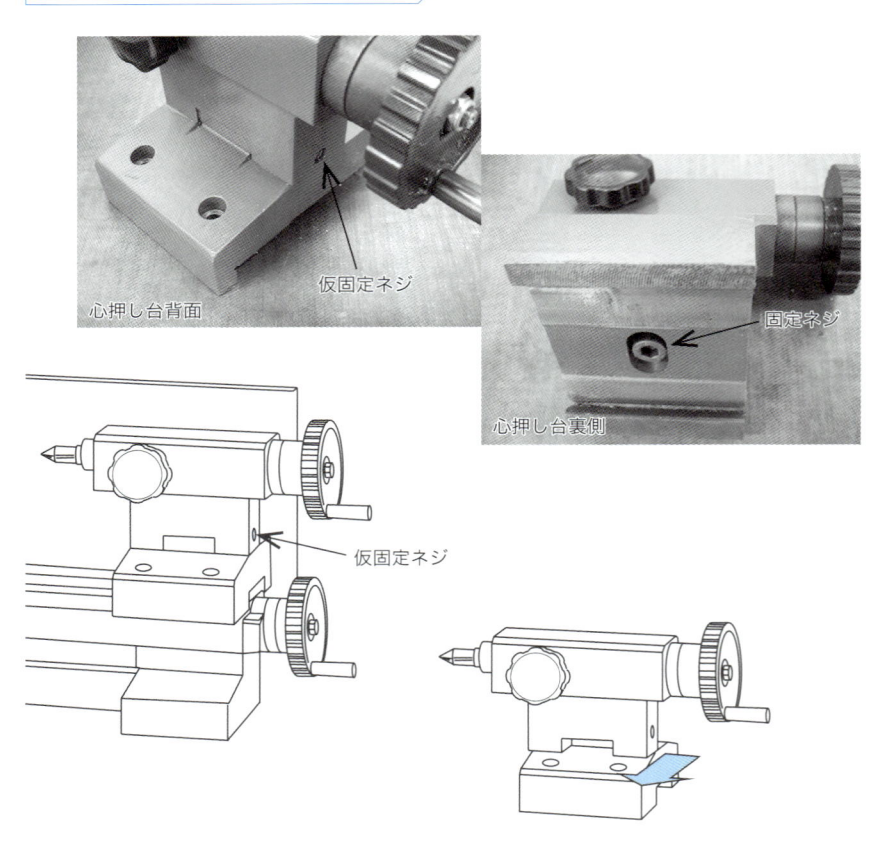

図3-47 オフセット時のセンター穴

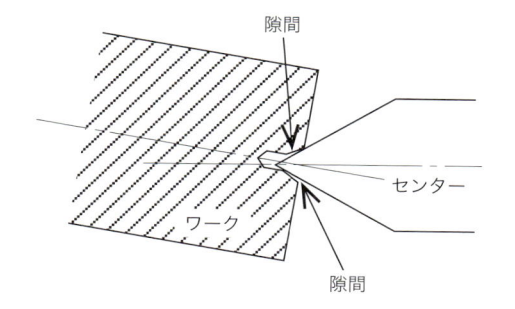

　図3-48のように，心押し台をスライドさせることでワークを斜めに取り付けることが可能となります。この場合，チャックは使えませんから両センターで支持することになります。ワークが斜めになることで複式刃物台を使うことなくテーパー加工ができます。

　あらかじめワーク両端面にセンター穴加工をしておき，ワーク端部（主軸側だけでよい）にケレ（回し金）を取り付けられるように，外径を加工しておきます。

　ワークを両センター支持し，心押し台のオフセット量が決まったら，仮固定ネジを締め，一旦，心押し台をベッドから外し，心押し台裏側の固定ネジをしっかりと締め付けます。心押し台を外すのが面倒だからと，仮固定ネジだけで固定して切削すると加工中にずれてしまうことがあります。

図3-48 心押し台によるオフセット

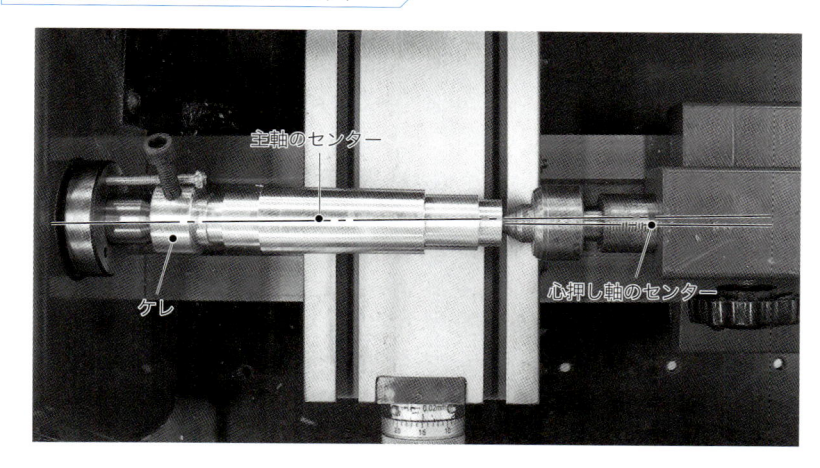

基準となるテーパーがあれば，図3-49のようにダイヤルゲージで測定しながら心押し台のスライド量を調整します。往復台にダイヤルゲージを載せ，測定子を基準となるテーパーに当て，往復台を縦送りしながらダイヤルゲージの針の振れを読みます。振れがなくなるように心押し台のオフセット量を調整します。ただし，この方法の問題点は両センターの距離が変わってしまうとテーパー角度も変わってしまうことです。あらかじめワークの心間距離を基準となるテーパーの心間距離に合わせておく必要があります。

図3-49　基準テーパーを用いた心押し台のオフセット

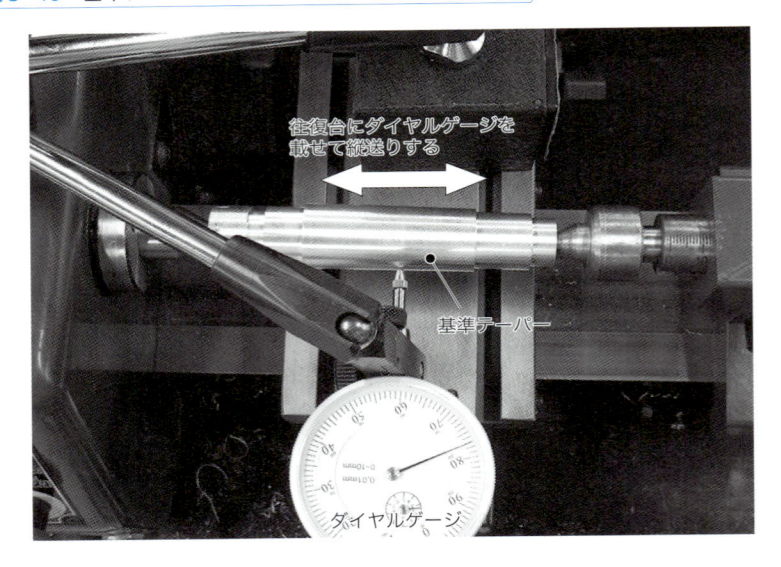

　雄雌両方のテーパーを削り出す場合は，複式刃物台の角度を変えなければ同じ角度のテーパーが削り出されます。ただし，刃高は丁寧に合わせ，図3-50のように，バイトを取り付ける向きに注意が必要です。通常のバイトの向きでは雄テーパーを削る時（図3-50(a)）と雌テーパーを削る時（図3-50(b)）では複式刃物台の角度を反転させなければなりません。複式刃物台の角度を変えないためには，図3-50(c)のように，雌テーパーを削る際，主軸を逆回転させることで対応します。また，主軸は正回転のままバイトを裏向きに取り付けることでも対応可能です。

図3-50 複式刃物台の角度と主軸の回転方向

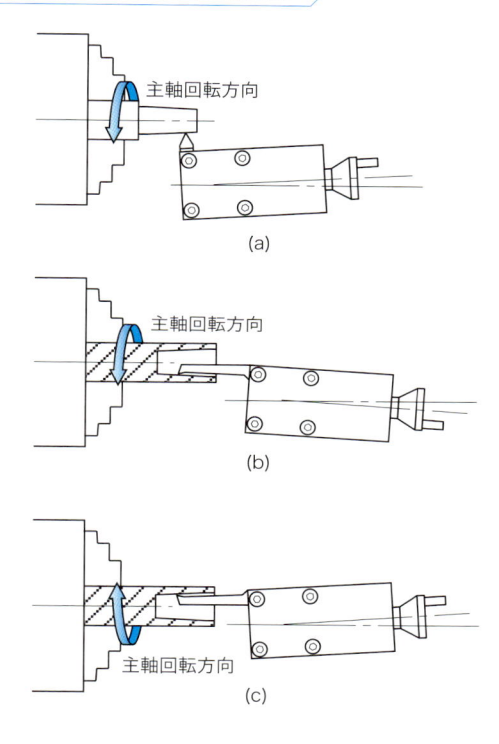

(a)

(b)

(c)

　ドリルチャックやテーパーソケットに合わせてテーパーを削る場合には，現物合わせで複式刃物台の角度を合わせる必要が生じます。モールステーパーやジャコブステーパーには規格がありますので，規格通りの角度に合わせれば良いのですが，複式刃物台の角度目盛では1°以下は目分量で読まなくてはならないので正確に角度を合わせるのは困難です。

　現物合わせで複式刃物台の角度を合わせるには，図3-51のように，ダイヤルゲージを複式刃物台に載せ，測定子を基準となるテーパーに合わせて複式刃物台をスライドさせながらダイヤルゲージの針が振れなくなるまで調整を繰り返します。複式刃物台の角度の微調整は素手（指先）か小さいハンマーで軽く叩きながら行います。精密な測定と調整が必要となりますので，あらかじめ複式刃物台のガタや心押し台のセンターを入念に調整しておく必要があります。ダイヤルゲージがない場合には，実際に削ってみて，現物と嵌め合いを確認しながらテーパー角を調整していきます。

図3-51　ダイヤルゲージによるテーパー角合わせ

　複式刃物台の角度調整が済んだら加工途中で緩まないようにしっかりと固定ネジを締めておきます。ワークをくわえてテーパー削りを進めますが，仕上がり寸法に近くなったところで，嵌め合いをチェックします。加工したテーパー面にチョークや光明丹を塗って，実際に嵌り合う相手に嵌めてみます。静かに擦り合わせながら一回転させてあたりを確認します。あたりに問題がなければそのまま仕上げ削りをします。あたりに問題があれば複式刃物台の角度を調整してから削ってみて，再度，嵌め合いをチェックします。

　バイトが入らないような小さな穴のテーパー削りは，テーパーリーマーを使う方が楽です。規格寸法のテーパーであれば市販のテーパーリーマーをドリルチャックに取り付け心押し台で送っていけば容易にテーパー穴が仕上がります。規格にない角度のテーパーを削るには，リーマーを自作するしかありません。自作の軸のテーパーに合うようにテーパー穴を削りたい時は，あらかじめ同じテーパー角度の軸を複製しておく必要があります。複製した軸を削りテーパーリーマー代わりの姿バイトにします。図3-52のように，

図3-52 テーパー加工用姿バイト

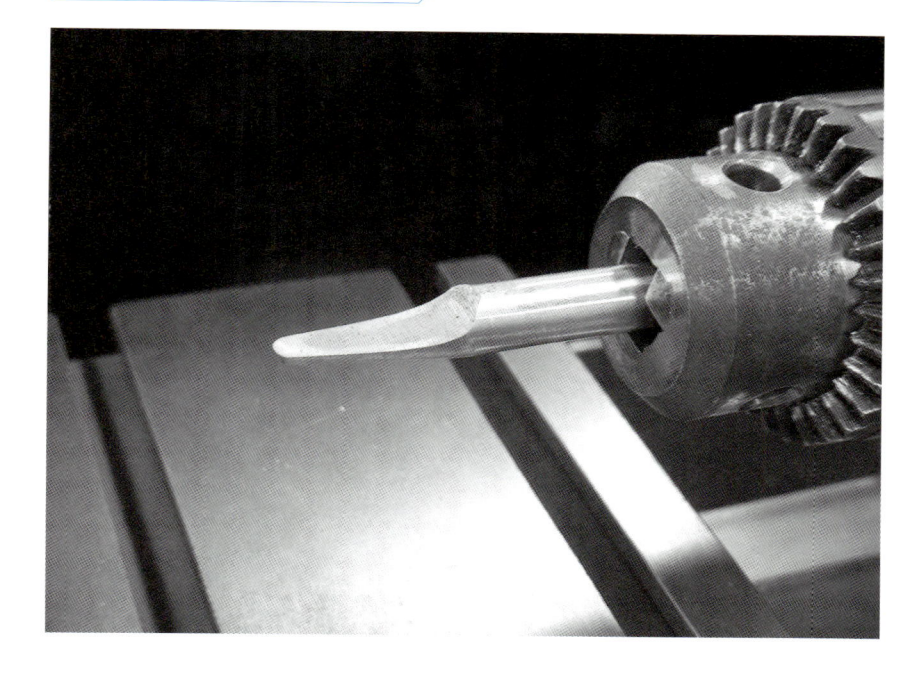

テーパー部を半分程度削り，刃を研ぎ出します。熱処理するのが理想ですが，テーパー穴を開ける相手がアルミや真鍮であれば熱処理なしでも加工可能です。刃の当たり幅が大きくビビリが生じやすいため，旋盤の電源を切り，チャックを直接手で回す方が確実です。

3.5 ローレット

　ローレット加工とは，美観の向上や滑り止めなどの目的でワーク外径に模様を刻む加工のことを言います。図3-53は綾目模様のローレット加工を施したボリュームつまみです。模様に応じたローレット駒を取り付けたローレットホルダーを刃物台に固定して，回転しているワークに押し付けます。普通旋盤用のローレットホルダーのように片側から押し付けながら模様を刻むタイプ（図3-54(a)）のものは主軸に横向きの大きな力がかかりますからミニ旋盤には負担が大きすぎます。ミニ旋盤用の上下から挟み込むタイプのローレットホルダー（図3-54(b)）を使う方がおすすめです。

図3-53　ローレット（綾目模様）

図3-54　ローレットホルダー

ローレット駒にはいろいろな模様やピッチがあります（図3-55）ので，目的（好み？）に合った駒を使用します。図3-54(b)のミニ旋盤用ローレットホルダーには標準で綾目（斜目の左・右1セットで模様が綾目に仕上がる），ピッチ0.8mmの駒がセットされています。オプションで平目と綾目でそれぞれ0.5mm，1.0mmの駒が用意されています。刃物台にローレットホルダーを固定したら，ローレット加工を行う位置に送り台を移動します。ミニ旋盤用の専用ローレットホルダーであれば高さ合わせは不要ですので，図3-56のように，ローレット駒がワークの垂直線上で上下から挟み込む位置まで送り台を移動します。縦送りする場合はローレットホルダーを2～3°程度傾けて取り付けます。主軸回転数は低速～中速で，ローレットホルダーのハンドルを締め込みながら切り込み量を調整します。最初から深く切り込まず2～3回に分け縦送りしながら1回送る毎にハンドルを締め込んでいきます。好みの深さまで模様が刻めたところでローレット加工を終了します。

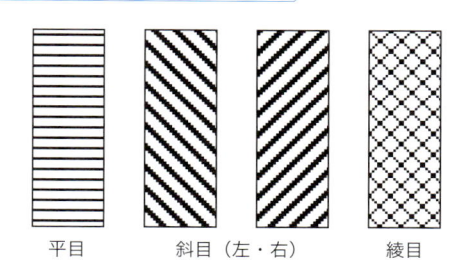

図3-55　ローレットの模様

平目　　斜目（左・右）　　綾目

図3-56　ローレット加工

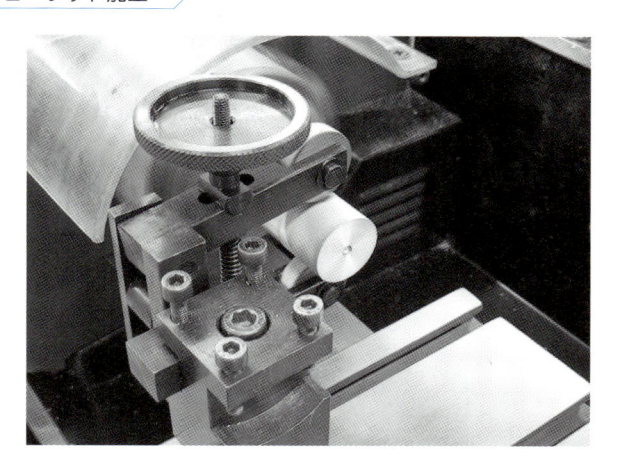

3 6 球面

▶ボールカッティングツールによる球面加工

　市販のボールカッティングキットを使えば，簡単に球面加工ができます。

　図3-57は，ボールカッティングキットです。図3-57はミニ旋盤『Compact 7』に対応したアクセサリーで，クロススライドのTスロットを利用して取り付け可能です。バイトが支点を中心として円弧状に動くことにより球面加工ができるようになっています。

図3-57　ボールカッティングキット

　バイトの心高は，図3-58のように心押し台側から見たときに，バイトホルダーを垂直に立ててバイトの刃先がワーク上面にくるようにバイトの突き出し量を調整します。さらに，バイトホルダーを水平に倒し，バイト先端が主軸の回転中心に合うように横送り台（クロススライド）を移動します。

図3-58 バイトの心高合わせ

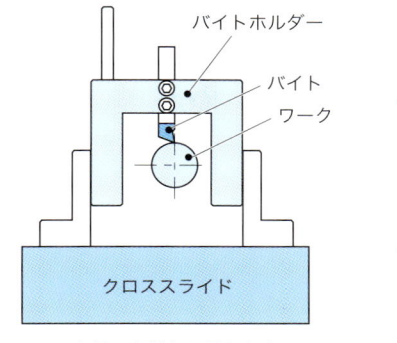

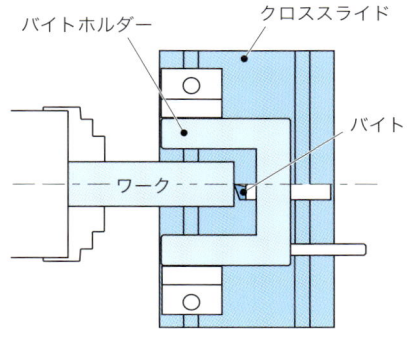

心押し台側から見たとき　　　　　真上から見たとき

　ワーク端面側から少しずつ角を落としながら，1回スイングさせるたびに縦送りを進めていきます。縦送りを半径分まで進めると半球（1/2球）ができます。
　図3-59のような2/3球にするには，球面加工の前に図3-60のように，突っ切りなどで首を作っておきます。あまり首を細くするとビビリが生じやすくなりますし，ワークの突き出し量も長くしなければバイトホルダーがチャックに当たってしまいます。

図3-59　2/3球

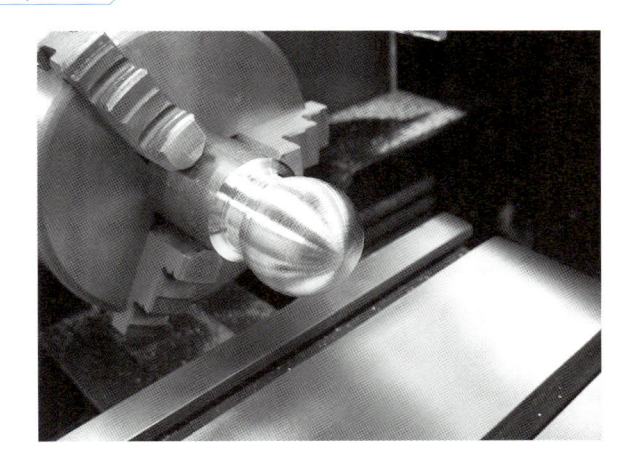

図3-60 2/3球面加工

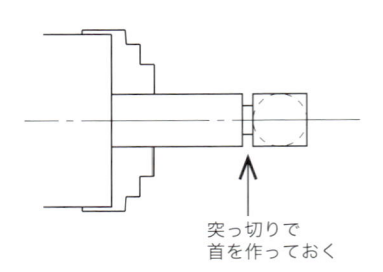

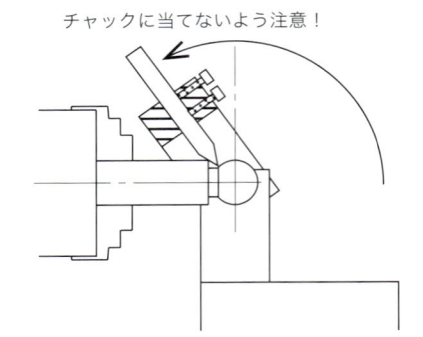

突っ切りで
首を作っておく

チャックに当てないよう注意！

▶姿バイトによる球面加工

　バイトを製品の仕上がり形状と同形状に加工しておけば量産が容易にできます。図3-61は球面切削用の姿バイトで，グラインダーで大まかな形を削り，半丸形のダイヤモンドヤスリで形を整え，オイルストーンで切れ刃を研ぎ出したものです。図3-62は姿バイトで球面切削をしている様子です。

　ワークが仕上がり形状に近づくにつれワークとバイトの接触幅が増え，それと同時に切削抵抗や騒音も大きくなります。小径のワーク，アルミなどの軽合金，プラスチック等は比較的容易に切削可能です。出力の小さいミニ旋盤では，径の大きいワークやステンレス等の難削材は，姿バイトを用いて加工する

図3-61 球面切削用姿バイト

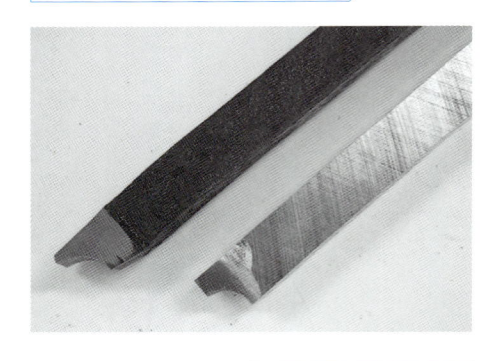

図3-62 姿バイトによる球面加工
※巻頭カラーP.9「姿バイトによる球面加工」

のは困難ですので，前述のボールカッティングツールを使用するほうが加工しやすくおすすめです。

ハイス角棒などから任意の径の円弧を成形して姿バイトを作るのは大変です。もっと簡単に球面加工用の姿バイトを作る方法があります。製作したい球の直径と同じ径のドリルで適当な厚さの鋼板に穴を開け，図3-63のように不要部分をカットします。バイトホルダーに取り付けられるように止めネジ用の穴も開けておきます。熱処理をして，最後に砥石で刃を研ぎ出せば完成です（図3-64）。真鍮やアルミ等の軽合金を削るのであれば熱処理なしでも大丈夫です。図3-65は図3-64のバイトで球面切削をしている様子です。

図3-63　鋼板から球面加工用姿バイトを作る方法

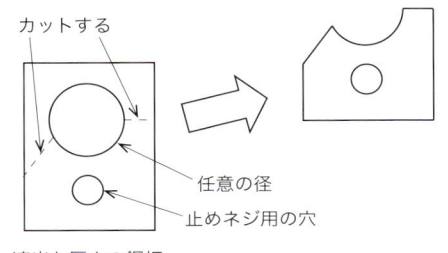

カットする
任意の径
止めネジ用の穴
適当な厚さの鋼板

図3-64　鋼板から製作した姿バイト

図3-65　鋼板製姿バイトによる球面加工

▶リングカッターによる球面加工

　図3-66は真鍮をリングカッターで球面加工したものです。ボールカッティングツールや姿バイトではここまでワークの根元を細くした状態で加工するのは困難です。リングカッターは，簡単に自作できます。削り出したい球の直径の2/3程度の径のパイプ（工具鋼など）を切断し，切断面を図3-67のように削り，砥石で刃を研ぎ出して作ります。熱処理をすれば硬い材料でも加工できます。真鍮やアルミ等の軽合金を削るのであれば熱処理なしでも大丈夫です。

図3-66　リングカッターで削り出した球

※巻頭カラー P.10
「リングカッターで削り出した球」

図3-67　リングカッター

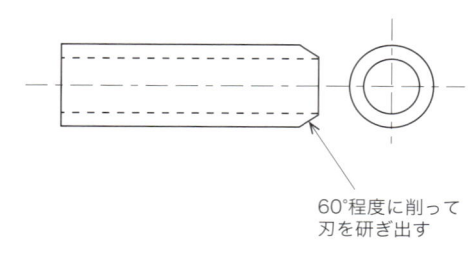

60°程度に削って
刃を研ぎ出す

リングカッターは手で持ってワークに押し付けながら使います。あまり強く押し付けながら長時間加工しているとリングカッターが熱くなります。持ち手の部分を長めにしておくと良いのですが，持ち手があまり長いと，ワークの突き出し量が短い場合や小径のワークを加工するときなどは，図3-68のように持ち手の部分がチャックにぶつかるので，首付近の加工ができません。

リングカッター加工の前処理として，図3-69のように，あらかじめワークを球に近い形になるまでバイトで切削しておき，リングカッターで形を整えていきます。主軸の回転数は中速（500rpm程度）で，図3-70のように，ワークにリングカッターを押し付けながらワーク表面を撫でていると，次第に表面の凸凹が削り取られながら球に近づいていきます。リングカッターの刃が綺麗に研ぎ出されていれば真球度も表面の美しさも良好です。慣れないうちはついつい削りすぎて，予定寸法よりも小さくなってしまいがちです。こまめに寸法を測りながら少しずつ削っていく方が失敗がありません。

図3-68　持ち手の長さ

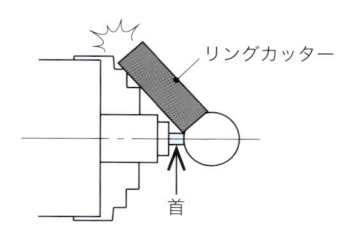

持ち手が長いとチャックに当たる

図3-69　リングカッター加工の前処理

バイトで大まかに成形しておく

リングカッターの逃げを確保しておく

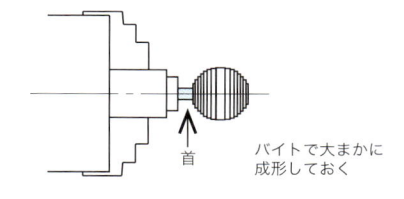

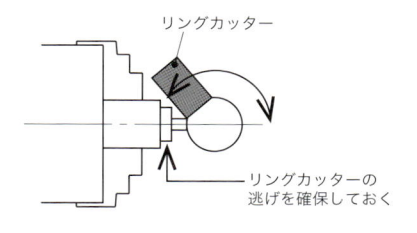

図3-70　リングカッターによる球面加工
※巻頭カラー P.10「リングカッターによる球面加工」

3　7　偏心加工

　本節では三つ爪チャックによる偏心加工を中心に取り上げます。四つ爪チャックによる偏心加工については簡単に注意点だけ説明しておきます。四つ爪チャックによる偏心加工は一般的なため、あらためて説明する必要はないと思います。丸棒だけでなく、角材からも偏心軸を削り出すことができ（図3-71）、あらかじめワーク端面に主軸とクランクピンの心位置をセンター穴加工しておけば、長い多連クランクシャフトの加工も可能です。

　偏心穴加工の際には、爪と偏心穴の位置に注意します。外爪でワークをつかみ偏心穴を開ける際には、図3-72のように、爪を削ってしまわないように注意が必要です。

図3-71　匹つ爪チャックを用いた偏心軸加工

図3-72　外爪使用時の注意

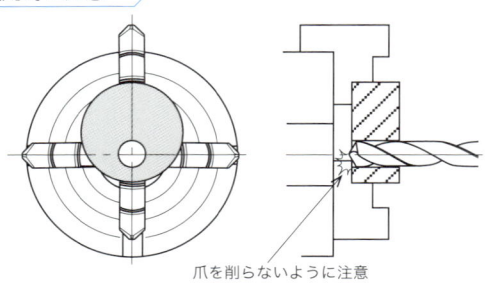

爪を削らないように注意

図3-73はスターリングエンジンのクランクディスクを加工している様子です。中心に主軸用の穴があり、その隣にクランクピン用の穴開けを行ったところです。大事なことは穴の位置と爪の位置の関係です。図3-74のように、外径ギリギリの位置に偏心穴を開ける場合、(a)のようなくわえ方をすると爪に押されて穴が変形してしまう恐れがあります。(b)のように2本の爪で穴の位置を避ける形でくわえる方が安心です。

図3-73　四つ爪チャックによる偏心穴加工

図3-74　偏心穴と爪の位置

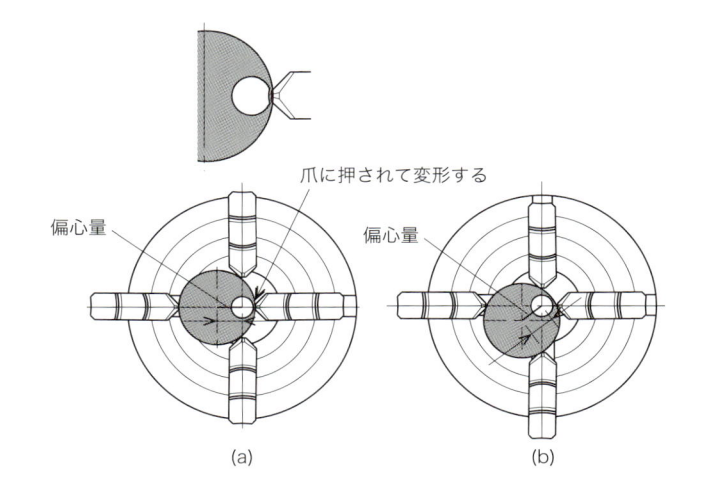

(a)　　　(b)

▶三つ爪チャックによる偏心加工

　三つ爪チャックは爪が連動しているので，丸棒などのワークをくわえると自動的にワーク中心と回転中心が合うという便利なものですが，ワーク中心から離れたところを加工（偏心加工）したい場合には何かしらの工夫が必要になります。ワークの中心を回転中心から外し偏心加工をするためには，図3-75のように，爪の一箇所に敷板を入れてしまうという方法があります。ただし，偏心加工の際には，重心位置が回転中心から外れるため，主軸は低速で回します。

図3-75　三つ爪による偏心加工

　敷板を入れると爪の開き量も大きくなるので，図3-76のように，板厚と偏心量は一致しません。旋盤の三つ爪（正爪）の爪先は円形のワークを外側から掴むために僅かに凹型になっています。そのため，ワークと爪の当たり位置によっても偏心量は変わりますが，目安としては板厚tの2/3程度が偏心量δとなります。正確に偏心量を決めるには，ダイヤルゲージを当て，ワークを1回転してみて，最大値と最小値の差を読みます。差の半分の値が偏心量になります。偏心量が設計寸法になるように敷板の厚さを調整します。ただし，図3-76に示す2爪間の幅がワークの直径を超える場合にはワークを正しくくわえることができません。

図3-76　板厚と偏心量

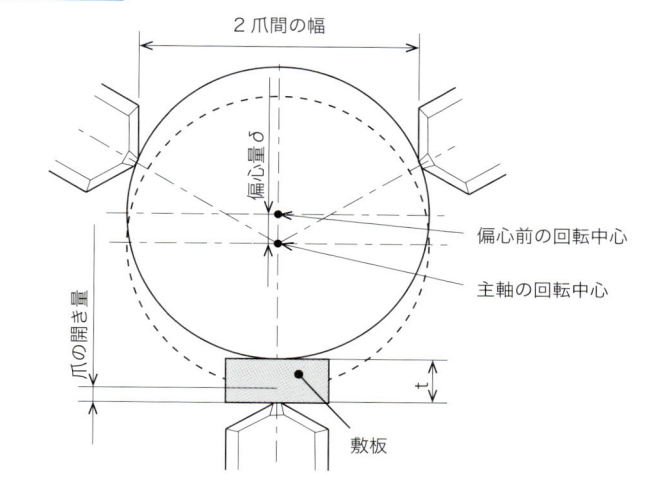

(図中ラベル: 2爪間の幅、偏心量δ、爪の開き量、偏心前の回転中心、主軸の回転中心、敷板、t)

▶爪の組付け順による偏心

　1章で説明したように，三つ爪チャックの爪は1～3の番号がついており，スクロールに1番から順に反時計まわりに噛み合っています。爪を噛み合わせる順番を間違えるとセンターがズレてしまいますが，それを偏心加工に利用します。

　爪をスクロールに噛み合わせる順番や，取り付け位置を図3-77（条件A～F）のように変えることで偏心量がどれくらいになるのかを確かめてみました。条件A，B，Cは通常の爪位置で噛み合わせる順番を変えた場合，C，D，Eは2番と3番の爪を入れ替え噛み合わせる順番を変えたものです。条件Fは通常の爪位置ですが，スクロール1周目に2番爪，3番爪と組み付け，2周目から1番爪を組み付けたものです。結果は図3-77（偏心量）の通りです。各条件の時の偏心量と偏心方向の関係は図3-78のようになります。わかりやすいように，各条件とも1番の爪（爪1）に試験用ワークの基準位置を合わせ，主軸を回転してセンタードリルでマークを付けました。

　偏心量の数値は，ノギスを使用し目視で穴位置を読んで測定していますので多少の誤差があるかもしれません。ダイヤルゲージで正確な偏心量を測定しておけば，薄い敷板による微調整で目的の偏心量を得ることができます。

図3-77 チャック爪の噛み合わせと偏心量

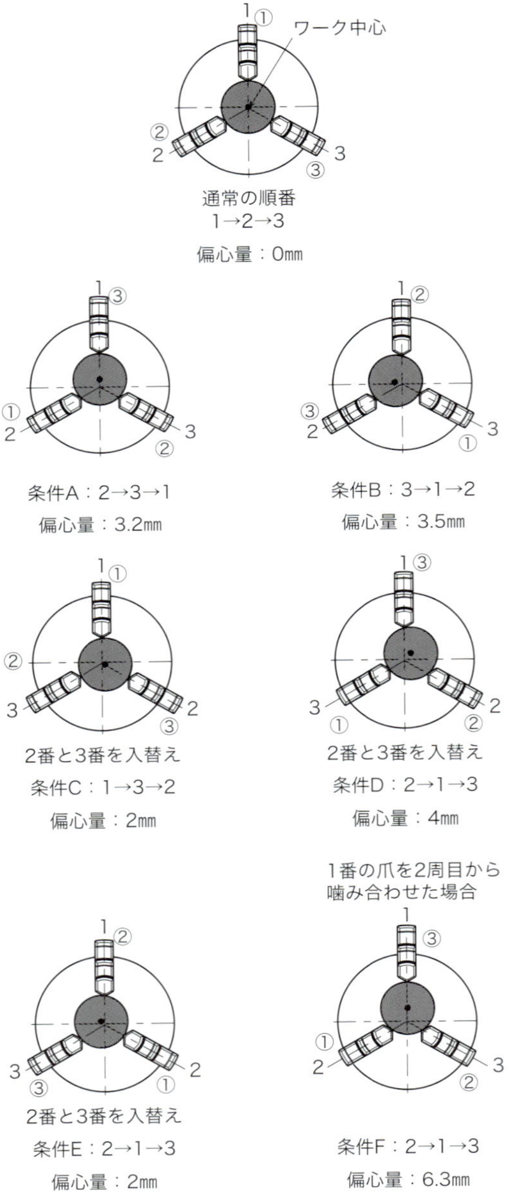

通常の順番
1→2→3
偏心量：0mm

条件A：2→3→1
偏心量：3.2mm

条件B：3→1→2
偏心量：3.5mm

2番と3番を入替え
条件C：1→3→2
偏心量：2mm

2番と3番を入替え
条件D：2→1→3
偏心量：4mm

2番と3番を入替え
条件E：2→1→3
偏心量：2mm

1番の爪を2周目から噛み合わせた場合
条件F：2→1→3
偏心量：6.3mm

※1，2，3：爪番号
　①，②，③：スクロールに噛み合わせる順番

図3-78 偏心量と偏心方向

偏心軸を削り出す際は加工手順をしっかりと計画することが重要です。図3-79は，偏心軸が2本あるクランクです。1本はカウンターウエイトに挟まれている部分（偏心軸a），もう1本は主軸端部（偏心軸b）です。偏心軸aと偏心軸bは位相が90°ズレた位置関係になっています。

図3-79 三つ爪チャックを用いて偏心加工したクランク

※巻頭カラー P.11「偏心加工で削り出したクランク」

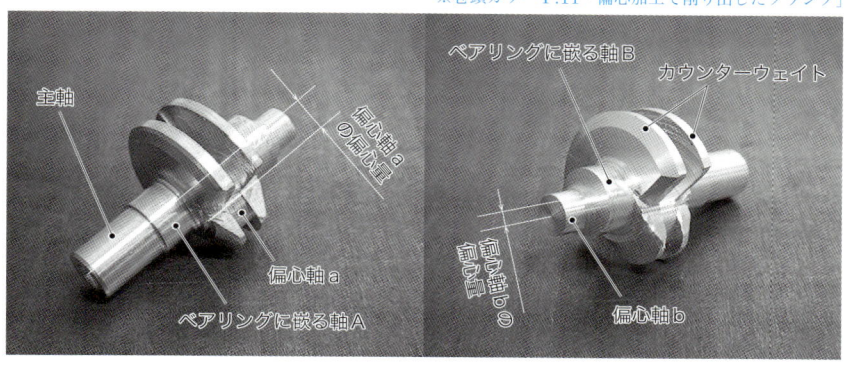

図3-80のようにチャックのくわえ代を残しておくと主軸をくわえなくて済みます。まず，偏心なしで主軸，ベアリングに嵌る軸A，B（図3-79）とカウンターウエイトの外径を削り出します。一旦ワークを外し，カウンターウエイトの不要部分をミーリング加工で削り落としておくと，偏心軸a（図3-79）の加工が楽になります。前述の爪を2周目から噛み合わせる方法で，6.3mm偏心させてワークをくわえ，カウンターウエイトの間の偏心軸aを削り出します。カウンターウエイトがあるため長い突っ切りバイトが必要です。偏心軸bの加工前に再びワークをチャックから外し偏心量2mmの爪の組み合わせでワークをくわえ偏心軸bを削り出し，最後に突っ切りで切り落とします。何度もワークをくわえ直したり，爪を外したりするので精度はそれなりですが，三つ爪チャックでも工夫次第でクランクの製作が可能です。

図3-80　三つ爪チャックを用いた偏心加工　　※巻頭カラーP.11
「三つ爪チャックを用いた偏心加工」

3　8　薄肉円筒

　肉厚が十分にある円筒形のワークは，円柱形のワークと同じようにワーク外径を掴んで固定できますが，肉厚が十分でない円筒形のワークは外側からつかむと変形して撓んでしまうため，しっかりと固定できません。図3-81のようにワークの内側からチャックの爪を開きながら固定することで外側から掴むよりは安定して固定できる場合があります。

図3-81　三つ爪チャックでワークを内側から把持する方法

　ただし，さらに肉厚が薄い円筒形のワークは，チャックでの固定は無理なので，図3-82(a)のような内側から面全体でワークを保持できる治具を製作してからワークを保持します。

　図3-82(a)の治具は，図3-82(b)のような構造になっており，引きボルトとテーパーナットによって把握面が押し広げられることで，ワークの内径面全体を保持できるようになります。原理はコレットチャックと同様で，外側から掴むか内側から掴むかの違いです。ただし，シャンク部分を三つ爪チャックで掴む場合は心が出ませんので，精度が必要な加工には向きません。精度が必要な場合は，治具をチャックにくわえて外径をワーク内径に合わせて加工した後，チャックから取り外さずにワークを固定します。その場合は引きボルトを表から締め付けられるように治具の構造を変更する必要があり

ます。

　図3-82のような裏から引きボルトで締める構造の治具を使用する場合は四つ爪チャックで治具を掴んでセンターを出してから使用します。

図3-82(a)　薄肉円筒保持用治具　　※巻頭カラー P.27「薄肉円筒を加工するための治具」

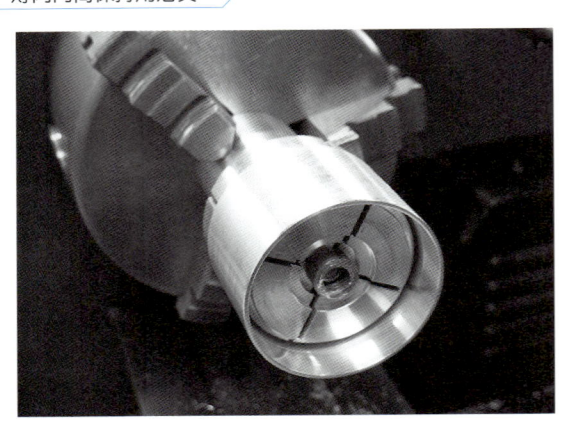

図3-82(b)　治具の構造

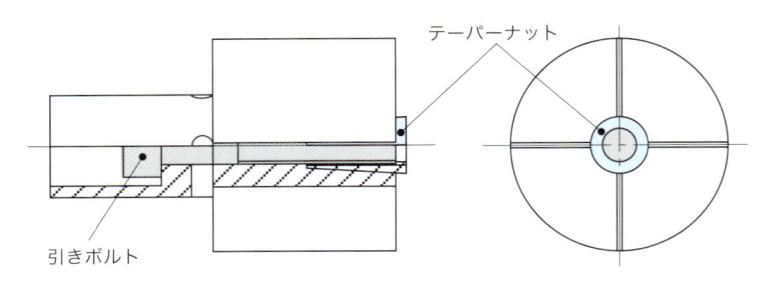

テーパーナット

引きボルト

214

▶ 極薄肉円筒の削り出し

図3-83は競技用のスターリングエンジンカーです。スターリングエンジンの加熱器は肉厚が薄いほど伝熱性能が良いので極力薄く仕上げます。高温にも耐えるようにステンレス（SUS304）から削り出して製作しています。競技用のスターリングエンジンカーの加熱器の肉厚は通常0.1mm程度ですが，図3-84のスターリングエンジンの加熱器の肉厚は0.03mm以下です。指でつまむと変形するほどの薄さですが，このエンジンは冷却側ピストンにリードバルブが内蔵されており加給しながら作動するので作動ガスが常に正圧に保たれ加熱器が負圧でへこむことはありません。SUS304を切削加工でここまで薄く仕上げるのはかなり時間がかかり根気が必要です。ワークは一度チャックにくわえたら最後に突っ切り落とすまで絶対にチャックから外してはいけません。くわえ直しをするとセンターがズレますので極薄肉円筒の削り出しはできません。送り台のガタも極力なくなるように調整しておきます。

図3-83 スターリングエンジンカー

図3-84(a) スターリングエンジンの加熱器

加熱器

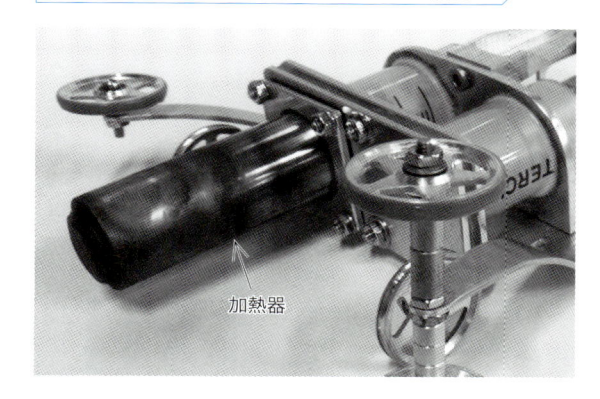

図3-84(b) 加熱器断面

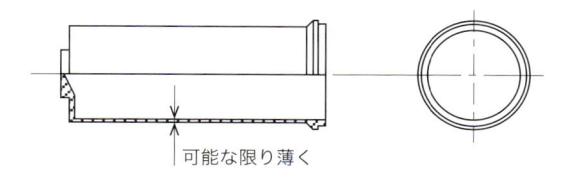

可能な限り薄く

最初に中心の穴あけをします。センタードリルで心もみして，たっぷりと切削油をつけながら最初は4mm程度のドリルから下穴加工します。主軸の回転数は中速〜高速です。SUS304は硬くて粘るのでミニ旋盤の出力では少しずつ径を拡大していくしかありません。2mm程度ずつドリルの径を大きくしていきながら穴を拡大します。ドリル径を大きくしていくにつれ主軸の回転数は落とします。10mm程度まで拡大したら，あとは内径バイトを用いて穴の内面を設計寸法まで仕上げます。加工面が荒れていると外径切削で肉厚を薄くしていく際に破れてしまいますので，できる限り切削跡が残らないように綺麗に仕上げます。内面加工が終了したら端面段付き部を加工します。端面加工が終了したら穴の中に濡れティッシュを固く詰め込みセンターで押します（ 2 2 5 薄肉円筒の加工方法 参照）。

　外径切削は，荒削りでは肉厚が0.3mm程度になるまでは0.025mmづつ切り込んでいけますが，薄くなるほどワークが変形しやすくなりバイトを当てても切削面が逃げるので，刃先を鋭く研いで0.01mm以下で切り込んでいきます。肉厚が0.1mm程度になったらさらに刃先を鋭くし，切り込み量を小さくします。『Compact7』の送りダイアルは最小目盛が0.025mmなので目盛の間を読んで切り込みます。経験がないと無理ですが，送りダイアルの目盛に頼るより，切削屑を見ながら判断する方が楽です。

　薄肉円筒の加工方法はいろいろあると思いますが，著者は薄肉円筒の外径切削には刃幅2mmのハイス突っ切りバイトを使っています。主軸の回転数は低速〜中速（300rpm程度）です。縦送りは手動で送り速度は『極力遅く』です。図3-85のように，縦送りはチャック側から右方向へ送ります。縦送りをチャック側から開始するのは『間違えて切り込み過ぎても大丈夫』なようにです。中実部から切り込めば切り込みすぎても刃先を戻してやり直しができますし，中実部は強度が高いので刃先が食い込みやすいという理由もあります。中実部から切り込み，右方向へ縦送りすると，中実部から薄肉部への境で切削音が変わるのが分かります。この切削音を聞いて残りの肉厚を判断しています。薄肉部は濡れティッシュをキツく詰め込んでいるとはいえ変形しやすいので，正確な直径の測定は困難です。中実部であればマイクロメーターを当てても変形することなく正確に径を測定できます。

図3-85 薄肉円筒の加工

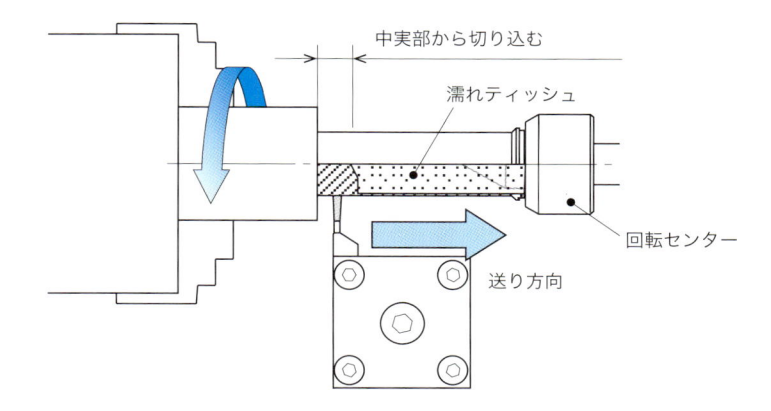

中実部から切り込む
濡れティッシュ
回転センター
送り方向

　外径切削が終了したら心押しセンターを外し突っ切りバイトで切り落とします。
　肉厚が0.05mm以下になったら，その先は勘と経験で切り込むしかありません。マイクロメーターでは寸法変化がわからないくらい少しずつ切削（ほとんど研削）します。切削音で残りの肉厚を判断します。切り屑はほとんど出ません。バイトの刃先に切削粉が溜まっていくので切削面に巻き込まないように切削油をつけた刷毛で払いながら縦送りします。

3　9　薄い円盤加工，リング加工

▶大きな板材をチャックでくわえる方法

　材料の大きさに余裕があれば，図3-86のように，三つ爪チャックにくわえるなら3箇所，四つ爪チャックなら4箇所に，チャックの爪が入る穴をドリルで開けておけば，板材をチャックでくわえることができます。あまり薄い材料には適しませんが，2mm以上の板材であればしっかりと固定できます。

図3-86　薄板を三つ爪チャックでくわえる方法

▶薄い円盤加工

　薄い円盤はチャックに平行にくわえるのが難しいですが，爪を引っ込めたドリルチャックで静かに押し込みながらチャックを締めていくと平行にくわえることができます。また，チャック面とワークの間にパラレルブロックなどを挟み平行を出し，チャックを締め付けると面振れすることなくくわえられます。チャックを締めすぎると外径が潰れるので締め付ける力を加減します。チャックを締め付けたら静かにパラレルブロックを抜き取ります。図3-87はミニ旋盤『Compact7』標準付属品のTスロットナットをパラレルブロックの代わりに利用し平行を出しているところです。ワークとチャック面の間の三箇所にTスロットナットを入れて，爪を引っ込めたドリルチャックで押しながらチャックを締め付け平行を出します。図3-88は標準付属品の外爪をパラレルブロック代わりに利用して平行を出しているところです。

図3-87　薄い板材をチャックに平行に取り付ける方法（その1）

Tスロットナット

図3-88　薄い板材をチャックに平行に取り付ける方法（その2）

▶面板を利用した薄板加工（トレパニング加工）

　前述の方法では，薄板の端面を削ることはできますが，外径切削はできません。ワークに穴を開けることができるのであれば，図3-89のように，ワークを面板にボルトで固定し振り回すことができますが，ワークに取り付け穴を開けたくない場合は両面テープで面盤に貼り付け，さらに図3-90のように，心押し台側からも面押し治具を介した回転センターで押し付けるようにしてワークを振り回せば外径切削が可能です。

図3-89　面盤に固定

図3-90　面押し治具　　　　　　　　　　　※巻頭カラー P.27「面押し治具による薄板の外径削り」

ワークを削りすぎて面板まで削ってしまわないように，敷板をはさんでワークと面板の間に隙間を作っておくか，図3-91のように，面板に捨て板（アルミ板など）を取り付けて面板を保護します。

図3-91　面板の保護板（捨て板）

薄板から円盤を削り出す際は図3-92のような差込みバイトが便利です。φ3mm完成丸バイトをトレパニング用に成形したものです。すくい角を大きくしすぎると刃先が食い込みやすくなり，特に大径の円盤を削り出す際には主軸の動力が負けて回転が止まってしまいます。また，バイト側面（外側）逃げ面がワークと接触しないように，図3-93のように，外側の逃げ角を大きく取ります。

図3-92　トレパニング用のバイト

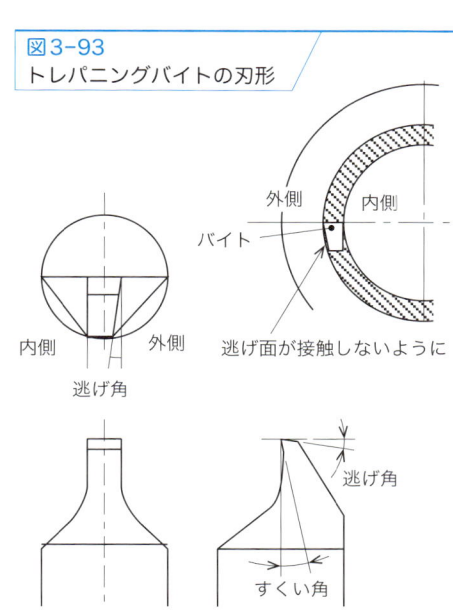

図3-93　トレパニングバイトの刃形

図3-94の円盤とリングは厚さ0.5mmの真鍮板から削り出したものです。主軸の回転数は低速で，切り込み量も極力小さくしビビリを抑えながら徐々に溝を深くしていきます。溝の一部が裏側まで達し，バイトがワークを貫通した瞬間にワークが飛び出す恐れがありますので注意が必要です。また，切り出されたフークがバイトと残った母材との間に巻き込まれ，せっかく切り出した円盤が潰れてクシャクシャになることもあります。バイトが貫通する手前で動力による切削を止め，主軸手回しハンドルなどを使い手動で回す方が安全で確実です。

図3-94　薄板円盤とリング

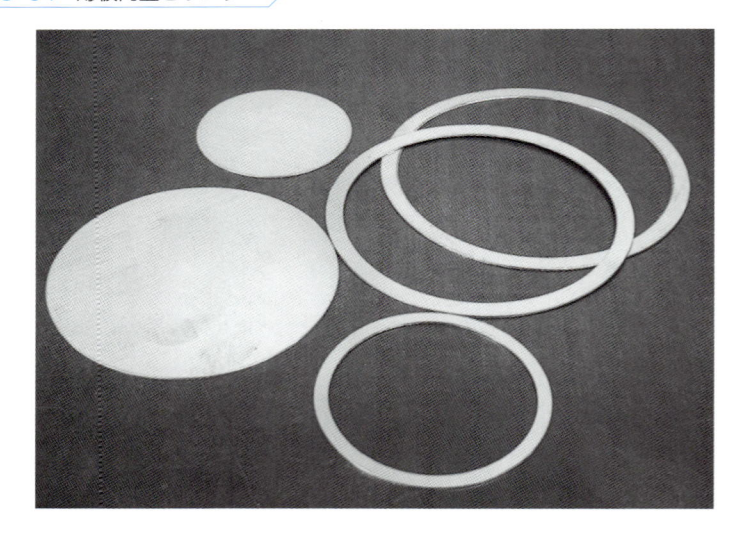

　円盤を切り抜いた後，さらに外側を切り抜けば，リングの製作ができます。図3-95(a)はリングの内側，(b)はリングの外側を加工している様子です。(b)はよく見えるように刃物台を奥にして，主軸は逆回転で回しています。前述の通り，バイトが貫通する際にワークが飛び出しますので最後は電源を切り，チャックを手回しして切り落とします。

図3-95(a)　薄い円盤の切り抜き　　　　　　　　　※巻頭カラー P.18「トレパニング」

図3-95(b)　薄いリングの加工　　　　　　　　　※巻頭カラー P.26「トレパニング加工用バイト」

3 10 複雑曲面

▶倣い削り

　縦送りと横送りを駆使して図面通りに送り台を操作すれば曲面などの複雑な形状を持つ部品を削り出す事は可能…なはずです。口で言うのは簡単ですが，実際に図面通りに送り台を操作しながら切削するにはかなりの熟練を要します。図面に書かれている寸法や曲率半径を確認しながら縦・横送りを同時に行いバイトを動かすのは困難ですが，図面に書かれている線をなぞりながら操作するのであればいくらかハードルが下がります。図3-96は倣い削りの例です。図のように，刃物台にポインターをセットして，マグネットスタンドに固定した図面台にセンターを合わせた図面を貼り付け，ポインターが図面をなぞるように送り台を操作すれば図面通りの部品が削り出せます。ポインターは1mm厚のアルミ板から切り出して自作したものです。ポインターはクロススライドのTスロットを利用してネジ止めできるようにしています。図面台は1mm厚のアルミ板をL字に曲げたものです。使い方は，初めにバイトの刃先をセンターに合わせた状態で，マグネットスタンドにセッ

図3-96　倣い削り　　　　　　　　　　　　　　　※巻頭カラー P.12「倣い削り」

トした図面台のセンターラインにポインターの先端が来るようにポインターの位置を調整します。次に，図面台のセンターラインに合わせて図面を貼り付ければ準備完了です。突っ切りバイトや剣バイトなどで仕上げ寸法近くまで荒削りした後，仕上げ用のバイトに交換して図面をなぞりながら仕上げていきます。

　仕上げ用のバイトは送りの向きや微妙なアールにも対応できるように削り出す部品の形状に合わせて加工しておきます。図3-97は板厚2mmのハイス材を加工して自作した倣い削り用のバイトです。バイトホルダーに取り付けて使用します。刃幅が薄いので荒削りはできません。仕上げ削り専用のバイトで，左右どちらからでも送ることができ，細かな曲面にも対応できるように，刃先にアールをつけています。図3-98は仕上げ削りがほぼ完了したところです。

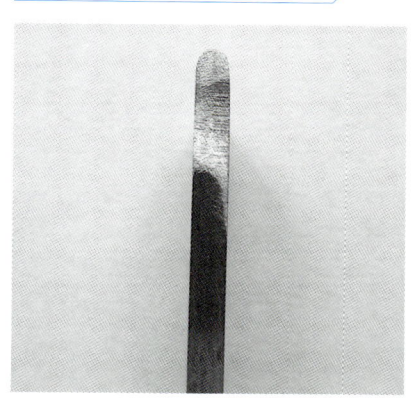

図3-97　仕上げ削り用バイト

図3-98　仕上げ削りが完了したところ

切削跡が残っている部分をほんの僅かに削りたいときや微妙な曲面を仕上げる際には，手バイト（バイトを直接手で持って削る）の方が有効です。図3-99のように左手を送り台において支点とし，右手でバイトを操作します。バイトの刃先でワークを軽く撫でる感じで最終仕上げをします。バイトをあまり強くワークに押し当てると削れ過ぎたり，ビビリ跡が残ったりします。
　図3-100は倣い削りで製作したチェスの駒（キング）です。てっぺんのクロスは旋盤加工後にヤスリで平面に加工しました。

図3-99　手バイトによる切削

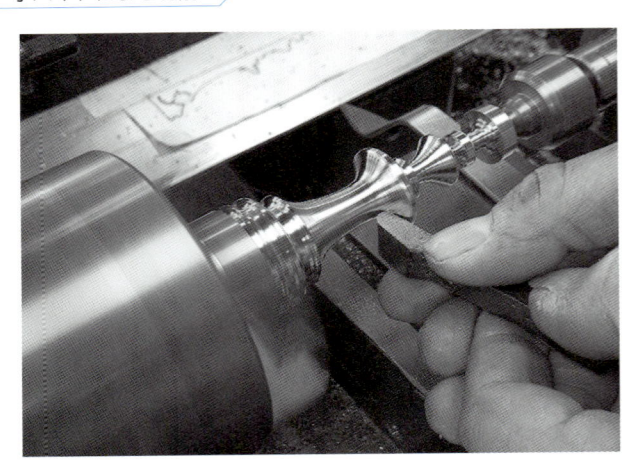

図3-100　チェスの駒（キング）　　　※巻頭カラー P.12「倣い削りで製作したチェスの駒」

3.11 割り出し

▶旋盤の主軸を用いた割り出し

　主軸に直結されている歯車（スピンドルギア）を利用して割り出す方法は最も一般的です。図3-101のように、スピンドルギアをロックできるようにストッパーを取り付け、スピンドルギアの歯数を元に角度を割り出します。本書で取り扱っているミニ旋盤『Compact 7』のスピンドルギアの歯数は36ですから、1歯あたり10°になります。0°〜360°まで10°刻みで割り出しができ、フランジのネジ穴のような等間隔の分割は、2, 3, 4, 6, 9, 12, 18, 36等分が可能です。スピンドルギアの歯数は機種によりますが、72歯のギアであれば5°刻みができ、10°刻みでは不可能な45°毎の割り出しも可能になります。45°刻みの割り出しは比較的よく必要になります。36歯のギアで45°を刻むためには、隣合う刃のちょうど中間位置でストッパーを掛けられれば良いので、図3-101のような二又ストッパーを製作すればストッパーを90°ずつ向きを変えながら5°刻みで主軸をロックできます。

図3-101　主軸割り出し用ストッパー　　　※巻頭カラー P.20「主軸割り出しストッパー」

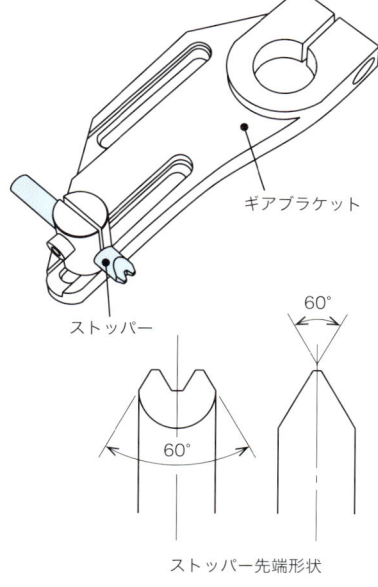

ギアブラケット
ストッパー
60°
60°
ストッパー先端形状

▶軸方向の割り出し

マイクロメーターのスリーブや心押し台クイルのような目盛が刻まれた軸も，旋盤を用いた割り出しで簡単に製作できます。図3-102は軸方向割り出しで加工した目盛線です。

まず，ワークの真ん中に基準線を刻みます。基準線加工の際は，図3-103のように，バイトを横向きにセットして縦送りします。バイトは剣バイトやネジ切りバイトなどを使用します。切り込み量は好みで良い（目盛線の見やすさなどを考慮する）のですが，硬い材料ではあまり深く切込むとバイトの刃先が欠けてしまいます。基準線を刻んだらバイトの向きを変え目盛線（短，中，長）（図103(b)）を刻みます。

軸の長手方向に等間隔に目盛を刻むためには，①ワークからバイトの刃先を離して，②一定の間隔だけ縦送りを進め，横送りで刃先をワークに切り込み，③手動でチャック（ワーク）を目盛線の長さだけ回す。を繰り返すだけなの

図3-102 軸方向割り出しで加工した目盛線

※巻頭カラー P.21「軸方向割り出しで加工した目盛線」

図3-103(a) 基準線の加工

図3-103(b) 基準線と目盛線

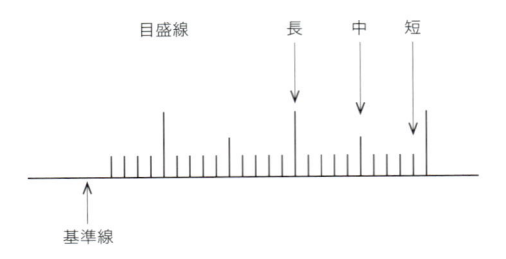

で簡単です。簡単ですと言いましたが，縦送りダイアルの目盛を読みながら等間隔に往復台を進め，毎回同じ角度だけチャックを回すのは非常に面倒で，目盛の数が多いと最後まで集中力を維持するのが大変です。

図3-104は目盛線を1mm刻みで50mmまで刻んでいるところですが，上記①〜③の操作を50回，送りダイアルの目盛をいちいち読みながら繰り返していると集中力が続きません。縦送りハンドル1回転で往復台が1mm進む旋盤であれば，毎回送りダイアルの目盛が1周して0に戻って来たら送り台が1mm進んだことが分かるので楽です。

図3-104 　目盛線を刻む軸方向の割出し　　　　　※巻頭カラー P.21
「目盛線の長さを揃えるための工夫」

本書で扱っているミニ旋盤『Compact 7』をはじめとした国内で販売されている多くのミニ旋盤は親ネジのピッチが1.5mmなので，縦送りハンドル2/3回転毎に目盛を刻まなければならず，送りダイアルの目盛を読みながらの縦送りは大変です。1回送る度にダイアルで0合わせを行えば目盛の読みは多少楽になりますが…。

縦送りダイアルの目盛が読み難い旋盤の場合，図3-105のように，ダイヤルゲージをセットして往復台の移動量を測定しながら縦送りを進める方が楽です。この方法であれば，直接移動量を見ることができ，送りハンドルのガタや親ネジのバックラッシュ等を気にする必要もありません。

229

図3-105 ダイヤルゲージを用いた往復台の移動量測定

　各目盛線の長さを揃えるには前節の主軸割出しを応用してスピンドルギアの歯数を数えながら同じ角度だけ主軸を回すか，図3-106のように，チャックの爪にストッパー（あらかじめ長さを合わせておいた丸棒）を当てるなどしてチャック（ワーク）が毎回同じ角度だけ回転するように工夫します。

図3-106 チャックストッパー

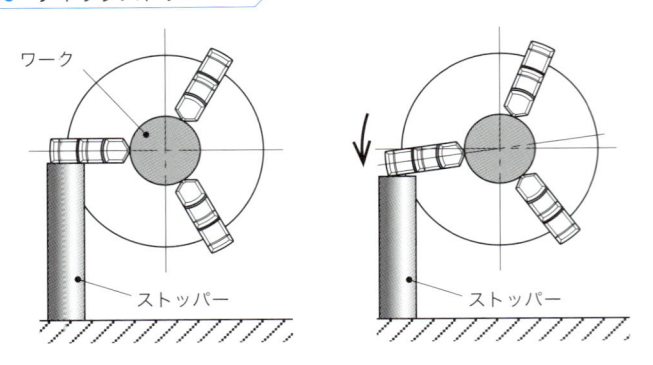

　図3-107は主軸に手回しハンドルを取り付け，ストッパーとしてVブロックや丸棒（＋敷板）を利用してハンドルの角度を規制することで，主軸（ワーク）の回転角度が毎回同じになるようにしたものです。図3-107(a)は主軸手回しハンドルのカウンターウエイト側（左側）が丸棒に当たっている状態で，バイトの刃先が基準線上に位置する時です。目盛線を切る際には

主軸手回しハンドルを時計方向に回転します。主軸手回しハンドルの取っ手側（右側）がＶブロック上面に当たるとバイトの刃先が目盛線の終点ということになります。目盛線は10mm毎の長線，5mm毎の中線，1mm毎の短線がありますので，長線の時はＶブロック1，中線の時はＶブロック1+Ｖブロック3，短線の時はＶブロック1+Ｖブロック2としています。図3-107(b)は短線を刻む時のＶブロックの組み合わせ（Ｖブロック1+2）です。

図3-107(a)　バイトの刃先が基準線の位置

図3-107(b)　目盛線の終点位置　※巻頭カラー P.21「目盛線の長さを揃えるための工夫」

本書で取り扱っているミニ旋盤『Compact7』の親ネジのピッチは1.5mmですから，縦送りハンドル2/3回転毎に目盛線を刻むことになります。いくつも目盛線を刻んでいる間に何回転したのかわからなくなりそうです。そこで，チェンジギアセットを使って，ピッチが1.0mmになるギアを組み合わせ，自動送りレバーを操作してクラッチをつないでおき，主軸1回転毎に往復台を1.0mm進めるギアの組み合わせにすると，縦送りダイアルを読むことなく正確な軸方向の割り出しができます。『Compact7』のチェンジギアの組み合わせは図3-108のようになります。

図3-108　ピッチ1mmのチェンジギア組み合わせ（Compact7）

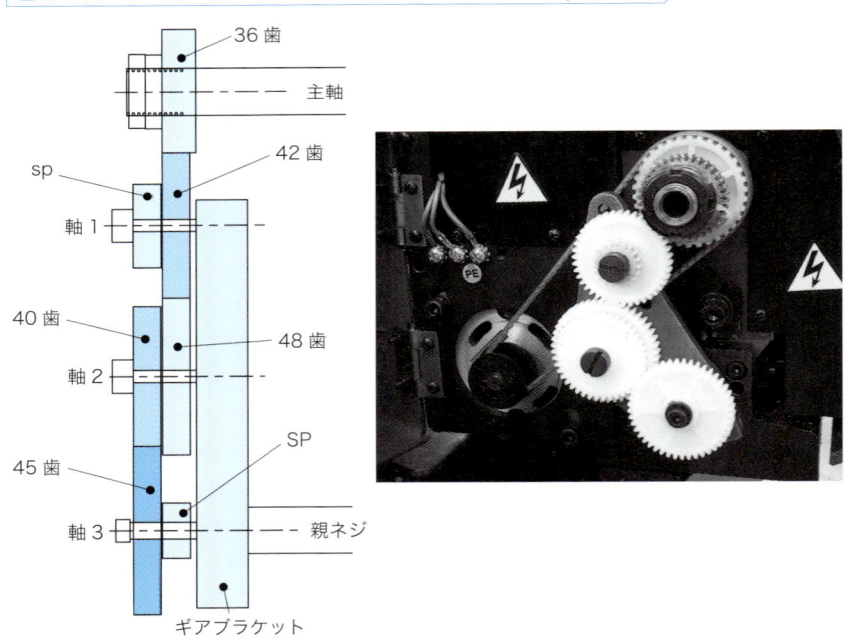

　前述のように，主軸に手回しハンドルを取り付け丸棒とVブロックをストッパーにした軸方向割り出しを行えば送りダイアルを読むのは横送りで切り込む時だけになり非常に楽です。主軸を1回転させる度にクラッチを切り離し，横送りで切り込み，ストッパーに当たるまでハンドルを回転し，目盛を刻み，再びクラッチをつないで主軸を1回転するだけなので簡単に等間隔の目盛線を刻むことができます。さらに楽をしたいなら，クラッチを切り離すことなく横送りで切り込み目盛線を刻むという手もあります。

ただし，クラッチをつないだまま主軸を回すと主軸の回転に連動して往復台も縦送りされるので，図3-109のように，リード角の分だけ目盛線が傾いてしまいます。目盛線が短ければ（主軸の回転角度が小さければ）傾きはそれほど目立たないので著者は横着してクラッチをつないだまま目盛線を刻んでいます。

図3-109 クラッチをつないだまま刻んだ目盛線

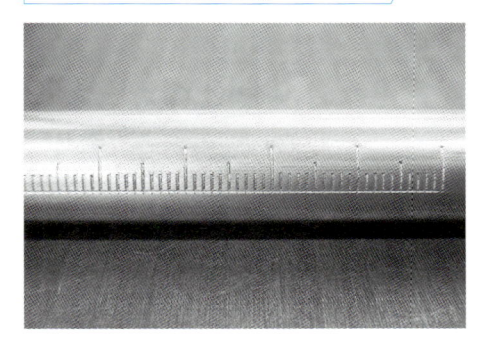

主軸と親ネジを連動することなく，しかも楽に往復台を正確に動かす方法として，図3-110のようにカウントギアを使う方法があります。親ネジのギアとカウントギアの比を利用して，カウントギア1回転毎に任意の距離だけ往復台を進めるものです。図3-110のように，カウントギアにマジックなどで基準位置をマークしておき，クラッチはつないだままにしておきます。主軸が親ネジに連動していないので目盛を刻む際もクラッチを切り離す必要はありません。

図3-110 カウントギアによる軸方向割り出し

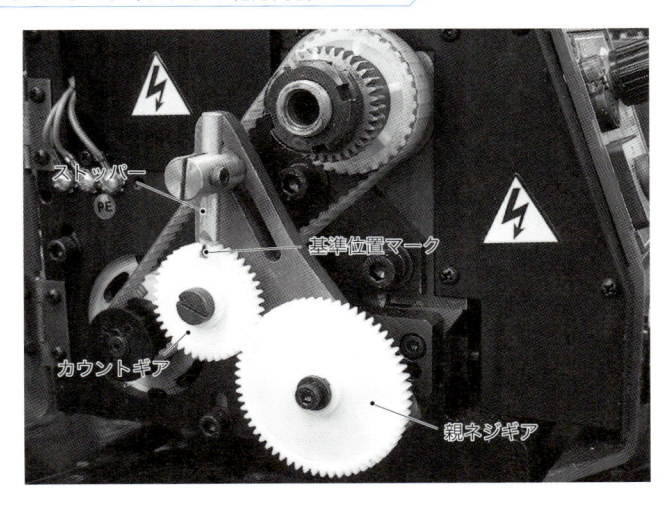

親ネジとカウントギアの比は，親ネジのピッチと往復台移動距離の比に等しいので，以下の式でギア比を対応させれば，カウントギア1回転毎に任意の距離だけ往復台を動かすことができます。

　　　　目盛の間隔x：親ネジのピッチ＝カウントギア歯数：親ネジギア歯数

　例えば，『Compact7』の場合，1mm間隔で目盛を刻むとして，親ネジに60歯のギアを取り付けたとすると，親ネジのピッチが1.5なので，次式になります。

$$1 : 1.5 = x : 60$$
$$1.5x = 60$$
$$x = 40$$

したがって，カウントギアの歯数は40となります。

　この方法であれば主軸はフリーになりますので前述のクラッチをつないだまま目盛を刻む場合のように目盛線が傾くことはありません。カウントギアにストッパーを掛け親ネジの動きを規制し，主軸を回して目盛を刻むことができ，正確で比較的楽に軸方向割り出しができます。図3-110はギア部の撮影のために主軸手回しハンドルを外していますが，前節のように手回しハンドルを主軸のストッパーにすれば，目盛線の長さも綺麗に揃えることができます。図3-111に『Compact7』のカウントギアの配置を示します。（図3-111では，主軸のギアを外していますが，ストッパーと干渉しなければ取り付けたままで可。）

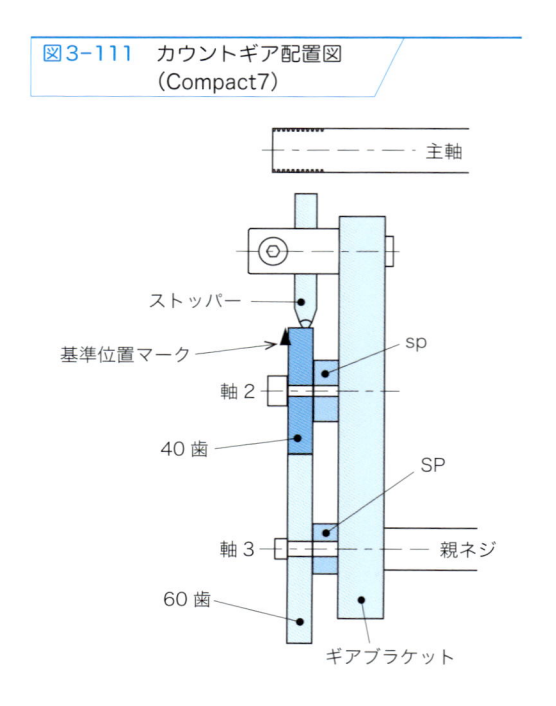

図3-111　カウントギア配置図（Compact7）

3　12　キー溝の加工

　キーおよびキー溝（図3-112）の寸法はJIS（JIS B1301，1302，1303）で規定されているので，市販の規格キーを使用する場合は，規格寸法に合わせてキー溝の加工を行います。幅や公差など細かく規定されていますが，模型工作でキーもキー溝も自作する場合は幅と高さ（深さ）を合わせてしまえば良いだけですので，ここでは旋盤を使った一般的なキー溝の加工方法について説明します。

図3-112　キーおよびキー溝

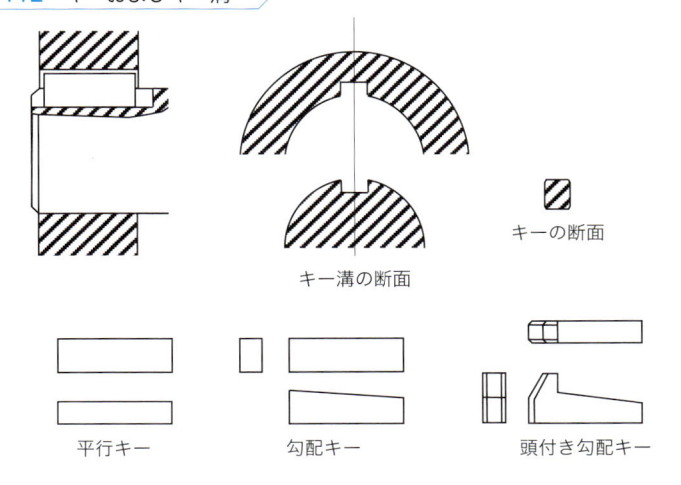

キーの断面
キー溝の断面

平行キー　　　勾配キー　　　頭付き勾配キー

　キー溝製作に旋盤を利用する一般的な方法です。チャックにくわえたワークの軸穴にキー溝加工をする場合は，図3-113のように溝幅に合わせて刃先を成形したバイト（姿バイト）を横向きに寝かせて取り付け，横送りで切り込み縦送りで溝を掘っていきます。硬い材質のワークにキー溝を掘るのはとても時間と労力がかかります。溝の深さが仕上がり寸法になるまでひたすらバイトを往復させます。一度に切り込める量はワークの材質によります。樹脂であれば0.2～0.5mm程度，アルミや真鍮で0.05～0.1mm程度，鉄系材料で0.02～0.05mm程度で切り込めます。ステンレス等の難削材は0.02mm以下でなんとか切り込めますが送りハンドルを回すのにかなりの握力が必要です。

235

図3-113 キー溝加工

切り込む際はキー溝が曲がってしまわないように，図3-114のように主軸ストッパーを掛けて固定します。

図3-114 主軸ストッパー

ミニ旋盤の送りハンドルは小さい為，キー溝加工の際は，切削抵抗が大きいと回すのに大変な力が必要になります。刃幅が大きいバイトでは切削抵抗が大きくなり，送りハンドルが重くて回すのも大変になります。大きな力で送っても刃が折れないようにと，図3-115(a)のように刃物角を大きく（すくい角，逃げ角を小さく）すると，逃げ勝手になり，奥にいくほど溝が浅くなります。逆に，(b)のように，切削抵抗を小さくするために，すくい角と

236

逃げ角を大きく取り過ぎると食い込み勝手になり，刃先がワークに食い込みやすくなり，奥にいくほど溝が深くなります。特に幅が広いキー溝の場合は顕著に現れます。

図3-115　キー溝カッターの刃先角と仕上がり形状

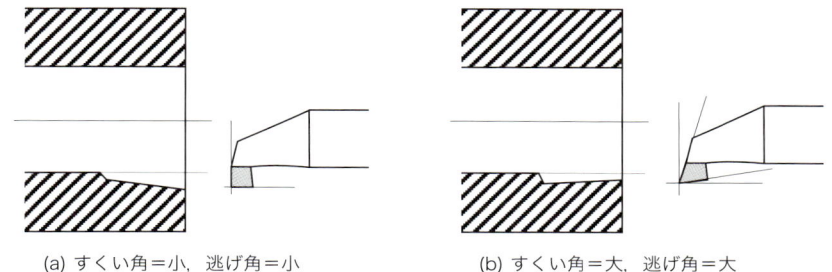

(a) すくい角＝小，逃げ角＝小　　(b) すくい角＝大，逃げ角＝大

　幅が大きなキー溝を加工する際は，図3-116のように，刃幅が小さいバイトを使用し，バイトの心高を変えながらキー溝を広げる方法と，ワークを割り出しながら数回に分けて溝の幅を広げる方法があります。通常のキー溝は，溝の壁面が平行なので(a)の方法で仕上げます。法線に対して平行な溝が必要な場合は(b)の方法で仕上げます。また，キー溝加工と主軸割り出しを併用すれば軸にスプラインを加工することもできます。

図3-116　幅が広いキー溝の加工

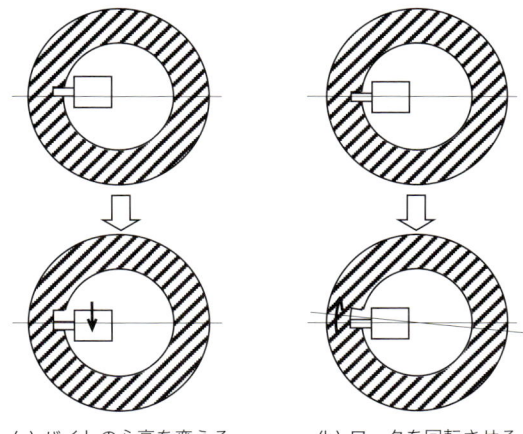

(a) バイトの心高を変える　　(b) ワークを回転させる

図3-117 エンドミルによるキー溝加工

　シャフトなどへのキー溝加工は，キー溝カッターかエンドミルを主軸にくわえて，ワークは刃物台や往復台に据え付けて溝を掘るのが定石です。図3-117は刃物台にワークを固定してエンドミルでキー溝を加工している様子です。ワークの中心と主軸中心が一致するように敷板でワークの高さを調整します。押さえネジでワークを傷つけないように当て板を挟みます。

　使うキーの種類によってキー溝カッターを使うかエンドミルを使うかを選択します。キー溝カッターで加工すると，図3-118のようにキー溝の両端は斜面状に仕上がります。半月キーを使う場合はキー溝カッターで溝加工を行う必要があります。一方，エンドミルで加工すると溝の端は直角に仕上がります（図3-119）。

図3-118 キー溝カッターによる溝の形

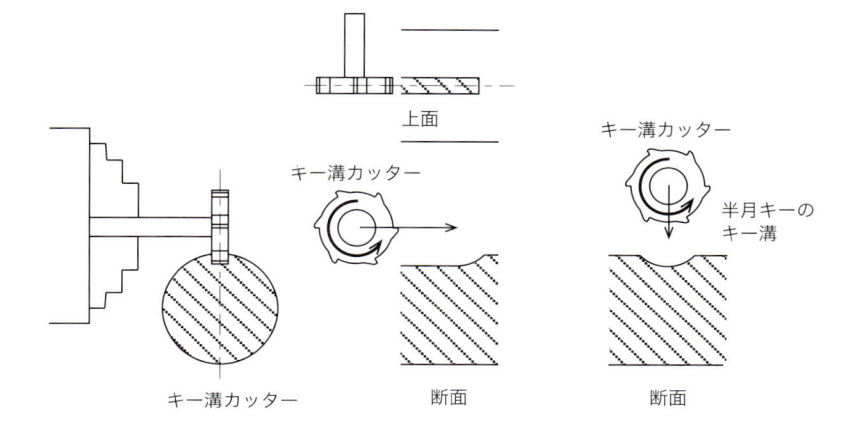

図3-119 エンドミルによるキー溝の形

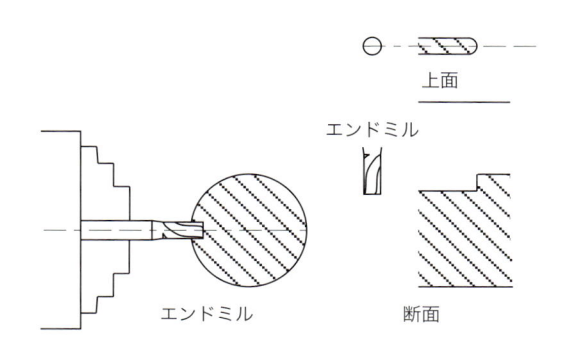

239

3 13 スプライン加工

スプラインの形状は図3-120に示すように，角形とインボリュート形があります。角形は，キー溝を複数円周上に並べた形をしており，軸に切られた歯（外歯）の歯面が平行で，外歯に合わせて内刃が切られています。インボリュートスプラインはその名の通りギアのようなインボリュート曲線の歯形をしています。スプラインは主にトルク伝達軸などに加工されます。スプラインと似た形状で位置固定用に使われるのがセレーションです。セレーションには三角形セレーションやインボリュートセレーションがあります。スプラインの歯形の詳細についてはJIS B 1601～1603に規定されていますので，そちらを参照していただくとして，ここではミニ旋盤を用いた角形スプラインと，ギアカッターと割り出し盤を用いたインボリュートスプラインの加工方法に焦点を絞って説明します。

図3-120 スプラインの形状

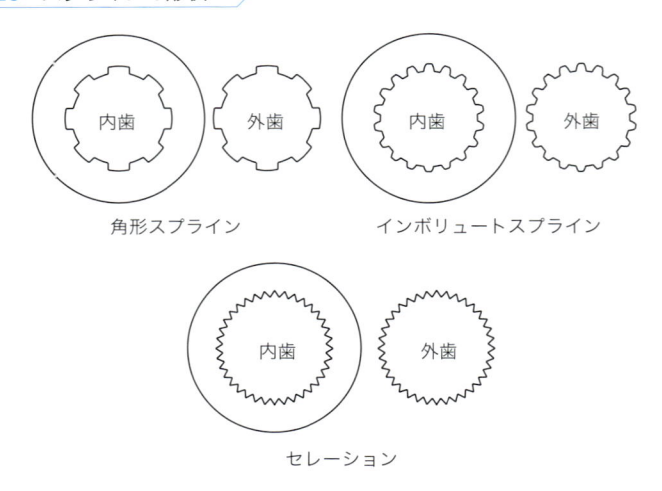

角形スプライン　　インボリュートスプライン

セレーション

角形スプラインはキー溝加工と同様の方法で製作できます。横送りで切り込み，縦送りで溝を掘るのはキー溝と同じで，それにワークの割り出し作業が加わります。バイトは，外歯（軸側）用と内歯（穴側）用が必要です（図3-121）。図では歯先が円弧形ですが，直線でも構いません。

図3-121　角形スプライン加工用のバイト

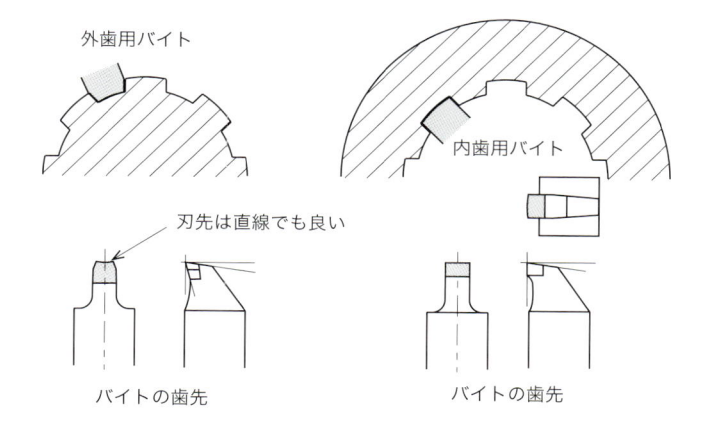

外歯用バイト
内歯用バイト
刃先は直線でも良い
バイトの歯先
バイトの歯先

　外歯の加工についてはミーリングアタッチメントがあればチャックにワークをくわえて割り出しながら外歯形状に加工したキー溝カッターを使って切削ができます。フライス盤とロータリーテーブルでも同様の加工が可能です。

　図3-122は自作差込みバイトを用いて軸に角形スプラインの外歯を切っているところです。バイトで軸にスプラインを切る際は，図3-123のようにワークに逃げ溝を加工しておく必要があります。バイトホルダーの高さと差込みバイトの取り付け位置の都合上，主軸線の反対側に刃物台を配置しているので刃先が見えにくいですが，1回の切り込み量はキー溝の加工と同様，樹脂であれば0.2〜0.5mm程度，アルミや真鍮で0.05〜0.1mm程度，鉄系材料で0.02〜0.05mm程度，ステンレス材は0.02mm以下です。穴へのスプライン加工（図3-124）も切削条件は同じです。

図3-122　軸へのスプライン加工
※巻頭カラー P.22「軸へのスプライン加工」

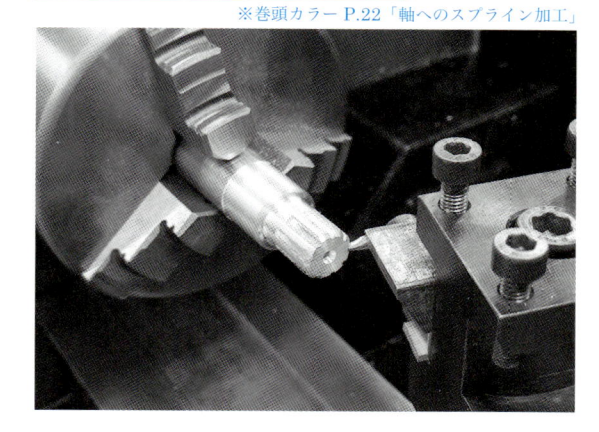

図3-123 逃げ溝

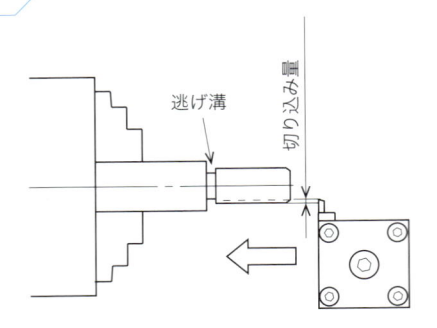

図3-124 穴へのスプライン加工

※わかりやすいようにワークに着色してあります。

　手順としては2通りの方法があります。一つ目は，①同じ溝で切込みをくり返し，②溝を1本仕上げるごとに主軸割り出しでワークを回転し次の溝を加工する。二つ目は，①1回切り込むごとに主軸割り出しでワークを回転し，1周したら，②2回目の切り込みをして2周目の切り込み，というように最終切り込みまでワークの割り出しを繰り返す。どちらの方法でも，やりやすい方で構いません。ただし，刃厚が小さいスプラインを加工する際は，一つ目の方法では，歯面が受ける切削力で山が変形し，先に削り出した溝が狭くなることがあります。切り込み量をなるべく小さくし，切削抵抗が小さくなるようにします。図3-125は完成した角形スプライン加工したシャフトとギアです。

図3-125　角形スプライン

▶インボリュートカッターを用いたスプラインの加工

　インボリュートカッター(ギアカッター)とミーリングアタッチメントがあれば，外歯のインボリュート歯形を簡単に削り出すことができます。図3-126はインボリュートカッターとそれを用いて削り出したスプライン軸，インボリュート内歯用の姿バイトと姿バイトで加工したスプラインボスです。姿バイトについては，スプライン軸のインボリュート歯形をお手本に成形しました。

図3-126　インボリュートカッターと姿バイト

インボリュートカッター

インボリュート
内歯用姿バイト

図3-127はフライス盤にロータリーテーブル（割り出し盤）を据え付け，割り出しをしながらモジュール0.6のインボリュートカッターで外歯スプラインを加工している様子です。著者はミニ旋盤『Compact7』に据え付けられる小型のロータリーテーブルを所有していないので，フライス盤を使用していますが，ミニ旋盤に据え付け可能な大きさのロータリーテーブル，またはミーリングアタッチメントがあればミニ旋盤でも同様の方法でインボリュートカッターを使った外歯スプラインの製作が可能です。

図3-127　ギアカッターによるインボリュートスプラインの加工
※巻頭カラー P.19「インボリュートスプラインの加工」

　ロータリーテーブルはダイヤルゲージを用いて回転軸とフライス盤テーブルのX軸との平行を合わせてセットします。インボリュートカッターの高さ（Z軸）は，図3-128のようにチャックにセンターなどをくわえてロータリーテーブルの回転中心に合わせます。Z軸のセンター合わせが完了したら，加工中にZ軸が動かないようにロックしておきます。加工中，カッター回転方向に対して上向き削りになるようにワークの送り方向に注意します（図3-129）。
　ワークは予めモジュールと歯数に合わせて外径を加工しておきます。モジュールと歯数や外径の関係は4章のギアの製作を参照してください。ワークをロータリーテーブルのチャックに固定し，角度目盛を0°に合わせ，テーブル固定ネジをロックしておきます。

図3-128 ギアカッターの高さ調整

図3-129 カッターの回転方向とワークの送り方向

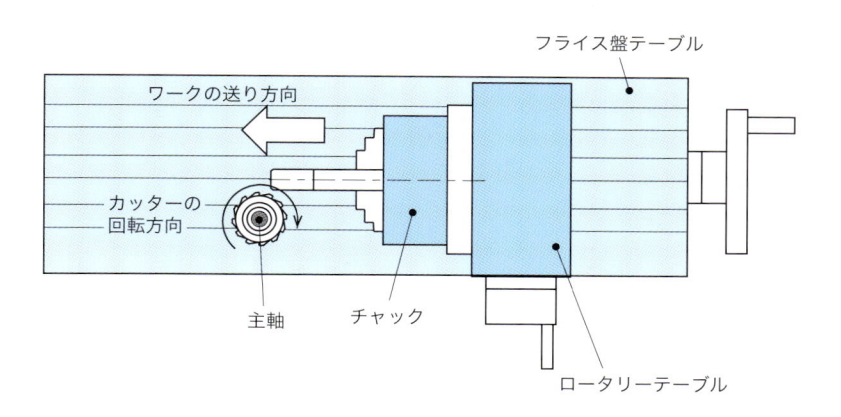

フライス盤テーブル
ワークの送り方向
カッターの回転方向
主軸　チャック
ロータリーテーブル

図3-130のように，①インボリュートカッターの刃先がワーク側面に触れる（切削はしない）まで近付け送りハンドルのダイアルでゼロ合わせを行います。②一巨ワークをカッターの前方へ逃がし，③切り込み量（歯高）の分だけY方向へ進め（2.25×モジュール数[mm]），④X方向へ送りながら切削していきます。設計寸法までスプラインが切れたところでワークをY方向へ逃がしX軸加工開始点まで戻します。これで1歯目の加工が完了です。ロータリーテーブルのテーブル固定ネジのロックを緩め，テーブルを次の歯を切る位置まで回し，固定ネジをロックしたら1歯目と同様の手順で2歯目を切ります。以下，同様にして1周分，全ての歯を加工します。

図3-130 送り台の操作

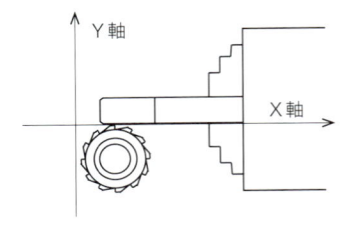

①カッターの歯先がワークに接するまで近づける。（Y軸のゼロ合わせ）

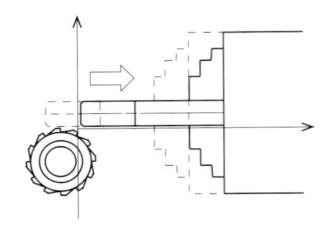

②切り込み開始点まで移動する。（X軸のゼロ合わせ）

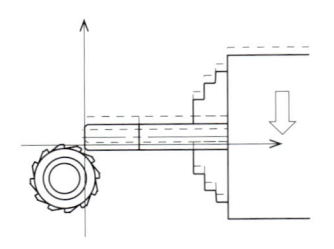

③切り込み量の分だけY方向へ送る。

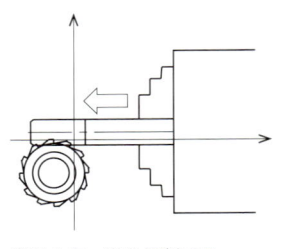

④X方向へ送り切削する。

▶内歯スプラインの加工

　スプラインの内歯はインボリュート形に成形した姿バイトを使用します。姿バイトの成形には，先に製作した外歯スプラインをお手本にします。グラインダーである程度近い形に削り，お手本のスプラインにバイトを当てて光にかざしながら形を確認し，隙間がなくなるまでダイヤモンドヤスリで形を整えていきます。時間はかかりますが，丁寧に少しずつ削っては確認修正を繰り返していると，手作業でも意外と正確にギアの歯形を再現できます。最後に砥石で切れ刃を研いで完成です。

　前述の角形スプライン加工の要領で，主軸割り出しを使い角度を変えながら1歯（1谷）ずつ加工していきます。図3-131はジュランコン（歯形がわかりやすいように端面を青く着色しています。）に自作した姿バイトで歯を加工している様子です。1回目の切り込み量は0.5mm程度で，谷が深くなるにつれバイトの切れ刃接触長さが大きくなるので送りハンドルが重くなります。切り込み量を徐々に小さくしながら仕上げています。

図3-131　内歯スプラインの加工

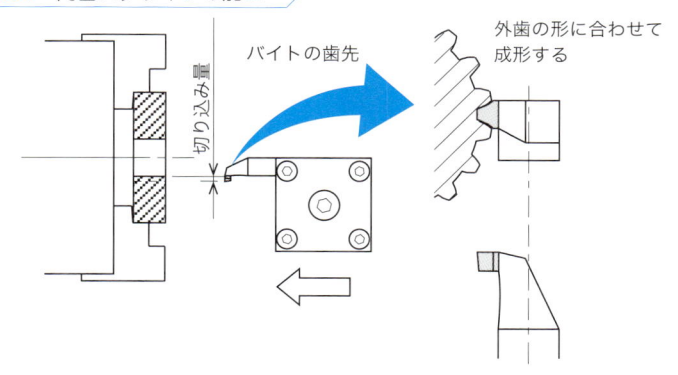

3 14 多角穴

　キー溝加工を応用して多角形の穴を作ることも可能です。まず，製作したい多角形の内接円の直径と同じ径のドリルで下穴を開けます。バイトは製作したい多角形の1辺の長さに合わせて成形しておき，主軸割り出し装置を併用して辺ごとに角度を変えながら切り込んでいきます。図3-132は六角穴加工をしている様子です。

図3-132　六角穴の加工

　図3-133のように，穴の内側から外側に向けて切り込んでいきますので，仕上がり寸法に近づくにつれて切れ刃の接触幅が増えるため，徐々に1回の切り込み量を小さくしていきます。ミニ旋盤は送りハンドルが小さい為あまり切り込み量を大きくするとハンドルが重くなって回せなくなります。

　バイトのすくい角，前逃げ角も重要です。図3-134のように，逃げ勝手の場合はバイトが逃げて穴の奥に行くほど穴径が小さくなります。食い込み勝手の場合は刃先がワークに食い込み切削抵抗が大きくなり，送りハンドルを回せなくなります。

図3-133 切れ刃の接触幅と切り込み量の変化

1回目　2回目　最後

切り込み量を
徐々に小さくしていく

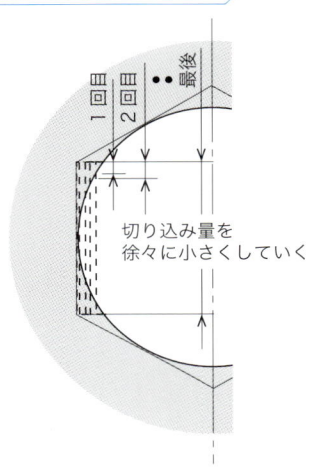

図3-134 バイトの勝手による切削作用

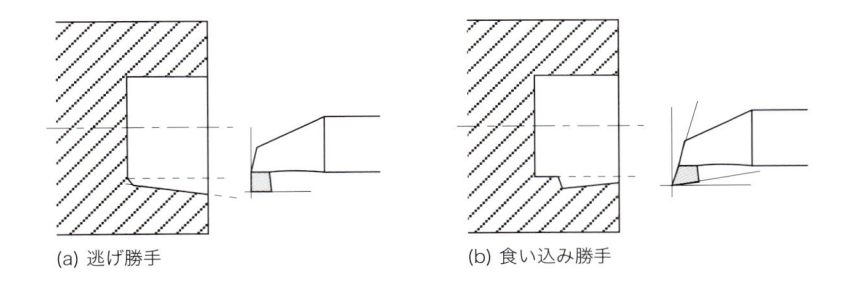

(a) 逃げ勝手　　　　　　　　　　　(b) 食い込み勝手

図3-135 完成したアルミ製の六角穴付ボルト

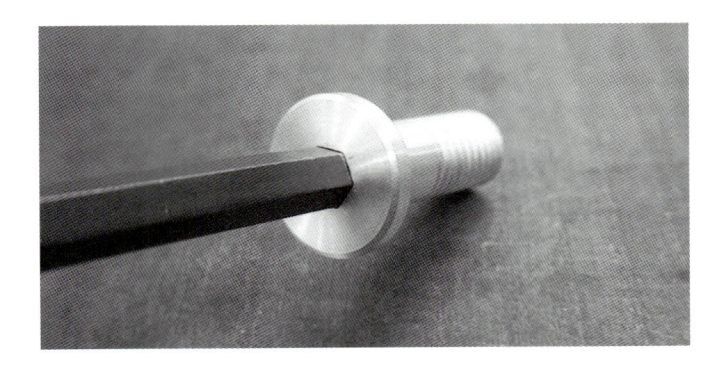

3-15 据えぐり

据えぐりは図3-136のように，ワークを往復台に固定し，両センターでボーリングバーを回して行う中ぐりです。据えぐりはチャックにくわえることができない形状のワークや旋盤で振り回せないような大きなワークでも中ぐりが可能であるため，ミニ旋盤を用いた部品加工には比較的出番の多い加工法です。ワークを送り台に固定する際の位置合わせには手間がかかりますが，一度セットしてしまえば，横送り台を移動しながら正確な間隔で平行穴の加工などもできます。図3-136は実験用スターリングエンジンのシリンダブロックを加工している様子です。あらかじめφ20mmのエンドミルで下穴加工をしたシリンダブロックを往復台に据え付け，ボーリングバーで設計寸法まで拡大しています。

図3-136 据えぐり　　※巻頭カラー P.17「据えぐりによるボーリング」

ボーリングバーは容易に自作できます。図3-137のように，ワークの下穴に入る丸棒の両端にセンター穴を開け，真ん中あたりにバイトを取り付けられるように加工を施します。図中のバイトは丸形完成バイトを加工して作った差し込みバイトです。ボーリングバーは強度の高い材料で作るほうがビビリが生じにくくなります。図3-137のボーリングバーはステンレス（SUS304）の丸棒を加工して作っています。また，バイトの刃先もわずかにノーズアールをつける程度で鋭く研ぐとビビリが生じにくくなります。主軸の回転数は低速〜中速で，切り込み量はバイトの突き出し量で調整します。切り込み量が大きすぎるとビビリが生じます。特に，バイトの突き出し量を大きくした細いボーリングバーで大径の穴を加工するときはビビリが生じやすいです。主軸の回転数を落とすとビビリが収まることもありますが，大きな穴を加工するときは太いボーリングバーを使用するほうが確実です。

図3-137　ボーリングバーと差し込みバイト　　　※巻頭カラー P.17「自作のボーリングバーとバイト」

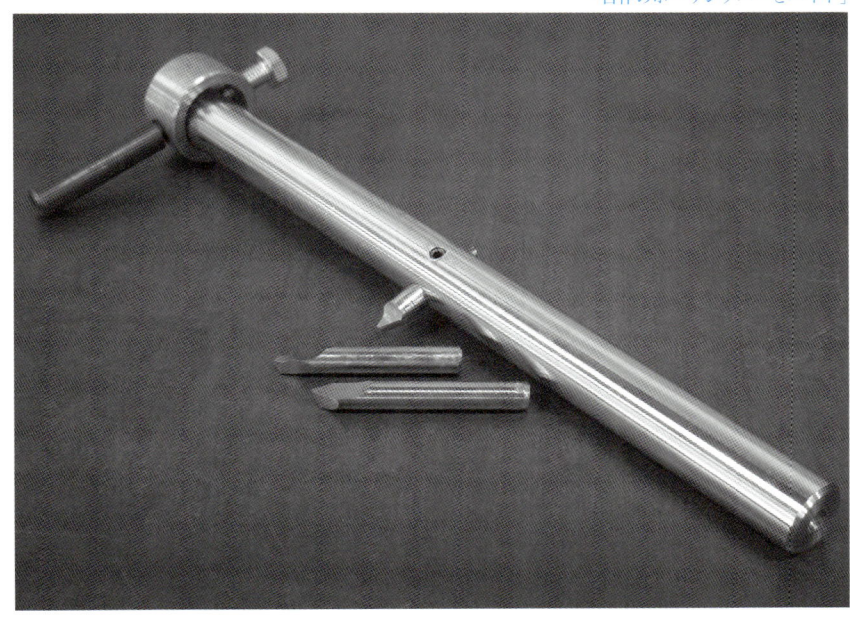

図3-138 ボーリングバーの長さ

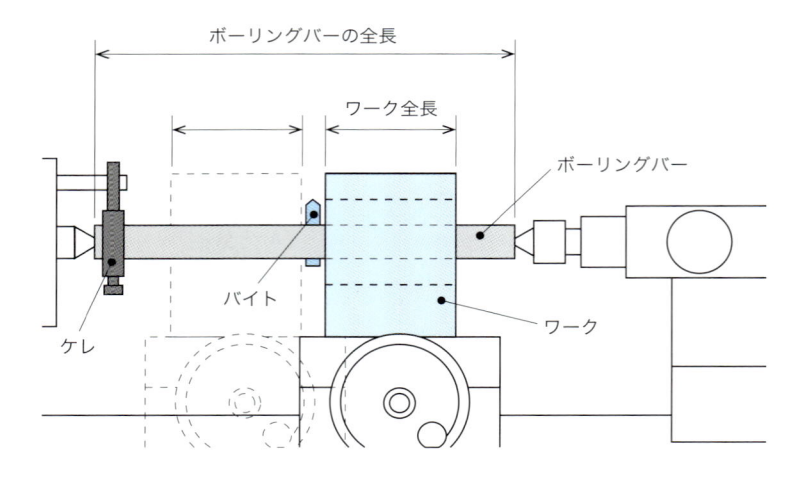

　図3-138のようにワークの穴の入口から出口までがバイトを横切るためには，ボーリングバーの長さはワークの穴の長さの2倍以上必要です。ボーリングバーを必要以上に長くすると撓みやすくなりますから，穴の精度が要求される場合は極力太く，短く作ります。

　ワークを送り台に固定する際の位置合わせは慎重に行います。センターと穴の中心が合うように，敷板などで高さと平行を確かめながら，締め金を用いてしっかりと固定します。図3-139は往復台のTスロットを利用して締め金でワークを固定しています。ワークに基準面がある場合には，基準面にダイヤルゲージを当てながら針の振れを確認し，垂直・平行を合わせしっかりと固定します。ワークの固定が完了したら横送り台は動かないように調整ネジを締め込んで固定しておきます。

　ワークの据え付けが完了したら，ボーリングバーをワークの穴に通し，両センター（心押し台側は回転センターを使用）で支えます。加工中にセンターや心押し軸，ケレが緩むことのないようにしっかりと確認しておきます。

図3-139 ワークの据え付け

3-16 四つ爪チャックによる心出し

　四つ爪チャックは三つ爪チャックでは不可能な複雑な形状のワークをくわえることができるという利点があります。また，爪が独立して動きますので，心出しは三つ爪以上に正確で精密加工にはなくてはならないものです。ワークをつかんでしまえば切削方法は三つ爪チャックと変わらないので，ここでは，四つ爪チャックにワークをくわえる方法を中心に説明します。

　丸棒の心出しなど，外径を基準に心を出す場合，図3-140のように，ダイヤルゲージを当てて，針の振れを見ながら行います。チャックに刻まれた同心円を頼りに大まかに位置を合わせてワークをつかみます。爪は軽く締めておきます。ダイヤルゲージを取り付けたマグネットスタンドを送り台などにセットし，ダイヤルゲージの測定子をワーク外径に当ててチャックを手でゆっくりと回します。ダイヤルゲージの針の振れが大きい場所の爪と反対側の爪を，ワークが回転中心に近づく方向へ動かします。さらにチャックを手で回し，ダイヤルゲージで振れを確認しながらワークの位置を修正します。振れがなくなるまで（または許容されるまで）修正を繰り返します。

図3-140　ダイヤルゲージを用いた心出し

ドリルで開けた穴の中ぐり加工など，内径を基準に芯出しを行うにはテコ式ダイヤルゲージを用いて穴の振れを見ます。テコ式ダイヤルゲージがない場合は，図3-141のように，中ぐりバイトの刃先を穴の壁面（内径）に近づけ，チャックを手でゆっくりと回しながら刃先と内径の隙間を見ます。隙間が一番狭くなったところで手前の爪を緩め，反対側の爪を締めます。さらに刃先を内径に近づけチャックを回し，隙間を見ます。そのようにして，刃先と内径が触れるか触れないか程度まで近づけていったとき，チャックを回転させても隙間が変わらなくなれば心出し完了です。

図3-141　内径を基準とした心出し

　角材の芯出しは，ワークのセンター位置にポンチなどを打っておき，図3-142のようにセンターを取り付けた心押し台でワークのポンチ穴を押した状態で爪を締めて固定します。心押し台センターを少し離し，チャックを手で回転させてみてセンターの先端とポンチ穴との間に振れがなければ爪を本締めします。

図3-142　ポンチ穴を基準にする

正確に心出しするには，図3-143のような両端をセンター加工（片側は凸，もう片側は凹）した丸棒（心出し治具）を利用します。心押し治具の先端をワークのポンチ穴，他端のセンター穴を心押し台センターで支え，ダイヤルゲージをセットして振れを確認しながら心出しをします。

図3-143　心出し治具

心出し治具

100〜200mm
φ10〜20
60°
センター穴

丸棒の両端を加工

3 17 面板を利用した部品加工

四つ爪チャック同様，ワーク形状の制約からある程度解放されるのが面板による旋盤加工の利点です。その利点は四つ爪チャック以上で，四つ爪チャックではくわえられないような大型のワークや薄板形状のワークも面板であれば加工が可能となります。面板にワークを据え付ける際に注意することは，加工中にワークが外れてしまわないようにしっかりと固定することと，回転のバランスを考えるということです。

ワークの据え付けは，面板に開いている穴やTスロットを利用し，クランプ（締め金）などを用いてしっかりと固定します。固定用のボルト・ナットを必要以上に強く締めるとワークや面板を傷めてしまうので，力加減に注意します。特に，Tスロットを利用する場合は，図3-144(a)のように，敷板や挟み金はT溝のアゴを押さえるような形で配置するのが正しい固定方法です。(b)のように配置するとTスロットのアゴを破損する恐れがあります。また，ボルトを利用してクランプを突っ張る場合は，ボルトの頭で面板の表面を傷つけないように敷板などで保護します。

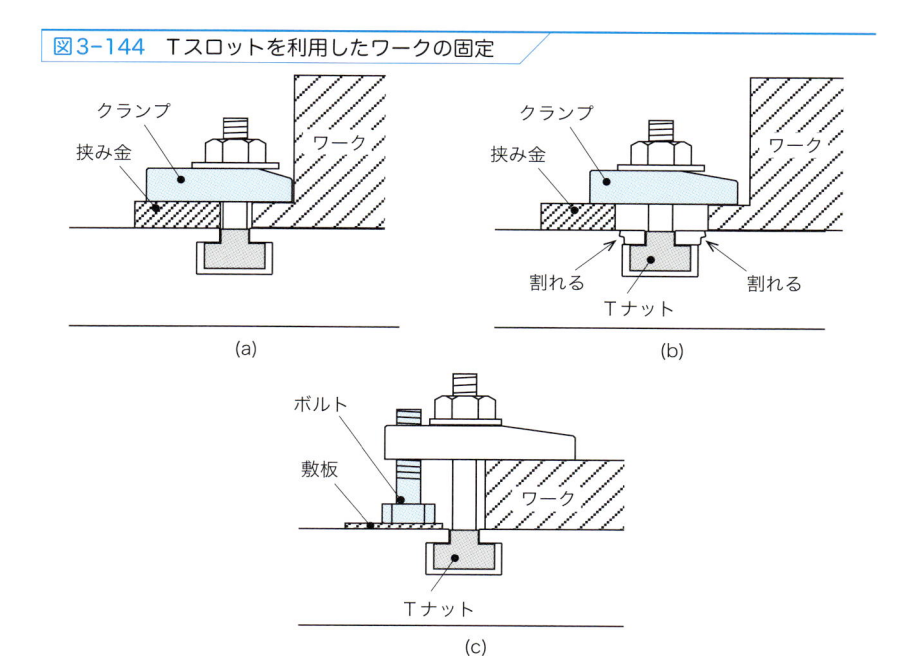

図3-144 Tスロットを利用したワークの固定

ワークやクランプ，取り付けボルトなどによって回転バランスが悪くなると，加工中に振動が生じたり，回転速度が不安定になったりします。必要に応じてバランス重りなどを取り付け回転を安定させる必要があります。やむを得ない事情でバランスを取ることができない場合は主軸回転数を振動が生じなくなるまで低速に落とすか，手回しハンドルで回します。

　クランプを利用した方法の他にも面板にワークを据え付ける方法をいくつか取り上げます。図3-145は，L形アングルを用いてワークを据え付けた例です。アルミ製のL形アングル2本を面板に取り付け，ワークに開いている穴を利用して，貫通ボルト1本で挟み込んだ状態で固定されています。4mm厚のアルミ製アングルですが，重切削にも十分耐えられます。

図3-145　アングル材を利用したワークの据え付け
※巻頭カラー P.27「アングル材を利用したワークの据え付け」

　ワークが大型な場合やクランプで押さえることができない場合は，両面テープで面板に貼り付けてしまう方法もあります。図3-146は，両面テープでワークを面板に貼り付け，さらに回転センターで押してワークを固定しています。ただし，接着力が強いタイプの両面テープや，ワークの面全体に両面テープを貼り付けてしまうと加工後に取り外すのが大変になります。切り込み量を小さくするなどして，切削抵抗が小さくなるような条件で加工す

れば，滑り止めマットなどを間に挟んで回転センターで押し付けるだけで十分な場合もあります。

図3-146　回転センターと両面テープによる固定

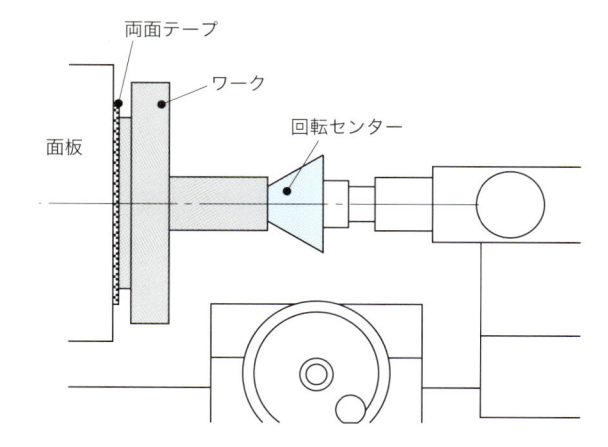

3.18 コレットチャック

　シャフトや外径仕上げ加工を終えた棒材などの追加工をしたいとき，チャックでつかむと爪の跡が残りますし，保護板などでワークを巻いて四つ爪チャックでつかむとセンター合わせが面倒です。コレットチャックの内面（ワーク把握面）は規定の径に仕上げられておりワーク外径を面で把握するためワークを傷つけることがありません。また，コレットチャックの外面はテーパーになっており，主軸のテーパー穴に直接取り付けられるためワークの心は回転中心と一致します。ただし，市販品はコレットの内径が決まっているため，つかめるワークには制限があります。『Compact 7』のアクセサリーとして用意されているコレットチャックは内径が3，4，5，6mmの4種類です。コレットチャックに掴むことができるワークの外径はコレットの大きさによりますが，内径±0.2〜0.3mm程度ですので，例えば外径3.5mmのワークをつかもうとすると，3mmのコレットには入らず，4mmのコレットでは緩すぎて把握できません。

　コレットチャックを主軸に装着する際は主軸内面とコレット外面の間に切り屑などを挟まないようによく掃除しておきます。特に主軸内面は掃除しにくいですが，ブラシなどを用いて切屑やゴミを取り除き，ウエスで綺麗に拭き上げます。

　コレットチャックは図3-147のように，主軸後部から引きボルトによって引っ張られることで主軸テーパーとしっかりと密着し固定されるとともにチャック面が締まりワークを把握します。引きボルトはそれほど強く締め付ける必要はありません。アルミなどの軟らかいワークを把握する際はあまり引きボルトを強く締めつけるとワークにつかみ跡が残ります。

　図3-148はφ6mmアルミ丸棒をコレットチャックにくわえて中心にドリルで穴を開けている様子です。アルミ製のワークは三つ爪チャックでつかむと爪の痕が残ってしまいますが，コレットチャックなら爪の痕が残ることなくしっかりとつかむことができます。

図3-147　コレットチャックの構造

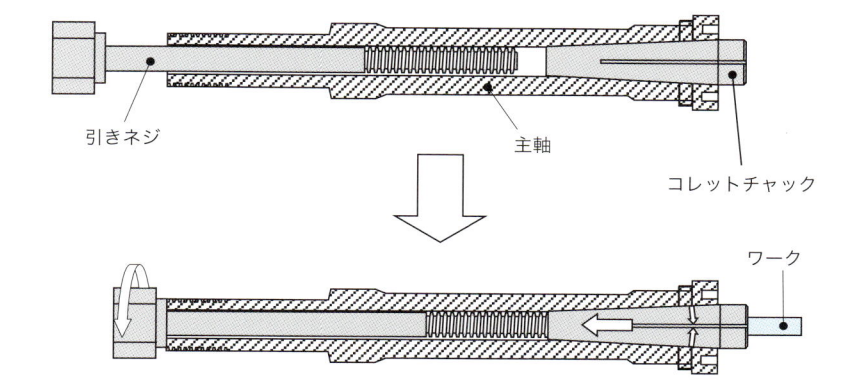

引きネジ　　　　　　　主軸　　　　　　　コレットチャック

図3-148　コレットチャックを用いた加工　　※巻頭カラー P.29「コレットチャック」

261

加工後にワークを取り外す際は，図3-149のように主軸後部の引きボルトを少し緩め，引きボルトの頭をハンマーで叩くとコレットチャックが主軸のテーパーから外れます。コレットチャックが主軸テーパーから外れればワークを抜き出すことができます。コレットチャックからワークが引き抜けない場合は，引きボルトを完全に緩めて取り外し，ワークごとコレットチャックを主軸から抜き取り，コレットチャックの後部から棒などを差込みハンマーで軽く叩けばワークが押し出されます。

図3-149　コレットの外し方

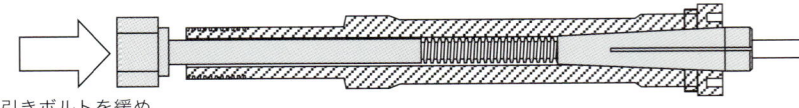

引きボルトを緩め
ハンマーで叩く

3.19 三つ爪チャックでくわえる把握治具

▶三つ爪チャックでくわえる生コレット

　市販のコレットチャックはくわえられるワークの径が決まっているので，使い勝手があまり良くありませんし，チャックを外してコレットに付け替える必要があるため手間もかかります。三つ爪チャックでつかむことができる図3-150のようなコレットを作っておくとチャックを外す手間が省けて便利です。使用する際に現物合わせで内径を仕上げてワークをつかむことができる生コレットです。写真のコレットは丸棒外周にネジを切りスリ割りを入れただけの簡単なもので，最大20mm程度まで穴を拡大して使用できるようになっています。

図3-150　自作コレット

　締め付けナットのネジ部の奥は図3-151のように，テーパーになっておりナットを締めることでコレットがすぼまりワークを固定できる構造になっています。締め付けナットのネジ加工は止まり穴形状の雌ネジ加工になります。テーパー部にかかるギリギリまでネジ加工をしますが，主軸手回しハンドルを使えば簡単に加工できます。

図3-151　コレットの構造

ネジ部（ピッチは任意）
シャンク
テーパー
テーパー
締め付けナット

図3-152　コレットのテーパー

コレット側にテーパー

締め付けナット側にテーパー

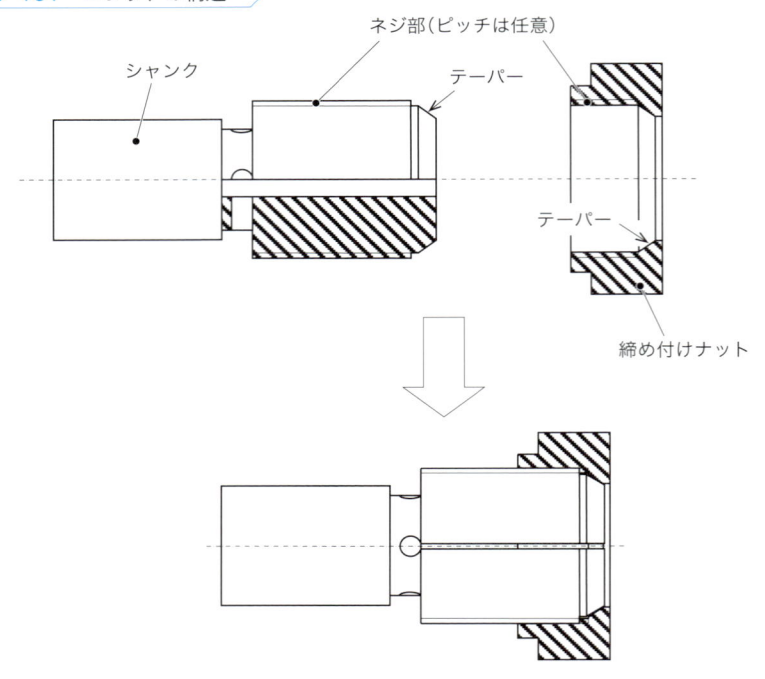

図3-151はコレットと締めつけナットの両方にテーパー加工を施してありますが，図3-152のように，コレットか締め付けナットのどちらか一方にテーパー加工を施し，もう一方には段付き加工を施すだけでも締め付けナットを締め込めばコレットがすぼまるのでワークを把握することができます。

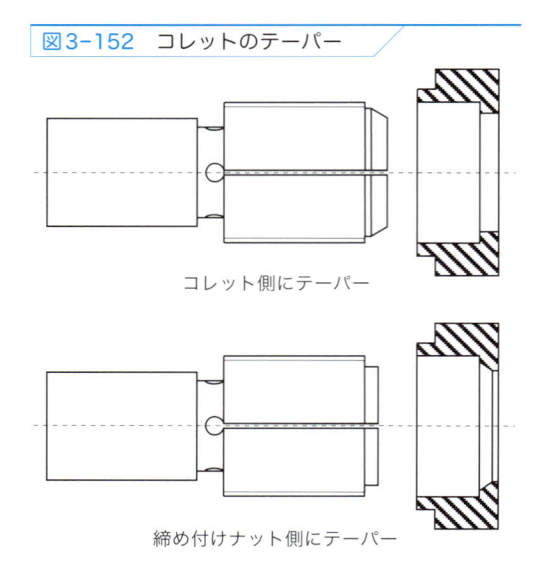

ワーク外径に合わせてコレットの内径を仕上げた後に，ワークを差し込み，締め付けナットを締め込めば，ワークを傷つけることなくしっかりと固定できます。締め付けナットは外径が十分に大きければ手で締めるだけでも十分です。図3-153(a)の締め付けナットは外径がφ45mmで外周には滑り止めのためローレット加工が施してあるので手で締めるだけでもしっかりとワークを把握できますが，外周部にはフックレンチを掛けられる穴も開けてあります。図3-153(b)のように，φ6.5mmの穴を開けておけば『Compact7』に付属のフックレンチを使って締め付けることができます。

図3-153　締めつけナットのローレット

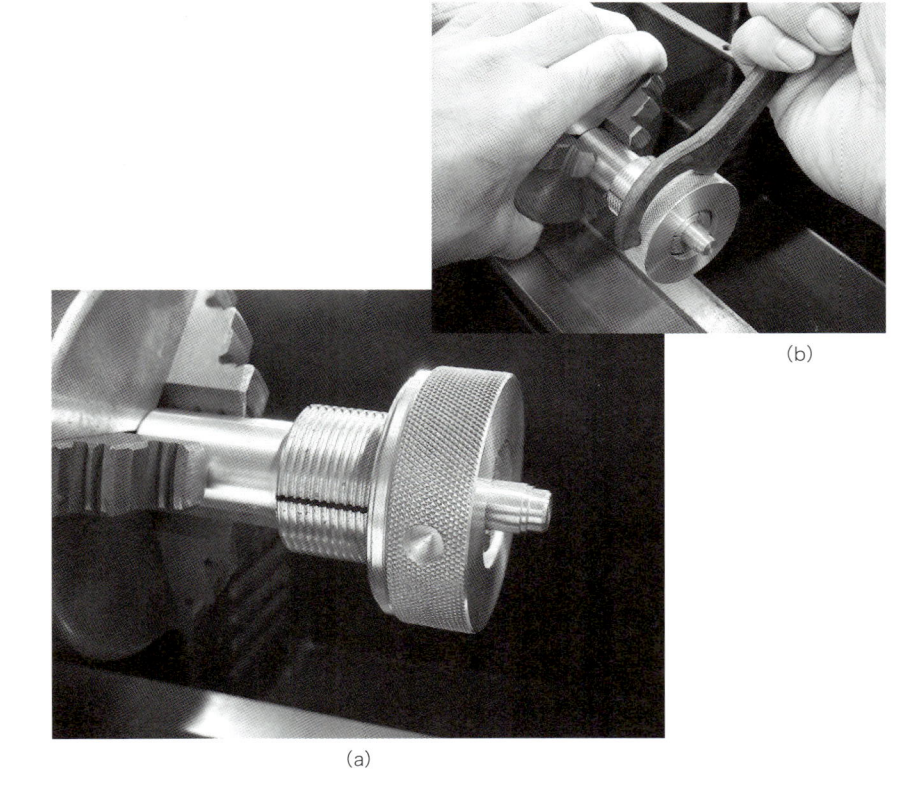

(b)

(a)

コレットを三つ爪チャックから外してくわえ直すとセンターがズレるので，ワークの加工が終わるまでコレットを外してしまわないように注意します。三つ爪チャックでは基本的に1回限りしか使えない生コレットですが，四つ爪チャックでその都度センター合わせを行えば手間はかかりますが何度でも使えます。また，一度チャックから外してしまった場合でも，前回使用したワークよりも径の大きなワークであれば，コレットの内径を拡大して仕上げれば再利用できます。

▶割りリング

　厚さがそれほど大きくないワークは，割りリングを使ってつかむとチャックの爪痕を残さず，真っ直ぐにくわえることができます。作り方も簡単です。適当な径の丸棒を，つかみたいワークの外径に合わせて中ぐり加工して，一か所に割り溝を設けます。図3-154は径の異なる何種類かのギアの端面を加工する目的で自作した，段付き割りリングです。真鍮製のウォームホイールギアをつかんでも歯をつぶしてしまわないようにA5052から削り出したものです。チャックにくわえる際は割り溝の位置に注意して，図3-155のように割り溝が2つの爪の中間あたりになるようにします。

図3-154　割りリング

図3-155　チャックの爪と割り溝の位置関係

▶ヤトイ

　フライホイールなど，既に完成している部品の外径を修正する場合や，ワークを母材から切り落とした後に裏面を仕上げる場合など，ワークの外径をチャックでつかみたくないときに役に立つのがヤトイと呼ばれる治具です。図3-156は最も単純なヤトイです。適当な丸棒をチャックにくわえて外径をワークの内径に合わせて（わずかに大きめに）削ります。あとはワークをヤトイの軸に圧入すれば準備完了です。ヤトイの軸とワークの穴との摩擦で固定するだけの極めて単純なものですが最も簡単で速い方法です。ヤトイの軸径をワークの穴径よりもわずかに大きめに仕上げるというのが難しいところですが，ワークの材質や穴径によって嵌め合いの具合が変わるので普段から練習してちょうど良いキツさを覚えておくしかありません。キツ過ぎると加工を終えて抜くときに大変ですし，緩いと加工中にスリップしてしまいます。図のようにヤトイの軸径に対してワークの外径が大きな場合は嵌め合いをキツくしてもスリップしやすいため，バイトの刃をよく研いで切れ味を良くし，切り込み量を小さくして切削抵抗が小さくなるよう配慮します。また，ビビリも生じやすいので主軸回転数を十分に落としたり，3.9節で取り上げた面押し治具で押さえるなどの工夫も必要です。

図3-156 圧入式のヤトイ

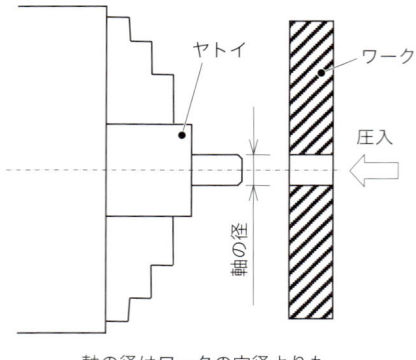

ヤトイ
ワーク
圧入
軸の径

軸の径はワークの穴径よりも
ごくわずかに大きくする

ヤトイを内側から開いて固定できる構造にするとワークをしっかりと固定でき，外すときも楽になります。図3-157のように，主軸後部からロングボルトでテーパーナットを引く構造であればヤトイをチャックにくわえたままでワークを取り外したり付け替えたりできます。

図3-157 引きボルト式のヤトイ

図3-158のように，ヤトイの前部からテーパーネジ（管用ネジ）を使って広げる方法もあります。図3-159は1/8PT管用ネジのジョイントです。レンチで締め付けられるように六角部があるためヤトイのネジとしても利用できます。1/8，1/4，3/8等の規格があり，図3-160のようにタップとダイスも市販されていますので自作も簡単にできます。管用ネジや管用ネジ用のタップ・ダイスはホームセンターなどで入手できます。

図3-158　テーパーネジ式のヤトイ

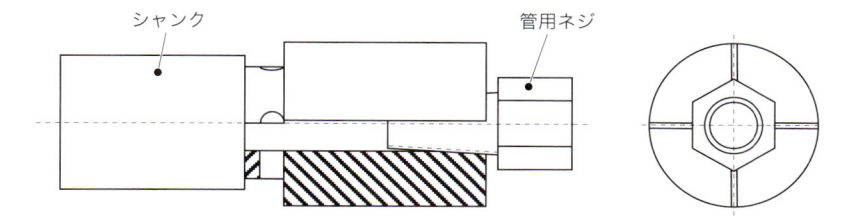

シャンク　　　　　　　　　管用ネジ

図3-159　管用ネジのジョイント

図3-160　管用ネジ用のタップとダイス

図3-161は 3 8 の薄肉円筒の加工でも取り上げた治具ですが，リング状のワークの外径を加工するためのヤトイです。ワークを真っ直ぐに固定できるように段付き加工を施してあります。図3-162のように，段の端面と外径部との間の隅部にアールがあるとワークが段の端面に届かず隙間ができて不安定になるので，ワーク背面が段の端面にピッタリと沿うように隅の部分に逃げ加工を施します。

図3-161　薄いリング状のワーク用のヤトイ

図3-162 段付き部の逃げ加工

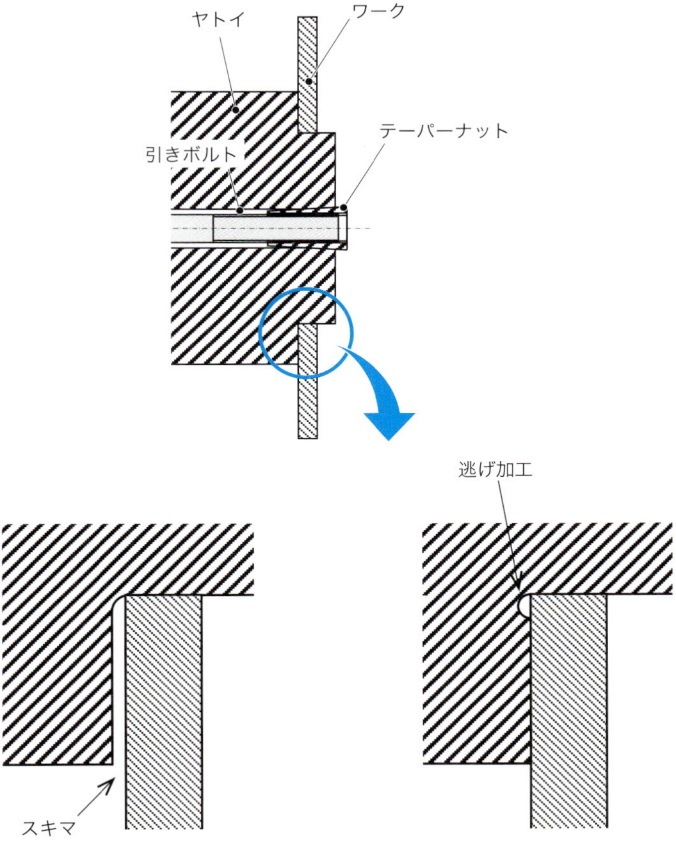

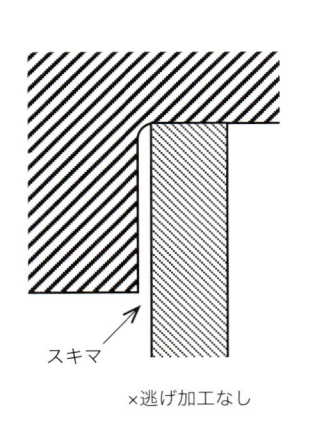

ヤトイ
ワーク
テーパーナット
引きボルト
逃げ加工
スキマ
×逃げ加工なし
○逃げ加工あり

Chapter 4 自作ツールと特殊加工

　材料を加工して頭に思い描いたモノを製作するためには，製作しようとするモノの材質や形状に応じた加工の知識が必要です．材料の知識，刃物の知識，加工方法の知識を元に製作可能かどうかを判断します．旋盤加工において一般的な形状のバイトだけを使って旋削加工することを前提とした場合，設計段階での部品形状に加工可能かどうかということが大きな制約条件となります．本来イメージしていた完成品の形状を加工できないからという理由であきらめたり変更したりするのは非常に残念です．バイトを自分で成形することや旋削以外の旋盤加工の方法を知ることはそのような制約を取り除き，加工の可能性を広げることになります．図4-1はミニ旋盤で製作したギターのオブジェです．ボディは真鍮丸棒，ネックはアルミ丸棒から削り出したものです．旋盤による切削加工の可能性を追求するとどこまでできるのかということに挑戦してみました．もちろん切削加工の後に，ペーパーヤスリと研磨剤で表面を仕上げてありますが，形はミニ旋盤だけを使って加工したものです．

　本章では，様々な形状や目的に応じたバイトや治具の自作と特殊加工について述べます．

図4-1　ミニ旋盤で製作したギターのオブジェ

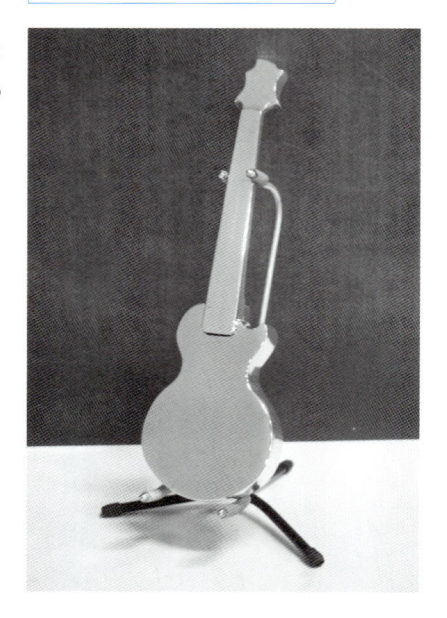

4　1　バイトの成形

▶姿バイト

　姿バイト（総形バイト）は仕上げ形状と同じ形状の刃を持ったバイトです。同じ形状の部品を多数加工する際に使用すると効率的です。ワークは切れ刃の形状そのままに切削されるため，切れ刃の成形の善し悪しがそのまま仕上がり寸法や表面の荒さに影響します。また，切れ刃が（ワークとの接触長さが）長いと切削抵抗も大きくなるため，ミニ旋盤ではいかに切削抵抗を小さくするかということも考慮してバイトを成形する必要があります。

　姿バイトを目的の形状に成形するためには，まず，グラインダー等を用いておおまかに形を削り出し，ワークの材質や切削条件に合わせて，すくい角や逃げ角をつけた後，ダイヤモンドヤスリなどを用いて細かな部分の修正をして，切れ刃の成形が完了したら，最後は砥石で切れ刃を研ぎます。バイトの成形はハードルが高いように思われがちですが，やってみるとそうでもありません。特に，経験の浅い人に多いのが成形初期段階でのグラインダー加工で，急いで成形しようと必要以上に強くバイトをグラインダーに押し付け，削り過ぎてしまう失敗です。「削り過ぎて，修正しようとさらに削り過ぎ」を繰り返していると，いつまでも目的の形に成形できません。「少しずつ優しく不要部分を削り落とす」を心がけ，少し多めに残して後はダイヤモンドヤスリなどで修正していく方が失敗がありません。

　図4-2は様々な目的に応じて成形した姿バイトです。(a)はキー溝を加工するための姿バイト，(b)は丸ベルトプーリーの溝加工用，(c)は雄ネジ加工用，(d)は複式刃物台に取り付け使用するための雄ネジ加工用，(e)はモジュール1.0のギア歯加工用，(f)と(g)は面取り用や球面加工用の姿バイトです。

図4-2　様々な形状の姿バイト

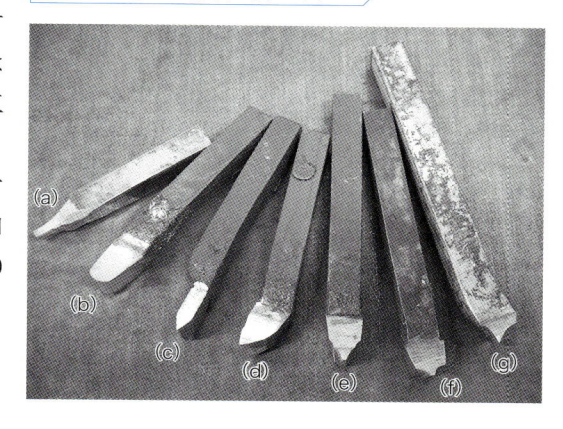

バイトの成形がうまくいったら，後は実際に使用してみて切削状態で判断します。削れているのに切削抵抗が大きいとか切削面が粗いと感じたら，切れ刃の状態を確認して研ぎ直したり，バイトの逃げ面が切削面と干渉していないか確認します。切削が正常にできないのには必ず原因があります。原因を究明して解決することを繰り返していけばバイトの成形は自ずと上達します。

▶シェービング切削用のバイト

　シェービング切削とは，図4-3のように，バイトの切れ刃に45°程度のバイアス角を与え，ワークの表面を撫でるように送りをかけながら切削する技法です。主軸の回転数は鉄鋼材料の場合，低～中速で，1回の切り込み量は0.02mm以下にします。図4-3のように，切れ刃はワークに対して平行に，送り方向に対して45°程度の傾斜をつけて成形します。すくい角と逃げ角はワークの材質に合わせて適当につけます。切り屑は切れ刃の傾斜に沿って下方向に流れるため，切り屑が刃先とワークの間に巻き込まれることに

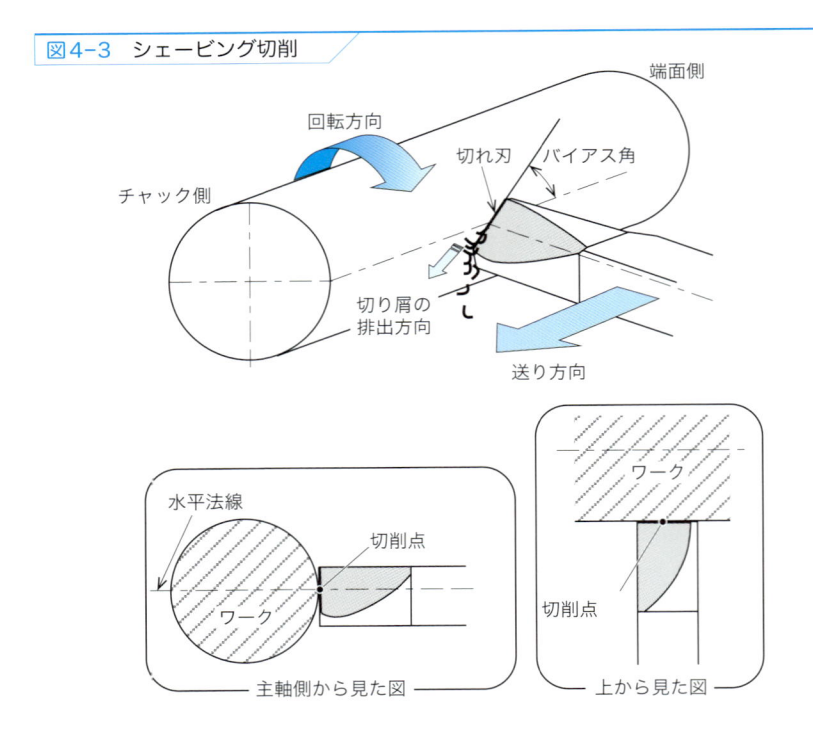

図4-3　シェービング切削

よって切削面が傷つくこともありません。シェービングバイトは刃幅が広くなおかつ傾斜しているため，ワークの水平法線と切れ刃のどこか一点が接触し接触点（厳密には線）が切削されます。したがって，心高合わせは厳密に行う必要がありません。切り込み量が多いと，ワークと接する刃幅が広くなるためビビりやすくなり，綺麗な切削面が得られません。

図4-4 シェービング切削用のバイト

▶差込みバイト

図4-5 バイトホルダーと完成バイト　　　　※巻頭カラー P.5「差込みバイト」

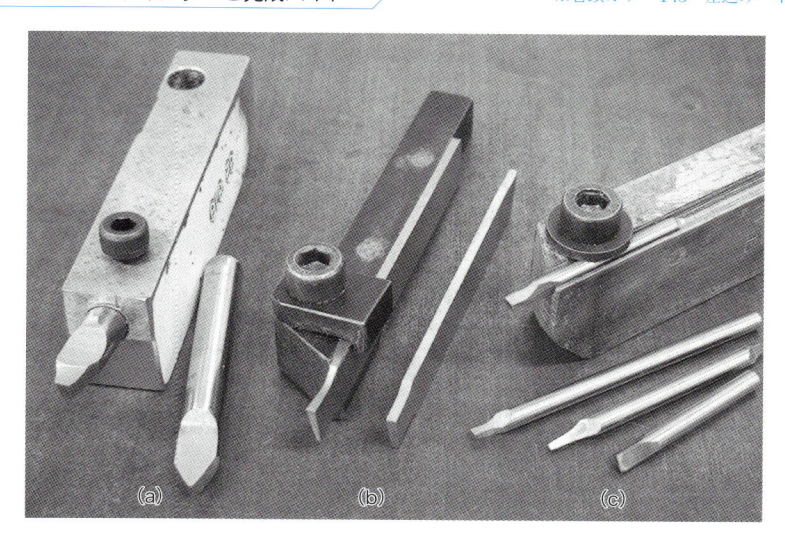

図4-5(a)は，破損したロウ付けバイトのシャンク部分を加工して自作したバイトホルダーです。図4-6に示すように，φ5mm丸型完成バイトを差し込めるようにドリルで穴を開けた後リーマーで仕上げてあります。バイトホルダーに対して斜めに穴を開けてありますのでバイトを差し込むだけですくい角が付くため，バイトにすくい角を付ける必要がありません。刃物角や逃げ角は任意に成形します。

図4-6 (a)のホルダーとバイト

刃物角，逃げ角は任意に成形

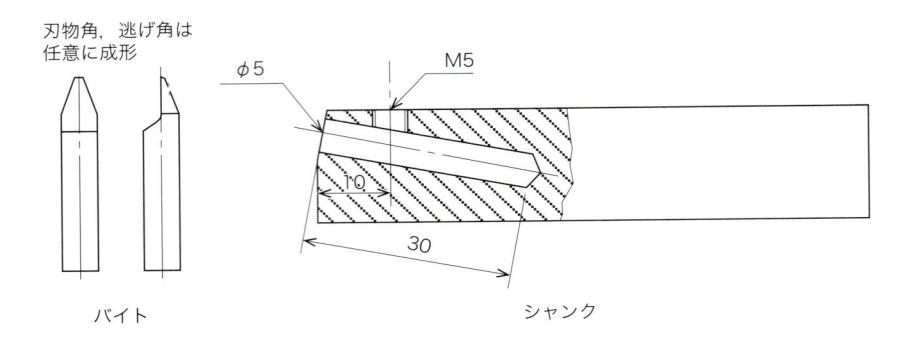

バイト

シャンク

φ5／M5／10／30

　図4-5(b)は市販の切り落としカッターと1.5mm幅の板型完成バイトです。主に突っ切り加工に使用しています。刃の突き出し量を簡単に決められるので深溝加工にも対応でき，径の大きなワークの切り落としにも使えます。板厚が薄いので刃の成形も短時間ででき大変使い勝手の良い製品です。(c)は(a)と同様，破損したロウ付けバイトのシャンク部分を加工した自作ホルダーです。図4-7のように，エンドミルでφ3mm丸型完成バイトを固定できる溝を掘ってあり，M5ネジ1本でバイトを止められるようになっています。細い丸型バイトは成形が楽で取り付け角度も変えられるため溝加工やトレパニング加工のみならず，ギア歯の谷の形に成形すればギアカッターとしても使えるなど，汎用性の高さに優れます。

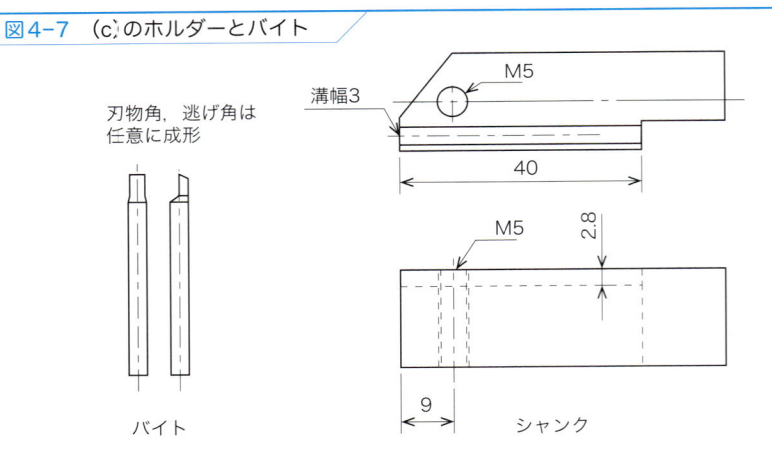

図4-7 (c)のホルダーとバイト

刃物角，逃げ角は任意に成形

バイト

シャンク

溝幅3／M5／40／M5／2.8／9

(b)や(c)のように細い（薄い）バイトはグラインダーで削る際に押し付けすぎるとすぐに高温になり変色してしまうので注意が必要です。ハイスバイトを研削中に，青く変色した場合は焼き戻した状態になっていますので，焼入れするか，変色した部分を削り取る必要があります。

▶使い古した工具をバイトとして利用する

　ノコギリやヤスリなど，刃が摩耗して使えなくなった工具をそのまま捨ててしまうのはもったいないので，バイトとして再生します。工具の多くは工具鋼（炭素工具鋼や合金工具鋼）でできているので，グラインダーで刃を成形すればそのままバイトとして使えます。大規模な成形をする場合は焼きなましてから成形します。焼きなましをすれば手加工（金切りノコギリやヤスリを使って）でも簡単に成形できます。目的の形に成形した後，再び焼入れすれば自作バイトの完成です。炭素工具鋼は高温で強度が低下するため，旋盤のバイトとして使用する際は，主軸回転数を低め（ハイスの半分程度）にします。

　ノコギリの刃は，穴を開けて適当な角棒にネジ止めすれば突っ切りバイトとして使えます。旋盤のバイトとして利用するには（刃の材質によっては）切削条件が限られますが，低速で使用するのであれば十分実用に耐えます。図4-8は，刃が摩耗して使えなくなった金切りノコギリの刃を利用して作った突っ切りバイトです。ホルダーは図4-9のように刃の高さに合わせて凹型に溝加工を施してあり，押さえのプレートは凸になっているので，厚さが異なる刃でもしっかりと固定できるようになっています。

図4-8　ノコ刃を再利用した突っ切りバイト　　　　※巻頭カラー P.25「突っ切りバイトホルダー」

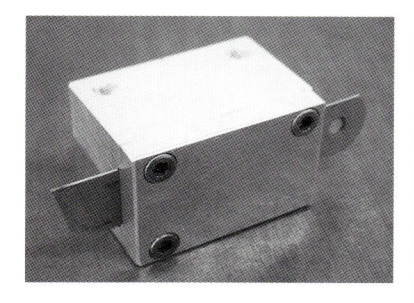

図4-9 突っ切りバイトホルダー

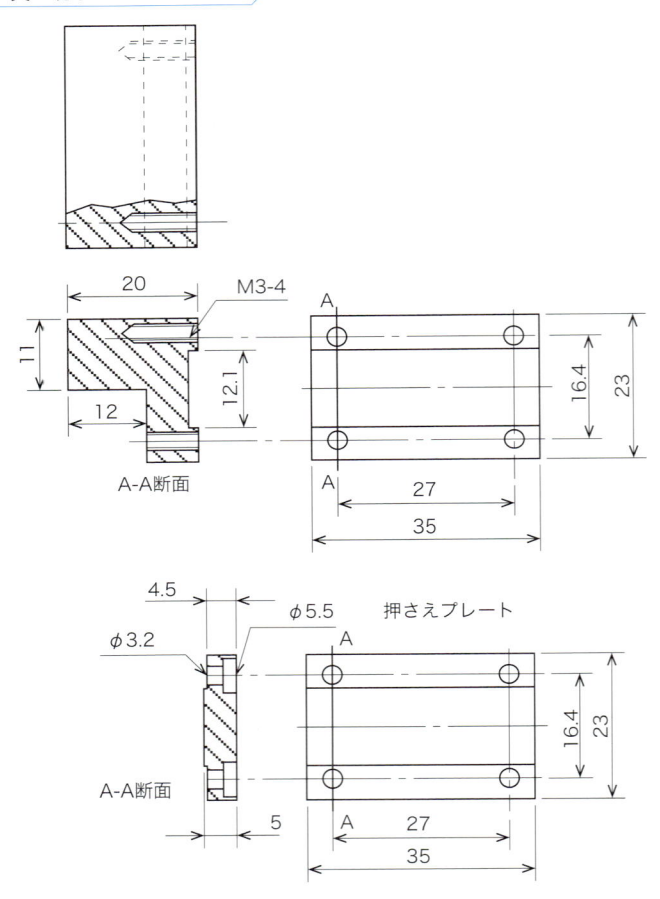

A-A断面

押さえプレート

A-A断面

図4-10 手バイト

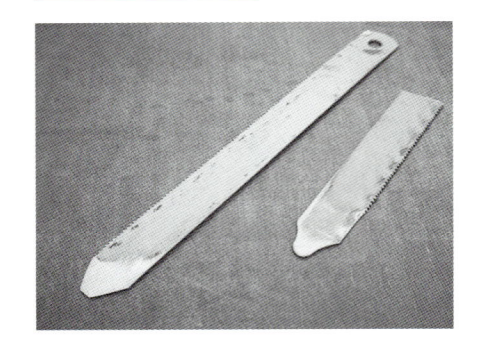

ノコギリの刃は，厚さが薄いため突っ切りバイトとして使えば材料の無駄が少なく，図4-10のように，手バイトとして使えばちょっとした表面仕上げにも有効です。

▶カッターの自作

破損したエンドミルやセンタードリルは素材が超硬やハイス鋼なので焼入れしなくてもグラインダーで成形するだけでカッターやバイトとして再生できます。

図4-11(a),(b)はエンドミルから成形したキー溝カッターです。先端部の切れ刃が破損している場合は，図4-12のように，グラインダーで先端部を削り落とし，側面部はキー溝の幅に合わせて側刃を残し，残りの部分もグラインダーで削り落とします。最後にダイヤモンドヤスリでエッジ部を修正します。

図4-11　自作キー溝カッター

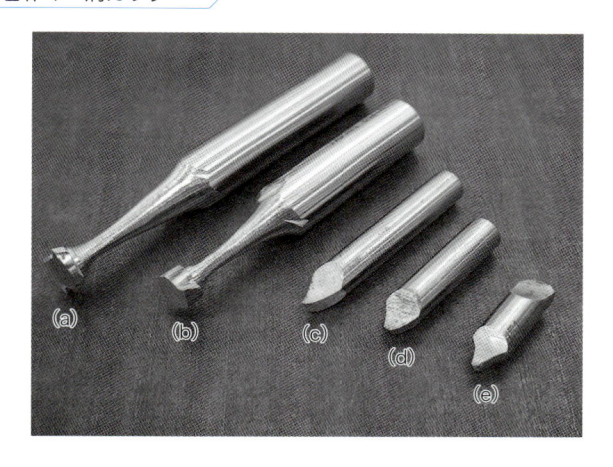

図4-12　キー溝カッターの成形

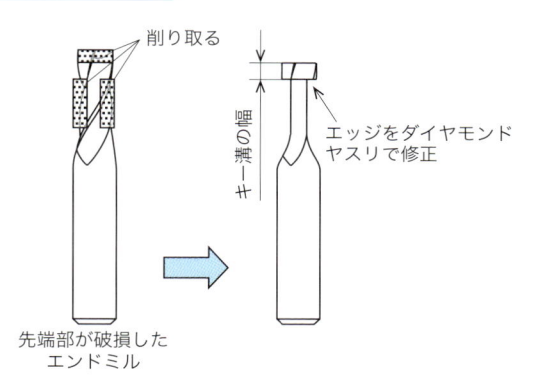

(c), (d)はボーリングバー（図4-13）に取り付けて使用する，エンドミルのシャンク部分を加工した中ぐり加工用カッター，(e)はセンタードリルを加工して作ったラックギアを加工するためのカッターです。図4-14のように，不要部分はグラインダーで削り落とします。すくい面は直径の半分まで削り，適当にすくい角と逃げ角を付けます。ボーリングバー用のバイトは切削抵抗を小さくするため先端部を尖らせ気味に成形し，砥石で研いでノーズアールをわずかにつけます。

図4-13　ボーリングバー

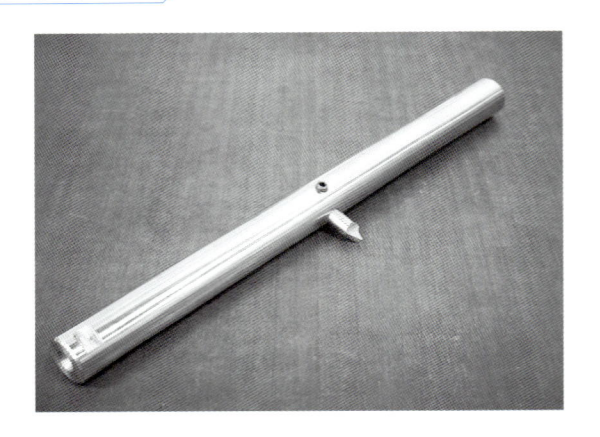

図4-14　差込みバイトの成形

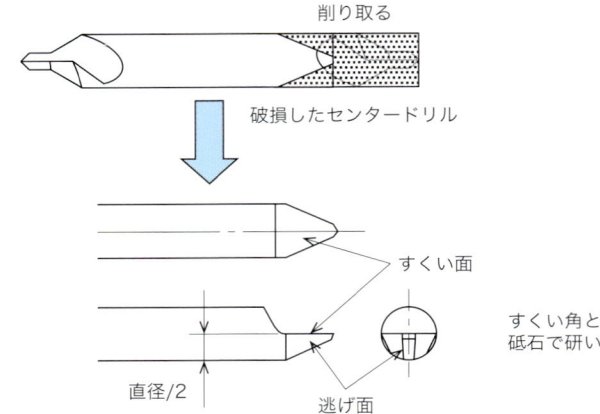

削り取る

破損したセンタードリル

すくい面

すくい角と逃げ角をつけて
砥石で研いで仕上げる

直径/2　　逃げ面

フライカッターはチャックやミーリングアタッチメントに取り付けて平面切削に使用したり，ギアの刃を切り出したり，円筒面を削ったりと目的に応じて様々な形があります。アーバー（柄）は市販もされていますが，簡単に自作できます。刃は回転軸に対して垂直に回転するので，1枚刃であればアーバーの精度は必要ありません。バイトがしっかりと固定できる構造であれば良いだけです。図4-15のように，丸棒にバイトを差し込む穴を開けて止めネジでバイトを固定するだけでフライカッターになります。

図4-15　フライカッター

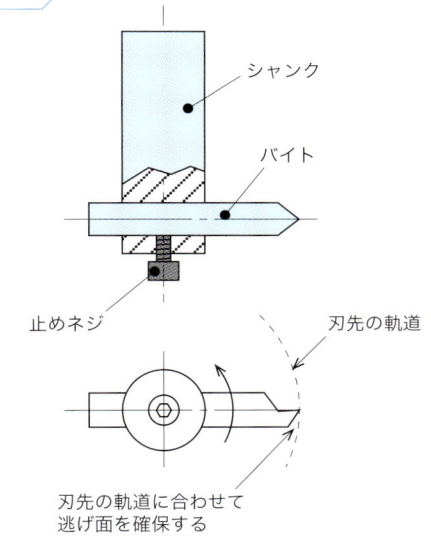

シャンク
バイト
止めネジ
刃先の軌道
刃先の軌道に合わせて逃げ面を確保する

　図4-16は代表的なフライカッターです。(a)は角形バイト用のアーバーです。旋盤で段付き棒を削り出し，フライスかノコギリで先端部を斜めに切り落とします。切り落とした面に平行に，使用するバイトの幅に合わせてエンドミルで溝を掘りバイトを固定するネジ穴を加工すれば完成です。(b)は丸型バイト用のアーバーです。段付き棒を削り出し，先端部をテーパーに仕上げ，テーパー部に垂直にバイトの直径に合わせてドリルで穴を開けます。リーマーで穴の内面を仕上げ，バイトを固定する止めネジ用のネジ穴を加工すれば完成です。バイトは切削抵抗が小さくなるように刃先を尖らせ気味にして，すくい角と逃げ角を付けます。

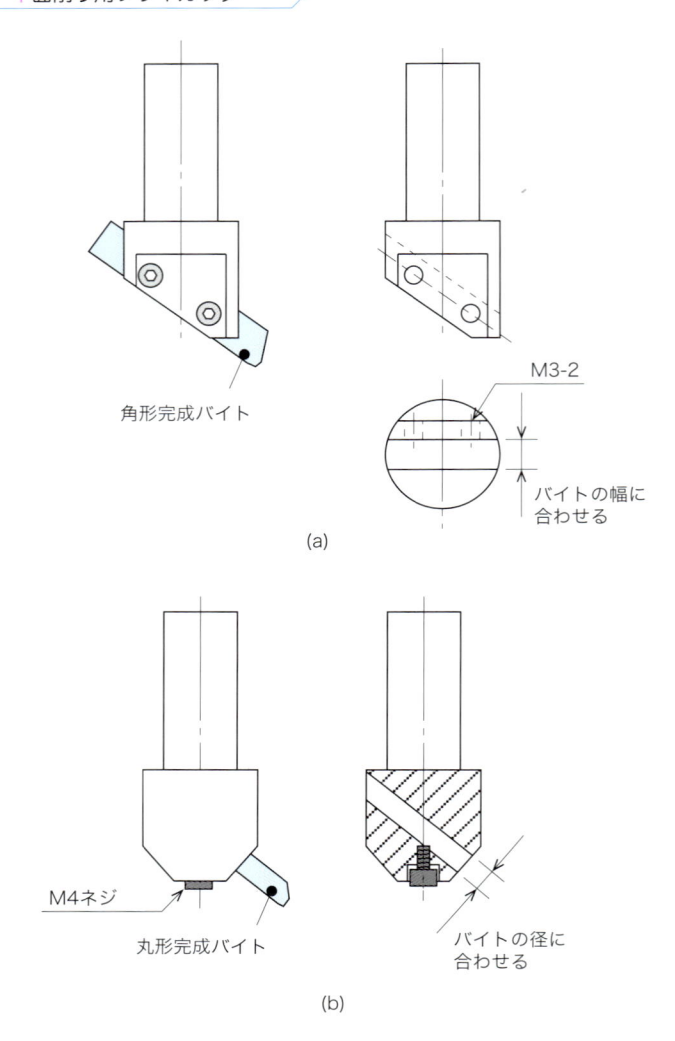

図4-16 平面削り用フライカッター

角形完成バイト

M3-2
バイトの幅に
合わせる

(a)

M4ネジ
丸形完成バイト

バイトの径に
合わせる

(b)

　フライカッターは刃がワークに当たるたびに衝撃が生じるので，あまり切り込みを深くするとカッターや機械を傷めます。また，動力が小さい旋盤ではカッターの回転半径を大きくすると切削抵抗に負けて主軸が回転できませんので注意が必要です。

4　2　旋盤作業で役に立つ治具

▶生センター

　精密加工の際に一般的に使われる両センター加工ですが，主軸やセンターのテーパー部にゴミや傷がある場合は心がズレてしまいます。センターも長く使っているうちにワークセンター穴との接触により傷や摩耗が進み，ごく僅かですがセンターがズレます。

　生センターは主軸に取り付け加工してから使う1回使い切りのセンターです。特に精密な加工が必要なときに使用します。焼入れされていない生材ですからハイスバイトでも削れます。図4-17は加工前の生センターで，ブランクアーバーと呼ばれるものです。主軸に嵌るモールステーパー部があり，反対側はただの円柱形になっています。センターとして使う場合はモールステーパー部を主軸に嵌め，円柱部を先端角60°にテーパー加工します。加工後は回転中心と生センターの心が完全に一致した状態になりますから，そのままワークを取り付け両センター加工に移ります。主軸から取り外した場合は再度テーパー加工してから使用します。ミニ旋盤の主軸はモールステーパーですが，ショートタイプなので，通常のモールステーパーのブランクアーバーが使えない場合があります。ミニ旋盤用のショートタイプモールステーパーのものを用意するか自作します。

図4-17　ブランクアーバー

　ブランクアーバーの自作はそれほど難しい作業ではないので，余った鋼材と時間があるときに作っておくといざというときに役に立ちます。モールステーパーの角度を複式刃物台の角度目盛で正確に合わせるのは困難なので，センターなどを用いて現物合わせで角度をセットします。図4-18のように，複式刃物台の角度固定ネジを緩め，センターと複式刃物台の間にパラレルブロックなどを挟んだ状態で横送り台を手前に引きピッタリと合わせます。複式刃物台の角度固定ネジを締め回転機構をロックします。

図4-18 複式刃物台の角度合わせ

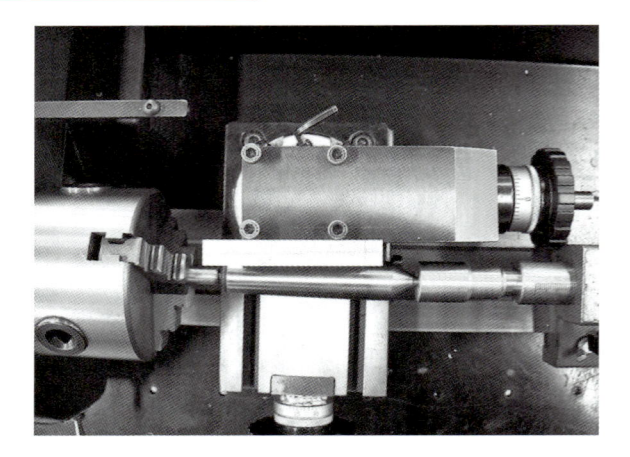

図4-19 両センター加工によるブランクアーバーの製作

逃げ溝

図4-20 シェービング切削用のバイト

ワークには予め両端面にセンター穴を開けておき，ケレの取り付け軸と，片側に逃げ溝を加工しておきます。『Compact7』の複式刃物台は送りのストロークが短いためミニ旋盤標準のショートテーパーよりもさらに短いテーパーの加工しかできません。テーパー小径側の端部が15.5mm程度になるまで外径加工（図4-19）をしていき，最後は仕上げ用のよく研いだバイトに取り替えて最終仕上げをします。図4-20は最終仕上げに用いたシェービング切削用のバイトです。

▶ハーフセンター

　ハーフセンターはセンターで支えたワークの端面を削るため，バイトの逃げを設けたセンターです。図4-21のように，センターの先端部をバイトの刃先が当たらない程度に削り取るだけで簡単に自作できます。注意することは，センターの中心線を超えて削ってしまわないようにすることです（図4-22）。中心線を越えてしまうとワークを正常に支えることができなくなります。

図4-21　ハーフセンター

図4-22　ハーフセンターの作り方

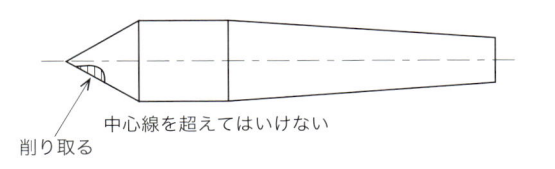

中心線を超えてはいけない
削り取る

▶傘型センター

　通常の回転センターでは保持できないような大径のパイプなど，中心部に穴が開いているワークを保持するために使用します。図4-23は回転センターに装着して使用する傘型センターです。図4-24のように，傘型センターの内径は回転センターの外径に合わせて仕上げてあり，穴の底部には回転センターの先端部が嵌り合うセンター穴加工を施すことで回転振れを抑えています。

図4-23　傘型センター

図4-24　傘型センター断面図

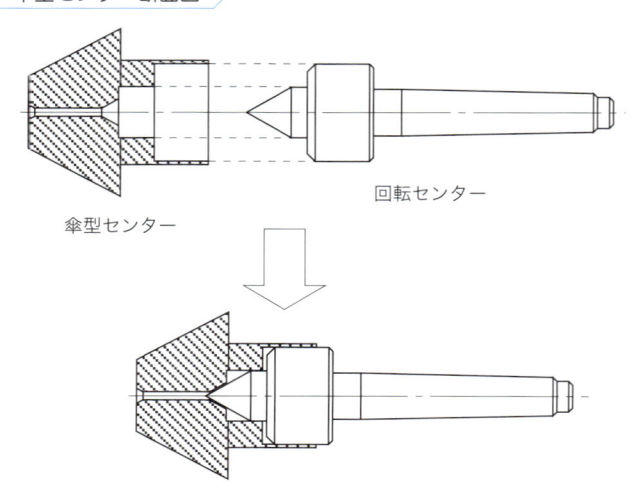

回転センター

傘型センター

図4-25　傘型センターによる大径パイプの保持　　　※巻頭カラー P.26「傘型センター」

▶面センター

　ワークを面で支える必要がある場合に使用するセンターです。薄板を面板に押し付けトレパニング加工をしたり，薄板形状のワークを面センターに押し付けながらチャックすれば真っ直ぐにくわえることができるというものです。

図4-26　面センター

▶凹センター

　本書の 3 で紹介しましたが，球形のワークやセンターなどを支えるために，端部をセンター穴加工や凹み加工したセンターです。ワークに回転センターで支えるためのセンター穴加工ができない場合など，図4-27のように間に鋼球を挟んで支持したり，ピボット軸受として使用することも可能です。

図4-27　凹センター

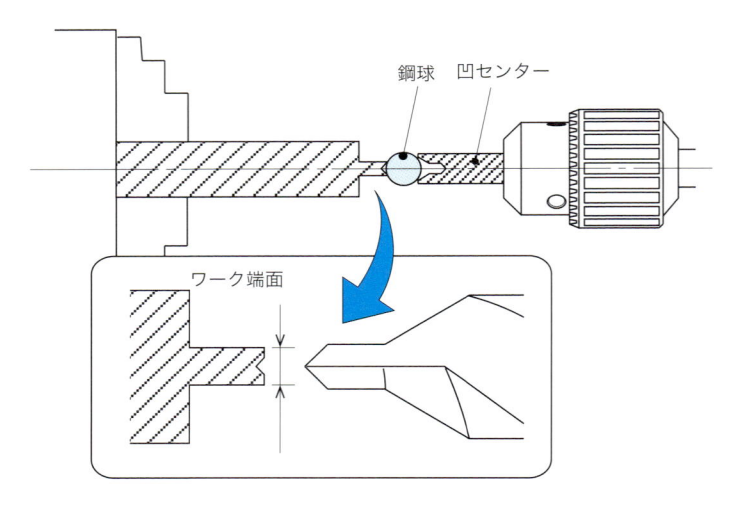

鋼球　凹センター

ワーク端面

センター穴加工ができないワーク

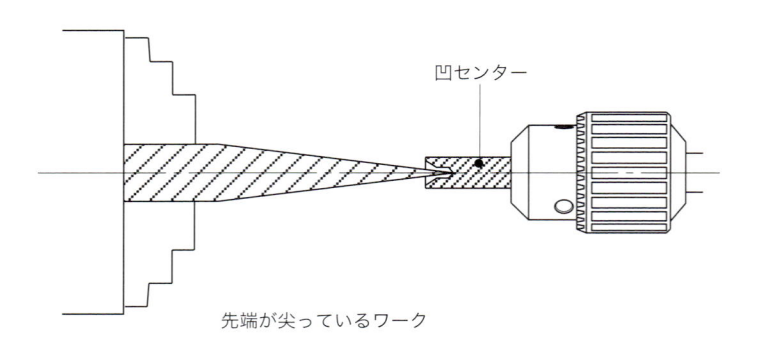

凹センター

先端が尖っているワーク

▶Vセンター

Vセンターは，前述の面センターにV溝加工を施したセンターで，心押し台クイルに装着して使用します（図4-28）。V溝を回転軸に合わせてあるので，チャックにドリルをくわえ，図4-29のように，Vセンターの溝にワーク（丸棒など）を押しつけながら心押し台で送ると，丸棒の中心を通る直角な穴を開けることができます。

図4-28　Vセンター

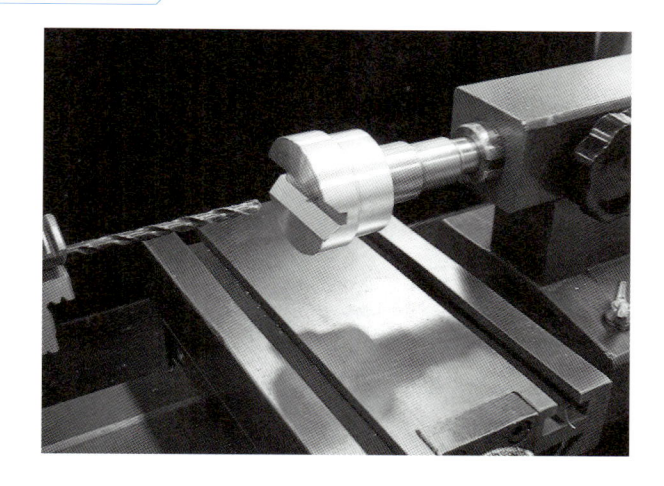

図4-29　Vセンターによるドリル加工　　　　　※巻頭カラー P.26「Vセンター」

▶Vブロックによるワークの保持

図4-30は，横送り台（クロススライド）にセットしたVブロックです。クロススライドのTスロットを利用して締め金でVブロックを固定しています。Vブロックの底面（側面）を削り，V溝のセンターを主軸回転中心に合わせてあるので，前述のVセンターと同様にワークをセットするだけで丸棒の中心を通る直角な穴を開けることができます。図4-31のように，大型のワークでも，クランプ（シャコ万力）を用いてVブロックに固定すれば，エンドミルによるミーリング加工も可能です。

図4-30　Vブロック

図4-31　Vブロックとクランプによる固定　※巻頭カラー P.18「Vブロックによるワークの保持」

4-3 旋盤を用いたミーリング加工

　ミニ旋盤用のオプションとして市販されているバーチカルスライドを利用すると，旋盤でフライス盤のようなエンドミル加工ができるようになります。旋盤の縦送り（第1軸）と横送り（第2軸）にバーチカルスライドの第3軸を加えて，通常のフライスのX，Y，Z軸の3軸を実現するものですが，旋盤の横送り台のスライド量はあまり大きくないので大きなワークの加工には向きません。ただし，縦送りの量はかなり大きく，バーチカルスライドによっては旋回機構を持つものもあるため，使い方を工夫することにより旋盤加工の可能性を大きく広げてくれます。図4-32はミニ旋盤『Compact7』に旋回機構を持つバーチカルスライドを取り付けたものです。

図4-32　バーチカルスライド

　図4-32のバーチカルスライドは『Compact7』専用品ではないため，取り付けるためには，図4-33のようにクロススライドに固定用のネジ穴を開ける必要があります。ネジ穴は，クロススライドの3箇所に加工しますが，バーチカルスライドがクロススライドに対して直角になるようにすることと，Tスロットに干渉しないように注意が必要です。もちろん『Compact7』用のバーチカルスライドであればクロススライドのTスロットを利用して無加工で装着可能です。

▶ クロススライドの加工方法

クロススライドとバーチカルスライドのアングルブロックを平行に取り付けるために，以下の手順でネジ穴の加工を行いました。

最初に，図4-33の下穴Aを加工します。呼び径5mmのドリルで下穴を開け，M6タップで雌ネジを立てます。図4-34のように，バーチカルスライドアングルブロックの前面とクロススライドの側面がツライチになるようにVブロックなどを当てながらボルトを締めて固定します。残り2本のネジ穴は現物合わせで下穴を開けます。バーチカルスライドアングルブロックのネジ穴（バカ穴）をガイドにドリルで穴位置をマークしますが，図4-35のように，バーチカルスライドアングルブロックの穴径はφ7ですので，7mmのドリルで少しだけ切り込み，下穴のセンター位置をマークした後に，アングルブロックを一旦外し，クロススライドのマーク位置に5mmのドリルで下穴を開けます。B，Cの下穴を開けたら，M6タップで雌ネジを切ります。

図4-33　クロススライドへのネジ穴加工

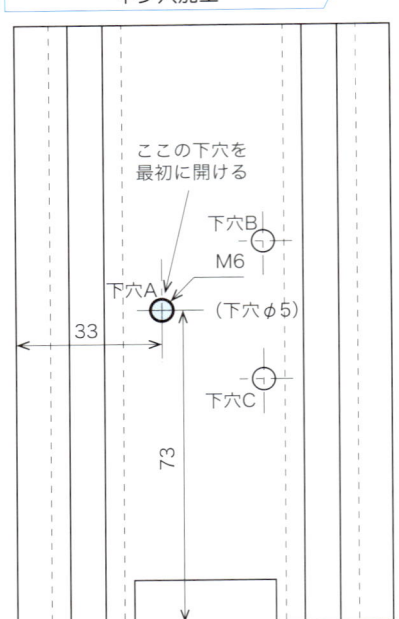

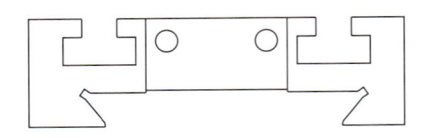

図4-34　バーチカルスライドアングルブロックとクロススライドのツラ合わせ

図4-35 下穴B，Cの加工手順ツラ合わせ

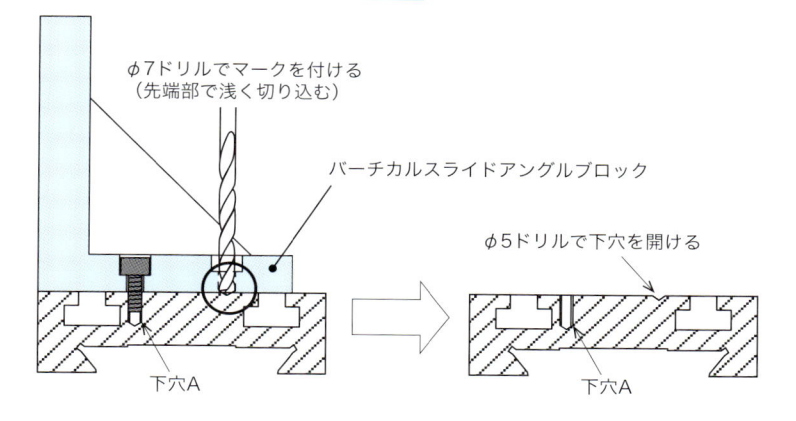

φ7ドリルでマークを付ける
（先端部で浅く切り込む）

バーチカルスライドアングルブロック

φ5ドリルで下穴を開ける

下穴A

下穴A

バーチカルスライドのアングルブロックを取り付ける際は，クロススライドとの平行に注意するとともに，旋回機構を使用するときにスライド部が干渉しないように，アングルブロックの前面がクロススライドの側面から0.2mm程度出るように組み付けます。図4-36のように，Vブロックとクロススライドの間に厚さ0.2mmの薄板を挟み込みながら組み付けると簡単です。最後に，スライド部をアングルブロックに取り付け旋回機構部を回してみて，干渉がないか確認（図4-37）します。

図4-36 アングルブロックの取り付け

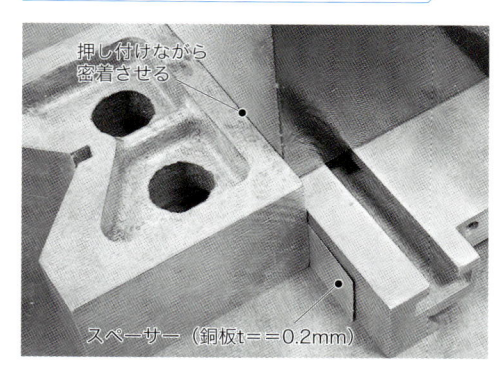

押し付けながら
密着させる

スペーサー（銅板t＝＝0.2mm）

図4-37 回転機構部の干渉チェック

スライド部を回し干渉がないか確認する

▶ミーリング加工用の刃物

▶▶ エンドミル

　エンドミルは端面や側面で平面を加工したり，溝を掘ったり，穴開けをする際に使用します。図4-38は代表的なエンドミルです。旋盤の主軸に取り付ける場合は，三つ爪チャックでは心が出ないので，コレットチャックを使用するか四つ爪チャックにくわえて心出しをしてから使用します。(a)は面取り用，(b)，(c)は球面切削用のエンドミルです。(d)はラフカットエンドミル，(e)，(f)は4枚刃エンドミル，(g)は2枚刃エンドミルです。

図4-38　エンドミル

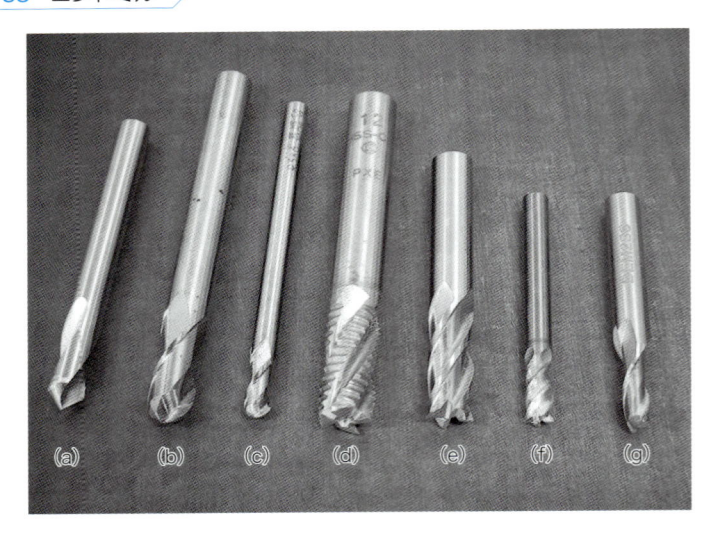

▶▶ メタルソー

　メタルソー（丸ノコ）は材料の切断や溝を掘る際に使用します。図4-39は代表的なメタルソーです。直径や刃の厚さ，刃の形など様々なものが市販されていますがミニ旋盤で使用できるものは限られます。薄いメタルソー（厚さ1mm以下）なら直径100mm程度のものまで使えますが，刃の厚さが2mmを超えると小径のものでも切削抵抗に動力が負けて主軸が回転できません。旋盤で使用する際は専用のアーバーに取り付けてチャックにくわえ

ます。エンドミル同様，三つ爪チャックでは心が出ないので，四つ爪チャックで心を出してから使用するか，ボーリングバーに取り付け両センター支持で使用するのが基本です。図4-40はクロススライドに据え付けた6mm厚の板材をメタルソーで切断している様子です。

図4-39　メタルソー

図4-40　メタルソーを使用したワークの切断

メタルソーのアーバーは専用品が市販されていますが、自作する場合はメタルソーの心とアーバーの心が一致するように精度に気をつけなければいけません。アーバーの精度が悪く、メタルソーが振れていると加工中に振動や騒音が生じ、刃物にも機械にも良くありませんし、危険です。図4-41はメタルソー用のアーバーです。(a)は最も一般的なシャンク部分にメタルソーの穴にピッタリと合うように段が設けられ、キャップで挟み込んで固定する構造のアーバーです。(b)はキャップ部分が沈み込んだ構造のアーバーで、キャップ部分が邪魔にならない利点があります。(c)は旋盤による両センター支持で使用することを目的としたアーバーです。

図4-41　メタルソー用のアーバー

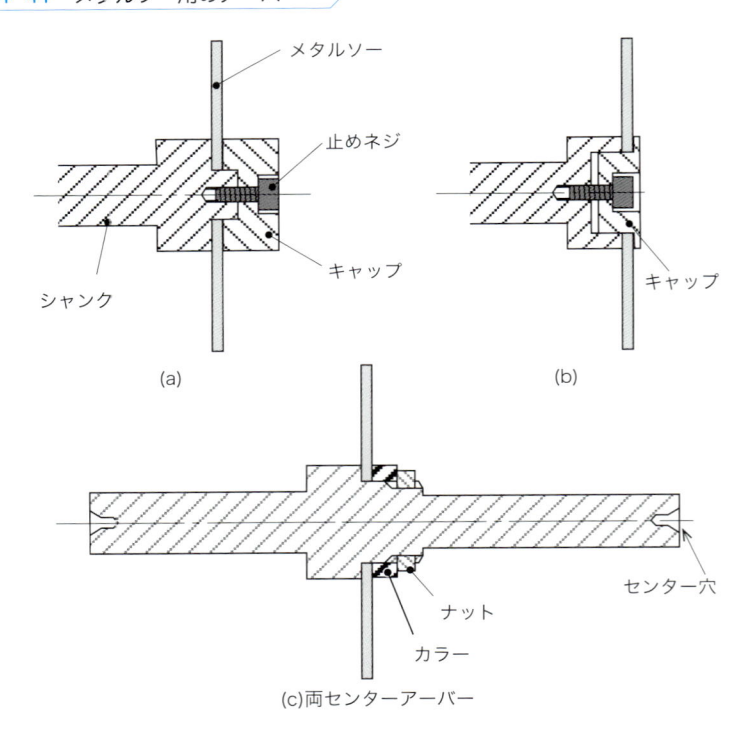

(a)

(b)

(c)両センターアーバー

刃のピッチよりも薄い板材を切断する際は、図4-42(a)のように複数の刃が当たる位置で切断するようにします。(b)の位置で切断すると、刃が引っかかり振動や騒音が激しく、刃物やワークを傷めます。

図4-42　薄板を切断する際の注意

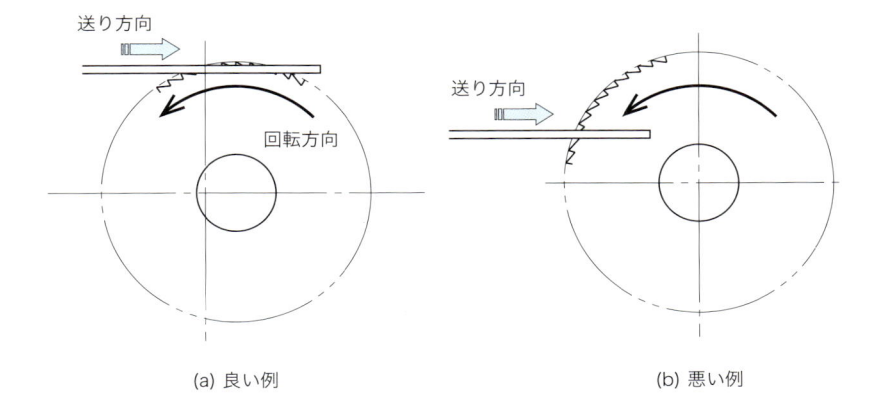

(a) 良い例　　　　(b) 悪い例

▶平面切削

　バーチカルスライドを装着すれば，旋盤でミーリング加工（エンドミルなどを使った加工）ができるようになりますので，通常のフライス盤による加工とほぼ同様の加工をすることが可能になります。ミーリング加工の際に注意することは，刃物の回転方向とワークの送り方向です。図4-43(a)は刃物の回転方向に対するワークの送り方向が，徐々に切り込み量が大きくなる方向で，「上向き削り」と言います。切削抵抗の変動が小さく，工作機械や刃物に無理な振動が生じにくくなっています。それに対して(b)は刃先がワークに乗り上げる状態で切り込み，乗り上げた瞬間に大きな切削抵抗が生じるとともに，切り込む度に振動も発生します。この方向へ送りをかけることを「下向き削り」と呼びます。フレーム剛性が低い小型工作機械では下向き削りで切り込み量を大きくすると機械本体や刃物を傷めますので，基本的には上向き削りで加工するように心がけます。ただ，切削面の美しさから下向き削りが用いられることもあります。この場合は，切り込み量と送り速度をできるだけ小さくし，切削抵抗が極力小さくなるような条件で加工することが重要です。

図4-43 上向き削りと下向き削り

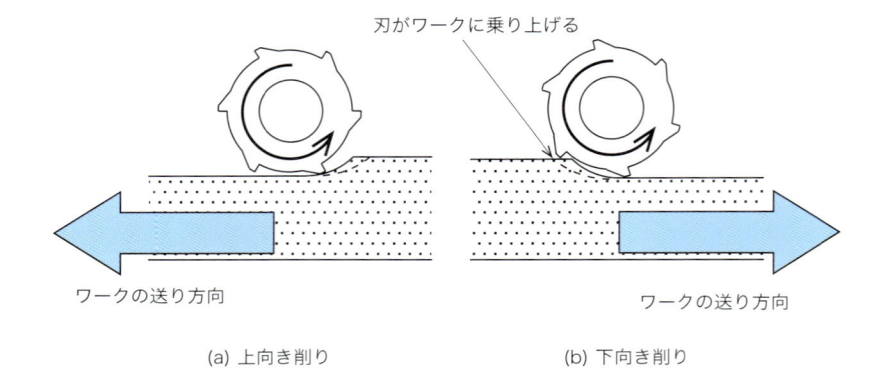

刃がワークに乗り上げる

(a) 上向き削り　　　　(b) 下向き削り

ワークの送り方向　　　　ワークの送り方向

▶ゼロ点合わせ

　ゼロ点合わせには，タッチセンサーやエッジファインダーを利用するなど様々な方法がありますが，特別な道具がなくてもゼロ点合わせは可能です。図4-44のように，エンドミル（またはセンタードリル）の側面をワークの角の2面に当ててそれぞれZ（バーチカルスタンド垂直送り），Y軸（旋盤横送り）のダイアルをエンドミルの半径分を加えた（または減じた）値に合わせるだけです。エンドミルを回転させない状態では，エンドミルがワークに触れた瞬間がわかりにくいため，主軸（エンドミル）を回転させた状態でワークに触れさせます。ワークを削ってしまわないように，ゆっくりとエンドミルに近づけていくと，接触した瞬間に接触音が聞こえます（送りすぎると削れますので慎重に）。そこで一旦送りダイアルをゼロに合わせ，X軸（旋盤縦送り）方向にワークを逃がし，エンドミルの半径分だけ送ってもう一度ゼロに合わせます。角の2面でゼロ合わせを行えば，ワークの角がゼロ点になります。

図4-44 ゼロ点あわせ

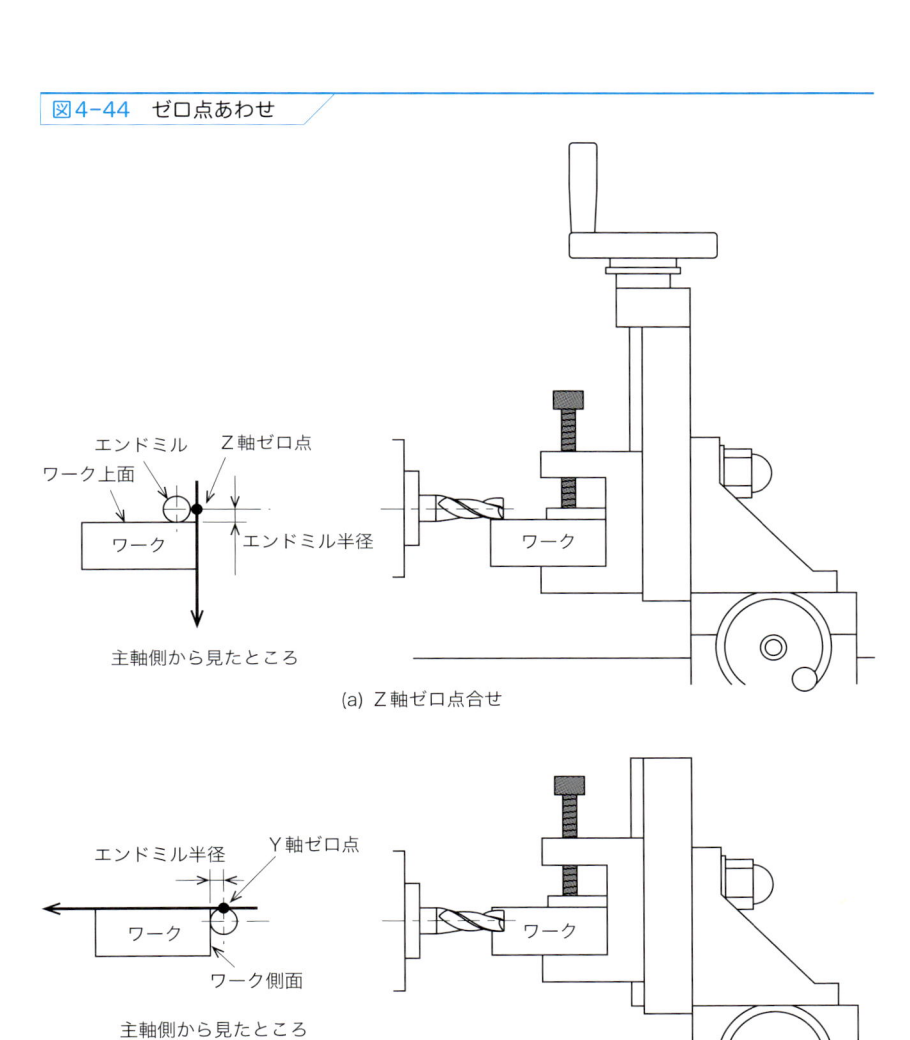

エンドミル　Z軸ゼロ点
ワーク上面
ワーク
エンドミル半径

主軸側から見たところ

(a) Z軸ゼロ点合せ

エンドミル半径　Y軸ゼロ点
ワーク
ワーク側面

主軸側から見たところ

(b) Y軸ゼロ点合わせ

▶円弧切削

　バーチカルスライドの旋回機構を利用することで円弧切削が可能です。章頭のギターのボディ側面の曲線はバーチカルスライドの旋回機構を使って加工したものです。主軸の回転軸に対するオフセット量を調整することで様々な円弧を加工できます。図4-45は，平面切削と円弧切削を組み合わせて製作したスターリングエンジンのT型リンクです。

図4-45　スターリングエンジンのT型リンク

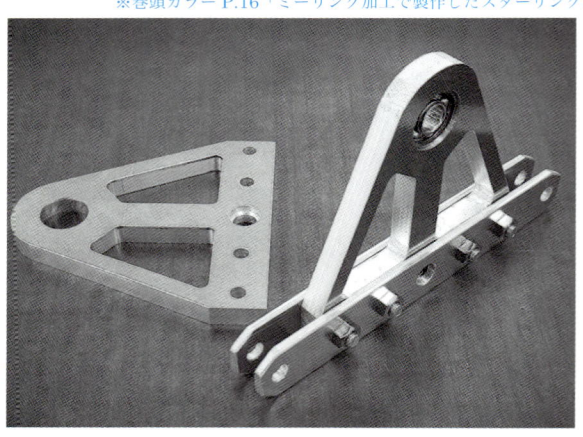

※巻頭カラー P.16「ミーリング加工で製作したスターリングエンジンの部品」

▶ミーリング加工のポイント

　図4-46は競技用スターリングエンジンカーのメインフレームです。高い剛性を確保しつつ可能な限りの軽量化を図っています。このような部品のミーリング加工で大事なのは基準面を意識することと加工の順番（段取り）です。基準面を意識することで精度の良い部品の製作ができ，常に先の加工を意識することで完成度を高めることができるのです。

　大事なのはシリンダブロック固定面（第1基準面）と固定ボルトの穴位置です。次に基準面から主軸ベアリング中心までの距離と主軸用ベアリングの同軸度及び直角度です。以上はワークの6面出しを終えて，最初に加工します。さらに，シャーシ取り付けボルト用の下穴を開けたらフレーム部の肉抜き穴を開けておきます。穴加工が全て完了するまでは直方体を維持しておくことがポイントです。

シリンダブロック固定面（第1基準面）とシャーシ取り付け面（第2基準面）の固定ボルトまわりの平面を残して，それ以外の部分は剛性を確保しつつ軽量化のため極力削り取ります。最後はバイスでくわえられる平行部が"主軸用のベアリングハウジング回り"の1箇所だけになりますから，段取りを間違えると製作不可能になります。

図4-46　スターリングエンジンカーのメインフレーム

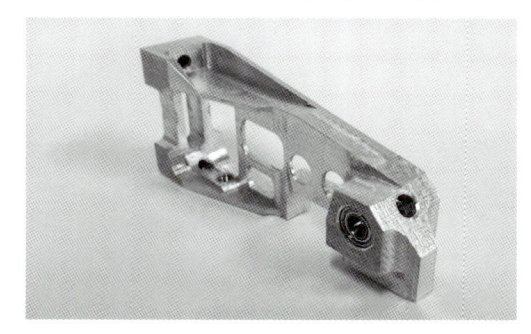

図4-47　基準面　　※巻頭カラー P.16「ミーリング加工で製作したスターリングエンジンの部品」

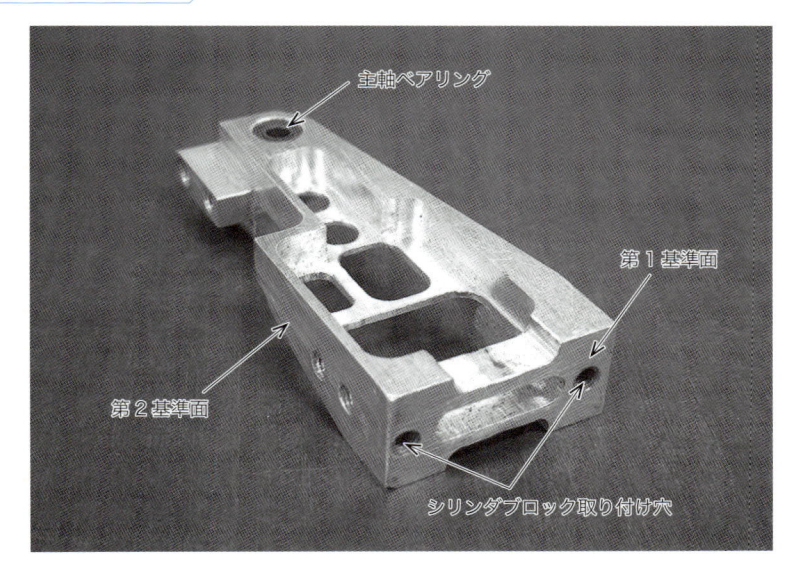

主軸ベアリング
第1基準面
第2基準面
シリンダブロック取り付け穴

4.4 特殊加工

▶逆ネジの加工

通常のネジ加工は，主軸が正回転（心押し台側から見たときチャックが反時計回りの方向）のとき往復台が右から左（心押し台側から主軸へ向う方向）へと移動しながらネジを切っていきます。主軸を逆回転すると往復台は左から右へと移動します。主軸回転方向と往復台の移動方向を独立して設定できる旋盤であれば逆ネジを製作することができるのですが，『Compact 7』など廉価なミニ旋盤では主軸の回転方向と往復台の移動方向を独立して設定する機能は備わっていません。

逆ネジ（左回り）のネジを製作するためには図4-48のように，主軸の回転方向に対して縦送りの方向を逆にする必要があります。

図4-48　逆ネジ加工時の主軸の回転方向と往復台の送り方向

※巻頭カラー P.13「逆ネジの加工」

ミニ旋盤『Compact 7』の場合，図4-49に示すように，ネジ加工の際のギアの配置で変速に関係しているのは軸2と軸3のギアだけです。軸1のギアは変速には関係しておらず，歯数がいくつでもピッチは変化しません。

図4-49 チェンジギアの役割

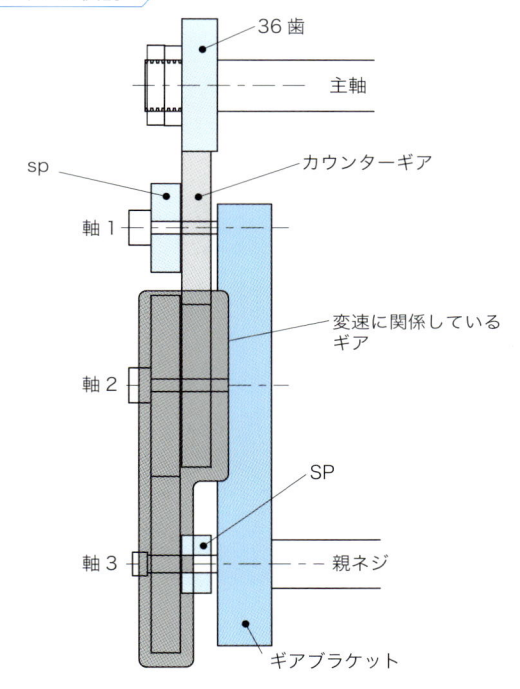

 つまり，主軸と軸1の間にもう一つギアを入れて回転方向を逆転するカウンターギアとすることで主軸の回転方向に対する往復台の移動方向を通常とは逆にすることができます。軸2と軸3は通常のネジ加工の際のピッチ（チェンジギアの組み合わせ）をそのまま利用できるのでギアの変速を計算する必要はありません。

 図4-50はM8ピッチ1.25mmの逆ネジを切るためのチェンジギアの組み合わせです。第2軸と第3軸は通常のネジ加工の際のピッチ1.25mmのギアの組み合わせと同じで，軸1に24歯のギア，主軸と軸1の間に19歯のギアをカウンターギアとして割り込ませ回転方向を通常の回転方向と逆にしています。ただし，この方法が使えるのは主軸と軸2との間に二つのカウンターギアが入るスペースがあるときに限られます。軸2，軸3のギア直径が大きく，カウンターギアがなくても軸2のギアが直接主軸のギアに届けば問題ないのですが，軸2のギアが主軸に届かずカウンターギアを二つ入れるスペースがない場合にはギアブラケットを新たに製作する必要があります。

図4-50 逆ネジ加工のギア配置

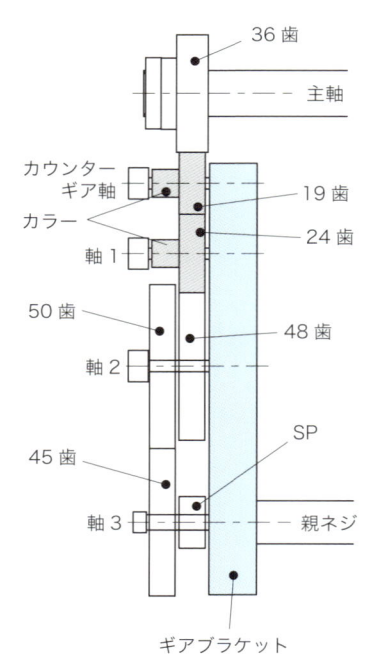

36歯
主軸
カウンターギア軸
カラー
19歯
24歯
軸1
50歯
48歯
軸2
45歯
SP
軸3
親ネジ
ギアブラケット

図4-51 逆ネジ（手前）と普通のネジ（奥）
※巻頭カラー P.13
「逆ネジ（手前）と普通のネジ（奥）」

▶多条ネジ

図4-52 多条ネジ（3条ネジ）

　多条ネジはネジのリードが条数によって変わるだけなので，基本的な切削方法は普通のネジ（1条ネジ）と変わりありません。1条ネジはネジのピッチとリードが等しく，ピッチに合わせたチェンジギアの組み合わせを選べばよいのに対して，2条ネジを切削するのであればピッチの2倍のリードを与えれば良いので，チェンジギアの組み合わせを1条ネジの組み合わせの場合の2倍として選べば良いことになります。3条ネジであれば3倍のピッチの組み合わせです。図4-52はミニ旋盤『Compact7』で製作した3条ネジです。

　チェンジギアの組み合わせ方は各ミニ旋盤の取扱い説明書に従えば良いのですが，通常のミニ旋盤の『チェンジギア組み合わせ表』には，大きなピッチ（リード）に対応した組み合わせ方は載っていません。せいぜいピッチ1.25mmか1.5mm程度までです。

　大きなピッチや，標準の組み合わせ表に載っていないピッチに対応したギアの組み合わせは，それぞれの軸に配置されるギアの比から自分で算出するしかありません。例えば，ピッチ1.0mmの3条ネジを作りたい場合は，リードがピッチの3倍になりますから，バイトの送り量は主軸1回転につき3.0mmとなります。ミニ旋盤の親ネジは国内で販売されているほとんどの機種がピッチ1.5mmですから，主軸1回転につき親ネジが2回転すれば良いことになります。そこで，主軸が1回転する時に親ネジが2回転するギアの組み合わせを『Compact7』を例に考えます。『Compact7』のギアは，図4-53のように主軸ギアから，軸1に1枚，軸2に2枚，軸3（親ネジの軸）に1枚の組み合わせになっています。ギアの回転比は組み合わせるギアの歯数の比ですから，主軸（A），軸1（B），軸2（C, D），軸3（E）にそれぞれギアを取り付けるとすると親ネジ（軸3）の回転数Zは次式で表されます。

$$Z = \frac{A}{B} \times \frac{B}{C} \times \frac{D}{E}$$

　上式より軸1に取り付けるギアBの歯数はいくつでも関係がないということが分かります。

図4-53 チェンジギア配置図

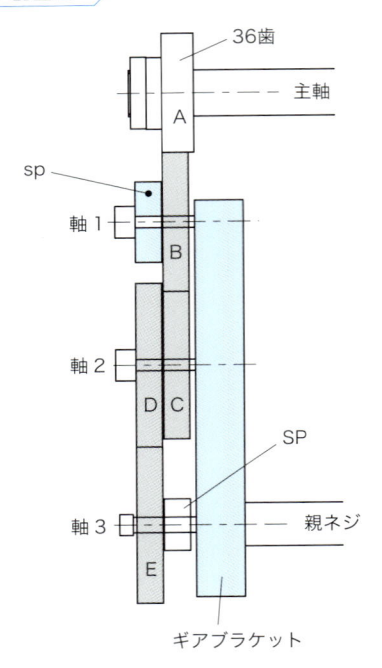

36歯
主軸
A
sp
軸1
B
軸2
D C
SP
軸3
親ネジ
E
ギアブラケット

表4-1 『Compact7』の標準ギアとチェンジギアの歯数

ギア	歯　数
標準ギア	19，24，60，72，76，90
チェンジギア	40，42，45，48，50，54，60

　『Compact 7』の主軸ギアの歯数は36ですから，B，C，D，Eに任意の歯数のギアを組み合わせて，Zが2になるようにします。『Compact 7』のチェンジギアセットに含まれるギアは，表4-1に示す通りですから，例えば次の組み合わせが考えられます。

$$Z = \frac{36}{42} \times \frac{42}{45} \times \frac{60}{24}$$
$$= 2 \ [回転]$$

親ネジ回転数Zを送りピッチPに変換しておいた方が都合が良いので，次式にて変換すると，
$$P = Z \times p$$
より，親ネジのピッチpは1.5mmなので，送りピッチPは
$$P = 2 \times 1.5$$
$$= 3.0 \text{ [mm]}$$
となります。

　作業のたびにギアの組み合わせをあれこれ考えるのは面倒なので，著者はあらかじめ，いろいろな組み合わせで計算しておいた，表4-2のような組み合わせ表を使っています。『Compact7』をお持ちの方は参考にして下さい。

　さて，ピッチに対応する送り量の問題はチェンジギアの組み合わせが見つかれば解決しますが，最大の問題は，各条のネジの切り始め（開始点）を正確に合わせなくてはならないことです。2条ネジであれば開始点の位相を180°ずらし，3条ネジであれば120°ずらさなくてはなりません。つまり，親ネジかワークを正確に（360°/条数）分だけ回転させて位相をずらすのですが，親ネジのクラッチを切り離したり，ワークをチャックから外すと2回目以降の切削で開始点を合わせるのが困難になります。クラッチはつないだまま，複式刃物台の縦送りで位相を進めるのが一番簡単です（が，問題があります）。複式刃物台の縦送りで1ピッチ分の送り量を与えることで開始点の位相がずれます。例えば，ピッチ1.5mmの2条ネジ（リード3mm）を切削するとしたら，1条目を切ったあと，2条目を切る際に正確に1.5mmの縦送りを与え2条目を切るということです。操作自体は簡単ですが，往復台や複式刃物台のわずかなガタや複式刃物台縦送り量の誤差が開始点に大きく影響を与えます。ガタや誤差の影響をなるべく排除して，開始点を揃えるには，クラッチを切り離すことなく，縦送りのハンドルをさわることなく位相をずらす必要があります。

　そこで，3 で紹介した主軸割り出しを応用します。主軸のギア歯数が偶数（2の倍数）であれば2条ネジを切削するのが容易になります。さらに，3の倍数でもあれば3条ネジの切削もできます。本書で取り扱っているミニ旋盤『Compact7』は主軸のギアの歯数が36ですので，2条ネジ，3条ネジ，4条ネジ，6条ネジ，…，が切削可能です。問題は条数に応じたリードを与えられるかですが…。

表4-2　チェンジギア組み合わせ表（Compact7対応）

ピッチ〔mm〕		主軸	軸1	軸2	軸3
0.2	奥	36	50	72	SP
	手前		sp	24	90
0.3	奥	36	50	48	SP
	手前		sp	24	90
0.4	奥	36	50	54	SP
	手前		sp	24	60
0.45	奥	36	50	40	SP
	手前		sp	24	72
0.5	奥	36	42	60	SP
	手前		sp	40	72
0.6	奥	36	50	40	SP
	手前		sp	24	54
0.7	奥	36	40	45	SP
	手前		sp	42	72
0.75	奥	36	42	48	SP
	手前		sp	40	60
0.8	奥	36	42	45	SP
	手前		sp	40	60
1.0	奥	36	42	48	SP
	手前		sp	40	45
1.25	奥	36	42	48	SP
	手前		sp	50	45
1.5	奥	36	42	48	SP
	手前		sp	60	45
1.75	奥	36	50	36※	SP
	手前		sp	49※	42
1.8	奥	36	42	45	SP
	手前		sp	60	40
2.0	奥	36	50	24	SP
	手前		sp	40	45
2.25	奥	36	54	36※	SP
	手前		sp	60	40
2.5	奥	36	42	54	SP
	手前		sp	60	24
3.0	奥	36	42	45	SP
	手前		sp	60	24

SP：スペーサリング
sp：スペーサ（19歯か24歯ギアを使用）
※自作ギア

図4-54のように，主軸ギアとそれと噛み合う軸1のギアにマークをつけておきます。主軸側のマークは条数分に等分します。図4-54は3条ネジの場合で，主軸ギアのマークは3ヶ所（0°と120°と240°の位置）です。2条ネジの場合は2ヶ所（0°，180°の位置）にマークをつけておきます。1条目の切削が終わったら，図4-55のように，主軸を手で回してマークを合わせ，ギアブラケットのロックネジを緩め主軸ギアとの噛み合いを外し，主軸を次のマークまで回して，軸1ギアのマークと合わせ，ギアブラケットのロックネジを締め，2条目のネジを切削します。

図4-54 主軸ギアと軸1ギアのマーク

図4-55 位相ずらしの手順

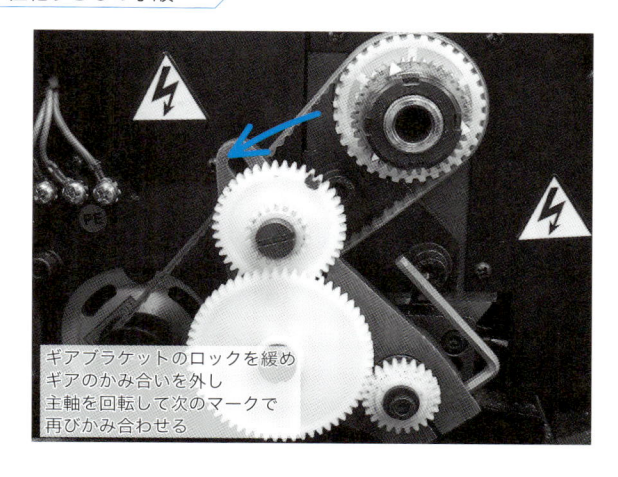

ギアブラケットのロックを緩め
ギアのかみ合いを外し
主軸を回転して次のマークで
再びかみ合わせる

前述の方法では主軸ギアの歯数が奇数の場合は2条ネジが切れず，3の倍数ではない場合は3条ネジが切れません。そのような場合は，ストッパーを条数分だけ取り付けた面板を利用するなどしてワークを両センター支持し，ワークに取り付けたケレの駆動棒をストッパーに順番に当てながら位相をずらしネジ切りを行います。

▶多重スパイラルスクリューの加工

　前節の多条ネジの加工方法を応用すると多重スパイラルスクリューの加工ができます。ネジ切りそのものなのでブレード面は平面でスクリューと呼ぶには気が引けますが，図4-56，図4-57はどちらもリード9mmのスパイラルスクリューです。溝が深いため，図4-58のように成形したバイトを使用し，少しずつ切り込んでいきます。完成丸バイトをリード角に合わせて傾けてバイトホルダーに取り付けてあります。リードが大きいので電動では主軸1回転あたりの往復台の移動速度が速すぎ

図4-56　2重スパイラルスクリュー
※巻頭カラー P.15「2重スパイラルスクリュー」

図4-57　3重スパイラルスクリュー
※巻頭カラー P.15「3重スパイラルスクリュー」

図4-58　スパイラルスクリュー切削用バイト
※巻頭カラー P.15「多重スパイラルスクリューの加工」

て操作が追いつきません。クラッチをつなぎ主軸と往復台は連動させておき，縦送りハンドルとチャックを手回しします。

　主軸1回転につき往復台を9mm進めるチェンジギアの組み合わせは図4-59のようになります。ここまでリードが大きいと増速比も大きくなるので主軸側から手回しすると相当な重さです。無理に主軸側から回そうとするとギアに掛かる負担が大きく樹脂製のギアでは壊れてしまいそうなので，親ネジ側から駆動し，同時に主軸側も補助的に手回しします。右手で親ネジの送りハンドルを回しながら，左手で直接チャックを回せばギアに掛かる負担を軽減できます。

図4-59　リード9mmのチェンジギア組み合わせ

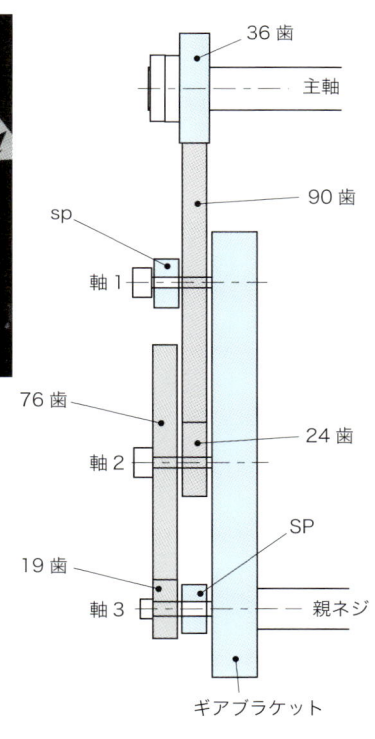

1回の切り込み量はアルミや真鍮で0.05〜0.1mm程度です。バイトが細く突き出し量が長い場合は切り込みを大きくするとすぐに折れてしまうので，切削抵抗を感じながら慎重に縦送りハンドルとチャックを回します。樹脂製のワークであれば0.2〜0.5mm程度の切り込み量でも比較的余裕で加工できます。鉄系材料やステンレスなどの難削材を加工するのは非常に困難です。不可能ではないのですが，3重スクリューを1回の切り込み量0.01mm程度で10mmの溝を掘る場合，3000回（1000回の切り込み×3条分）の切り込みという途方もない労力を要します。図4-57はアルミから削り出した溝の深さ10mm程度の3重スパイラルスクリューですが，製作に5時間程度かかっています。図4-60は1条目を加工している最中の様子ですが，バイトの刃幅と突き出しの大きさから加工の大変さを察してください。

図4-60　3重スパイラルスクリューの加工

※巻頭カラー P.15「多重スパイラルスクリューの加工」

▶ギアの製作

　一般的にギアは，ホブと呼ばれるギアカッターとブランクを回転させる装置が連動したホブ盤と呼ばれる加工機械で加工します。旋盤でギアを製作するためにはギアの歯を切り出すための工具（刃物）とギアの歯数に応じてブランク（ギアの歯を切り出す前のワーク）を等間隔に割り出す装置が必要です。ギアの歯は図4-61のようにインボリュート曲線と呼ばれる形をしており，ギアの歯数とモジュールによって形が異なります。モジュールとはギアのピッチ円直径を歯数で割った数値で，同じ直径でもモジュールが大きいほど歯が大きいギアということになります。また，図4-62のように，同じモジュールのギアでも歯数によって歯の形は異なります。歯数が小さいギアほどインボリュート曲線のアールがきつくなり，歯数が大きくなるほど歯の形が台形に近くなります。

図4-61　ギアの歯形

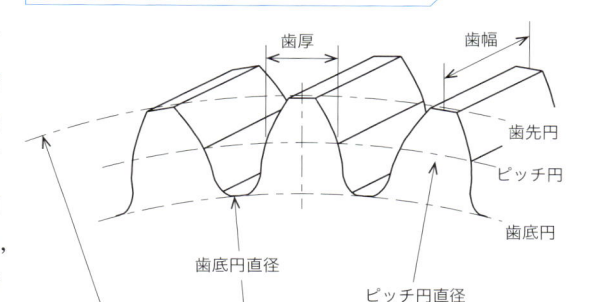

図4-62　歯数と歯形の違い（全てモジュール1.0のギア）

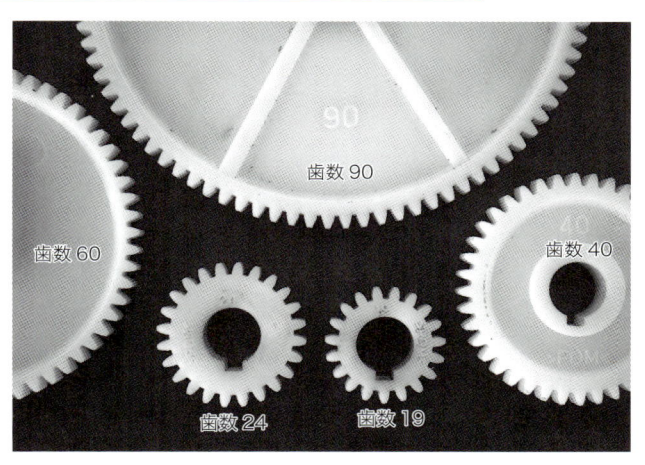

ギアの歯を切り出すための工具として代表的なものはギアカッター（インボリュートカッター）と呼ばれるものです（図4-63）。前述の通りギアは同じモジュールでも歯数によって歯の形が異なりますので，ギアカッターは表4-3のように，ギアの歯数によってNo.1～8までが割り当てられており8枚で1セットになっています。ギアカッターは図4-64のようにアーバーに装着し，チャックや主軸に取り付けて使用します。

図4-63　ギアカッター（インボリュートカッター）

表4-3　ギアカッター適合表

カッターNo	ギアの適応歯数
1	12～13
2	14～16
3	17～20
4	21～25
5	26～34
6	35～54
7	55～134
8	135～ラック用

図4-64　ギアカッターを取り付けたアーバー

図4-65はフライス盤にロータリーテーブルを据え付け，割り出しをしながらギアカッターでPOM樹脂（ジュラコン）製ブランクを加工している様子です。

図4-65　インボリュートカッターによるギア加工
　　　　（わかりやすいように青く着色しています）

※巻頭カラー P.19「インボリュートカッターによるギア加工」

図4-66　ロータリーテーブル

※巻頭カラー P.19「ロータリーテーブル」

ロータリーテーブル（図4-66）にはチャックなどが装着できるように図4-67のようなアダプターがセットされています。アダプターにチャックを取り付け，ロータリーテーブルの回転盤に設けられたTスロットを利用してアダプターを固定します。図4-68はフライス盤に据え付けられたロータリーテーブルです。ロータリーテーブル本体にもTスロットを利用してフライスのテーブルや旋盤往復台に取り付けできるように固定用の溝が設けてありますので，図4-69のようにロータリーテーブルを締め金で固定します。ダイヤルゲージを用いて正確にロータリーテーブルの傾きを調整します。

　チャックにワークをくわえる前にロータリーテーブルの回転中心とギアカッターのセンターを合わせます。図4-70のように，チャックにセンタードリルなどをつかみ，センタードリルの先端とギアカッターの刃先が一致するようにZ軸を調整します。

図4-67　アダプター

図4-68　ロータリーテーブルの据え付け　　　※巻頭カラー P.19
　　　　　　　　　　　　　　　　　　　　　「フライス盤とロータリーテーブル」

図4-69　締め金

図4-70　ギアカッターのセンター合わせ

図4-71のように，ワークは予め製作するギアの寸法に合わせて外径と逃げ溝を加工しておきます。この状態のワークをブランクと呼びます。ブランクをロータリーテーブルのチャックに固定し，角度目盛を0°に合わせ，テーブル固定ネジをロックしておきます。

①ギアカッターの刃先がブランク側面に触れる（切削はしない）まで近付け送りハンドルのダイアルでゼロ合わせを行います。図4-71のように，②一旦ブランクをカッターの前方へ逃がし，③切り込み量（歯たけ）の分だけY方向へ進め（2.25×モジュール数［mm］），④X方向へ送りながら切削していきます。ギアカッターの中心線が逃げ溝に入ったところでワークをY方向へ逃がしX軸加工開始点まで戻します。これで1歯目（1谷目？）の加工が完了です。ロータリーテーブルのテーブル固定ネジのロックを緩めテーブルを次の歯を切る位置まで回し，固定ネジをロックしたら1歯目と同様の手順で2歯目を切ります。以下，同様にして1周分，全ての歯を加工します。

図4-71 ギアの加工手順

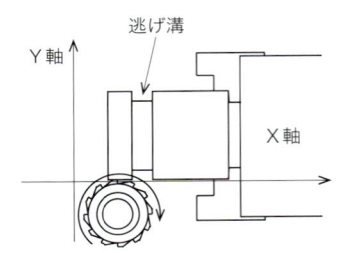

①カッターの歯先がワークに接するまで近づける。（Y軸のゼロ合わせ）

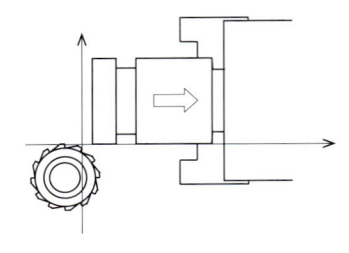

②切り込み開始点まで移動する。（X軸のゼロ合わせ）

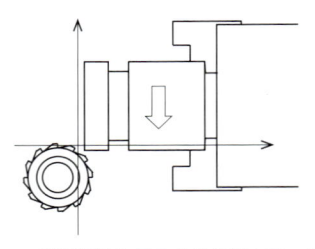

③切り込み量の分だけY方向へ送る。

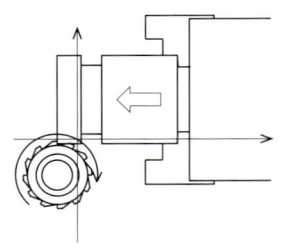

④X方向へ送り切削する。

▶ 姿バイトによるギア加工

　ギアカッターは高価ですから全てのモジュールについて1セットずつ揃えるのは現実的ではありません。よく使うギアのモジュールに合わせてセット購入しておけば作業は楽になりますが、製作するギアの歯形に合わせてバイトを成形すれば、旋盤でギアを製作することはそれほど難しい作業ではありません。主軸割り出しで1歯ずつ割り出しながらバイトでギア歯を削り出します（図4-72）。難しい作業ではないのですが非常に手間がかかります。それでもギアを自作できれば工作の幅が広がりますし、機械要素部品も含めて全ての部品を自作したい人にはマスターしておきたい加工法だと思います。

　まず、製作したいギアの歯形に合わせて、姿バイトを成形します。さすがにお手本なしでインボリュート曲線を再現するのは困難なので、製作するギアと同じ歯数の（もしくは歯数の近い）ギアを手本にバイトを成形します。グラインダーである程度近い形に削り、手本のギアの歯にバイトを当てて光にかざしながら形を確認し、隙間がなくなるまでダイヤモンドヤスリで形を整えていきます。最後に砥石で切れ刃を研いで完成です。図4-73のように、バイトを横向きに寝かせて刃物台にセットします。

図4-72　姿バイトによるギア加工　　　※巻頭カラー P.22「姿バイトによるギア加工」

図4-73　自作ギア加工用バイト

　予め加工しておいたブランクをチャックに固定し，可能であれば心押し台側からもセンターで支えます。あとは，3章で取り上げたスプライン加工の要領で，主軸割り出しを使い角度を変えながら1歯（1谷）ずつ加工していきます。図4-72はPOM樹脂（ジュランコン）にモジュール1.0の歯を加工している様子です。1回目の切り込み量は0.5mm程度で，谷が深くなるにつれバイトの接触幅が大きくなるので送りハンドルが重くなります。切り込み量を徐々に小さくしながら仕上げています。

▶ラック＆ピニオン

　ラックの歯は図4-75に示すように40°の台形です。ラックの刃を旋盤を使って削り出すには，軸方向の割り出しを応用します。ボーリングバー（図4-76）にラックの歯形に合わせて成形したバイト（図4-77）を取り付け両センター支持でバイトを回します。図4-78のように，ワークは往復台に固定し，横送りで切り込みながら溝を掘り，縦送りで隣の溝位置まで移動し，また横送りで溝を掘る。の繰り返しです。

図4-74　ラック＆ピニオン

図4-75　ラックの歯形

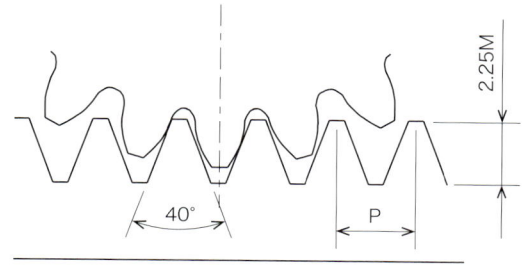

M：モジュール　　P：ピッチ（M×π）

図4-76　ボーリングバーとラック切削用バイト

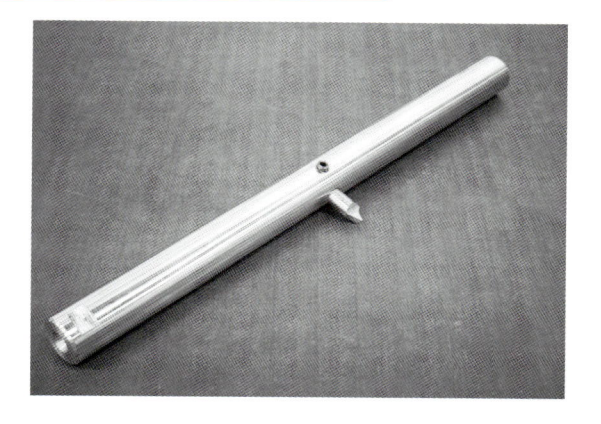

図4-77 ラックギア用バイト

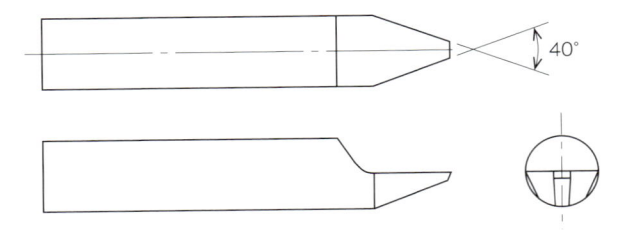

図4-78 ラックギア加工　　　　　　　　　　　　※巻頭カラー P.22「ラックギアの加工」

　ラックのピッチはモジュール×円周率（M×π）ですから，モジュール1のラックを製作する際は1山切削する度にπ（3.1415…［mm］）だけ縦送りしてワークを移動する必要があります。『Compact 7』の場合，縦送りハンドルの1目盛は0.02mmですから，目盛の間を読みながら歯数の分だけ縦送りを繰り返す必要があります。短いラックであれば3.14mmずつ縦送りをしても実用上の精度としてはほとんど問題にはなりませんが，長いラックでは0.0015…mmの誤差が積み重なって無視できないレベルになりますし，何より毎回目盛の間を読みつつダイアルを合わせるのは大変です。もう

少し精度を上げつつ目盛を読む必要をなくすには，軸方向の割り出しを応用します。主軸と親ネジが連動する必要はないのでギアを図4-79のように配置して，第2軸（カウント軸）のギア1回転につき親ネジ（第3軸）の送りピッチがπになる組み合わせを探します。

図4-79　ラック製作用軸方向割り出しのギア配置

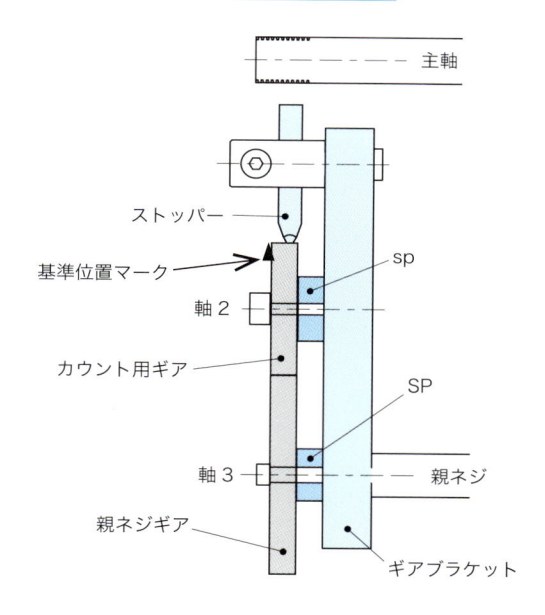

『Compact7』のオプションとして市販されているチェンジギアセットだけでπに最も近い組み合わせは第2軸に24歯，親ネジ（第3軸）に50歯の組み合せで，ピッチ＝3.125mmです。誤差は約0.0166mmで模型工作レベルではほとんど問題ないレベルですが，どうせならもう一桁精度を上げたいところです。

そこでチェンジギアに含まれるギアに限らず，πに近い組み合わせを探した結果が，表4-4です。この中で最もπに近い組み合わせは3.14065…で誤差は0.00097mmとなります。ほぼ1/1000mmの誤差です。42歯と88歯のギア（モジュール＝1.0）を入手または自作できれば，ミニ旋盤『Compact7』でも実用上問題ない精度でラックを製作することができます。

表4-4 モジュール1.0のラック製作用軸方向割り出しのためのギア組み合わせ

ギア歯数		π-ピッチ
カウント軸	親ネジ軸	誤差 [mm]
24	50	−0.016592654
40	84	0.008407346
42	88	0.001264489
43	90	−0.00205777
45	94	−0.00825932
48	23	−0.011157871
50	24	−0.016592654
54	26	−0.026208038
60	29	−0.038144378
72	34	0.034877935
76	36	0.025074013
90	43	−0.00205777

　ワークは往復台に固定します。図4-80はラック用ブランクを自作の治具（厚さ10mmのアルミ板）に固定し，治具を往復台（クロススライド）のTスロットを利用してTナットで固定している様子です。ワークの平行はベッドに固定したマグネットスタンドにダイヤルゲージをセットし，ダイヤルゲージの測定子をワークに当てながら往復台を左右に動かし，針が振れなくなるまで丁寧に調整します。微妙な傾きの修正は図4-80のように，固定ボルトを緩めミニハンマーで軽く叩きながら行います。

　バイトの突き出し量は，図4-81のように，ボーリングバー下面からブランク上面までの距離hをノギスで測定し，測定距離＋ラックギアの歯たけの寸法を突き出し量とします。歯たけは2.25×モジュール数で算出します。

図4-80　ラック用ブランクの固定方法

図4-81　バイトの突き出し量

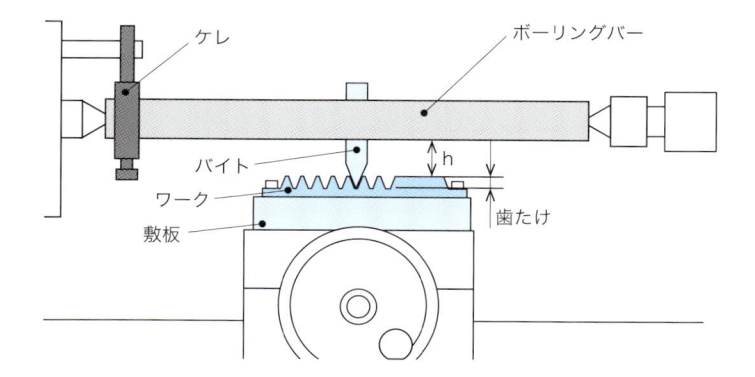

▶▶ ピニオンギアの加工

図4-82はフライス盤にロータリーテーブルを据え付け，割り出しをしながらギアカッターでピニオンギアの加工をしている様子です。加工方法は，前述のギアカッターによるギア加工と同様です。

図4-82　ギアカッターによるピニオン加工

▶ ウォームとウォームホイール

▶▶ タップによるウォームホイール加工

模型用ウォームギア（図4-83）の製作によく利用されるのが，ギアカッターとしてタップとダイスを利用する方法です。図4-84のように，タップをチャックで掴みワーク（ブランク）を治具に取り付け，回転しているタップにワークを押し付けるとワークは自然と回りながら歯が成形されていきます。ウォームの方はタップと同じ呼び径のダイスを使いネジ切り加工するだけです。歯形がネジと同様に60°の山（谷）の形なので，インボリュート歯形のウォームギアに比べると伝達効率が良くないですが，非常に簡単に作れてしまうのでよく利用される方法です。

図4-83　ウォームとウォームホイール
※巻頭カラー P.23「ウォームとウォームホイール」

図4-84　タップを用いたウォームホイールの製作

※巻頭カラー P.23「タップを利用したウォームホイールの加工」

　図4-85は，ウォームホイール加工用の治具（ブランクホルダー＆ギアカッター）です。刃物台に取り付けられる程度の大きさの角棒（図4-85は折れた突っ切りバイトのシャンク部分を加工して自作したもの）に，ウォームホイールブランクを取り付けられるようにネジ穴を開けてあります。反対側はウォームを加工するためのウォーム加工用バイトが取り付けられるようになっています。図4-86のように，ブランクとタップの中心が一致するようにブランクの下にワッシャーなどを入れて心高を合わせます。ブランクが薄すぎるとタップの溝でかみ合いがズレてうまく歯が切れないので，ある程度の厚さが必要です。主軸の回転数は真鍮やアルミで中速～やや高速，鉄系材料では低速～中速にします。タップは四つ爪チャックで掴みセンターを出しておき（三つ爪でも振れが小さければ可），タップの先端を回転センターで支えます。

図4-85　ウォームホイールブランクホルダー

327

ブランクを回転しているタップに強く押し付けるとブランクが切削されながら回転し歯が成形されますが、切削中はかなり騒音が出ます。

図4-86 ウォームホイールの加工

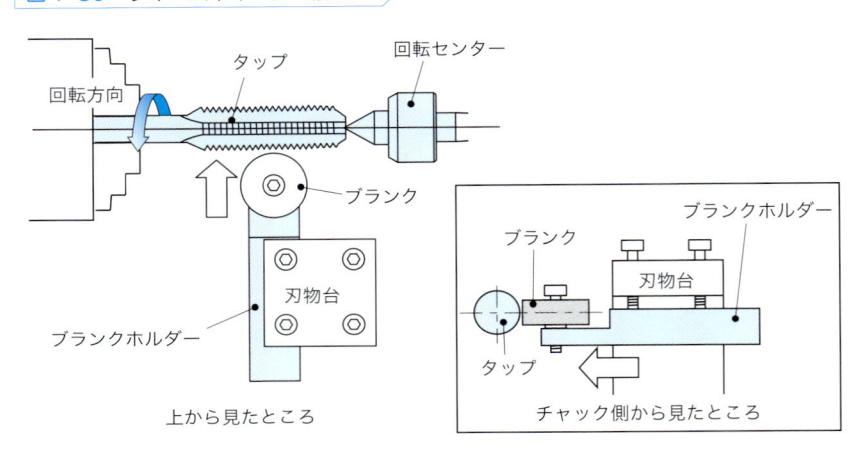

上から見たところ／チャック側から見たところ

▶▶ インボリュートウォームホイールの製作

　インボリュート歯形のウォームホイールも、ギアカッターを自作すれば前述のタップを使用する方法と同じ要領で製作することができます。図4-87はインボリュートギアカッターでウォームホイールを加工している様子です。

　ウォームホイールギアカッターはネジ切りと同様の方法で製作できますが、バイトはネジ切りバイトではなく、刃先を40°に成形したバイトを使用し、縦送りの送りピッチは図4-88のように、モジュール数×πになります。

　あらかじめ図4-89のようなウォームホイールギアカッターのブランクを製作しておき、ネジ切りの要領でギアカッターの刃を削り出します。ブランク先端にはセンター穴、他端にはチャックのつかみ代を加工しておきます。カッター部の外径は製作するウォームの外径に合わせ、長さは刃が5〜10山程度できるくらいにしておきます。主軸の回転方向と縦送り台の送り方向は製作するウォームが右巻きか左巻きかによります。左巻きの場合は本章『逆ネジの加工』を参照してください。刃の削り出しが完了したら、エンドミルで溝加工を施します。溝幅は、製作するウォームホイールの厚さの1/4

図4-87 インボリュートウォームホイールの加工

※巻頭カラー P.23「自作ギアカッターを使ったウォームホイールの加工」

図4-88 ウォームホイールギアカッターの製作

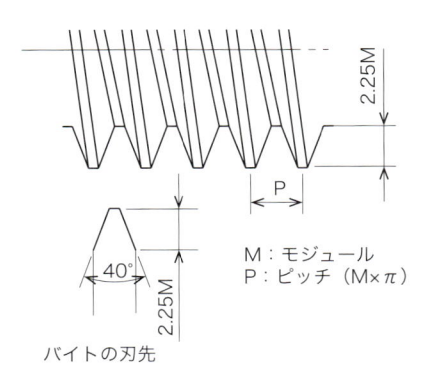

M：モジュール
P：ピッチ（M×π）

バイトの刃先

図4-89 ウォームホイールギアカッターブランク

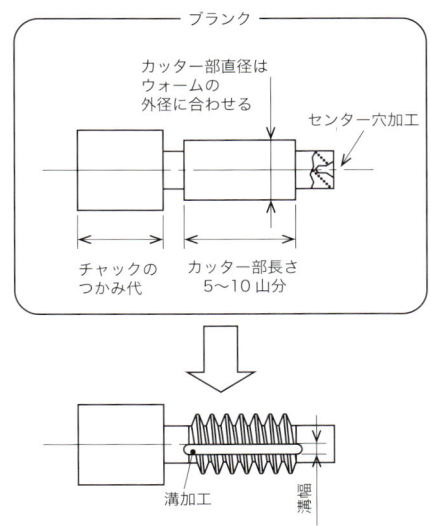

カッター部直径は
ウォームの
外径に合わせる

センター穴加工

チャックの
つかみ代

カッター部長さ
5〜10 山分

ブランク

溝加工

～ 1/3 程度で溝の本数は，カッター部直径と溝幅にもよりますが 4 ～ 6 本程度にします。あまり溝幅が広いと加工中に歯飛び（刃飛び？）して刃（カッター）と歯（ワーク）のかみ合いがズレてしまいます。カッターの加工が完了したら熱処理をして最後に砥石で刃を研いで仕上げます。

ウォームホイールギアカッターの加工と一緒に，同じバイトでウォームを製作します。図4-90 は製作したインボリュート歯形のウォーム＆ウォームホイールと加工に使用したカッターです。

図4-90　インボリュートウォームギアとカッター

▶ベベルギア

標準のベベルギアは互いに交わる 2 つの軸に取り付けられた円錐形ギアのピッチ円錐面で接して運動を伝達するギアです。それぞれの歯の延長線が回転軸と交わる点が頂点になっています。図4-91 中のa，bはピッチ円錐角と呼ばれ，回転軸が直角に交わるベベルギアを組み合わせる際はa＋bが 90°にならなくてはいけません。ベベルギアのピッチ円直径は外端部の基準円で表されます。ベベルギアの歯形は，刃先面と歯底面がピッチ円錐面に平行の等高歯と，歯先面と歯底面がピッチ円錐面に対して傾斜した勾配歯とがあります。

図4-91　ベベルギア

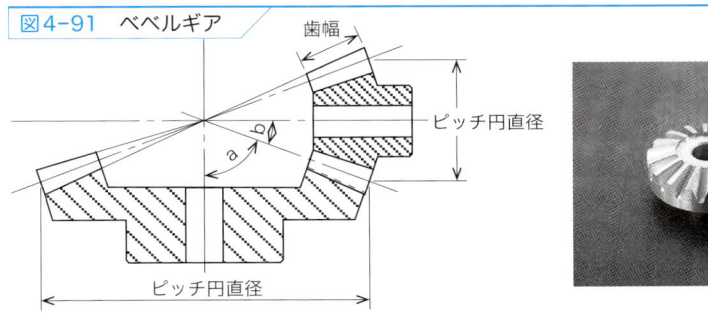

ミニ旋盤でベベルギアを製作する方法はいくつかあります。ロータリーテーブルを斜めにセットして割り出しを行いながらギアカッターで歯を切り出す方法や，図4-92のように，複式刃物台をベベルギアの円錐角に合わせてセットして，ギアの歯形に合わせて成形した姿バイトで削り出す方法などです。図4-93はミニ旋盤『Compact7』で製作したベベルギアです。

図4-92　ベベルギアの加工

図4-93　ベベルギア

※巻頭カラー P.22「ベベルギア」

▶ミニ旋盤の可能性を広げる「もう1本の回転軸」

　ミーリングアタッチメントを装着することによってミニ旋盤は，往復台と横送り台をテーブルとして，Z軸にスピンドルを備えたフライスの機能を併せ持つことができます。さらにロータリーテーブルを追加することで，X軸に旋盤主軸，X，Y，Z軸にロータリーテーブルの回転軸，Z軸にミーリングスピンドルと，刃物とワークを掴み替えながら様々な加工ができる万能加工機へと進化します。

　多くのミニ旋盤愛好家にとってバイブルとも言える『ミニ旋盤を使いこなす本　応用編』でも最終ページで「もう1本の回転軸」ミーリングスピンドルとして，ミニ旋盤による加工の可能性拡大について言及して締めくくっています。X軸にスピンドルを追加することで，旋盤の主軸（チャック）にワークをつかみ，主軸割り出しを併用しながらのミーリング加工やドリルによる穴あけが可能になり，旋盤による旋削加工の後に（フライスによる追加工で）ワークをつかみ直すことなく加工を完了することができるようになります。ミニ旋盤愛好家たちはロータリーテーブルを電動化したり，刃物台や送り台に電動ドリルや電動リューターをセットしたりしてX軸にスピンドル機能を追加しミニ旋盤による加工のさらなる可能性を追求し続けています。そういった様々なアイデアを参考にしながら，信頼性と完成度の高さを重視し著者なりに試行錯誤してきた結果，ミニ旋盤に取り付け可能で実用性も十分なミーリングスピンドルとしてたどり着いたのが図4-94です。

図4-94　ミーリングスピンドル（Compact7＋フライスモーター）

図4-95　PROXXSON『フライスマシン』No.27000

　東洋アソシエイツの『Compact7』にPROXXONの『フライスマシン(No.27000)』用の付属品であるフライスモーター(No.27160)を装着してあります。PROXXSON『フライスマシン』のフライスモーターはモーターユニットに電源スイッチとスピードコントロールつまみが内蔵されていて，単品でも購入可能なので，ミニ旋盤のミーリングスピンドルとしては最適なユニット（別途No.27161フライスモーター用電源トランスが必要）であると言えます。

また，図4-96のように，取り付け部の形状が非常にシンプルなので，旋盤に据え付けるための取り付けブラケットの製作が容易です。ブロック材を横送り台（クロススライド）に固定した状態でモーター固定用の穴を"据えぐり"で仕上げれば，旋盤主軸とミーリングスピンドルの心高が完全に一致するブラケットが容易に製作可能です。

図4-96　フライスモーター取り付け部

　ミニ旋盤『Compact 7』にフライスモーターを取り付けるためのブラケットの製作手順について説明します。図4-97のように，厚めの板材（写真の材料は130×80×20mmのA2014板材）から糸鋸等で大まかに形を切り出し，Tスロットを利用して横送り台（クロススライド）に固定します。ブラケットはクロススライドに固定したままチャックにドリルをくわえ，フライスモーターの固定穴用の下穴を開けます。手持ちのドリルやエンドミルで可能な最大径まで下穴を拡大したら（図4-97），一旦チャックを外し，図4-98のように，センターとボーリングバーを取り付け両センター加工で据えぐりします。穴径はφ43mmで仕上げます。

図4-97　下穴加工

図4-98　据えぐり　　　　※巻頭カラー P.18「クロススライドにワークを据え付ける」

フライスモーター取り付け穴の加工が済んだら，図4-99のように，すり割りを入れ締め付けボルト用のネジ穴（M6ボルト）を開けます。図4-99は完成したフライスモーターブラケット，図4-100はフライスモーターブラケットの図面です。

図4-99　フライスモーターブラケット

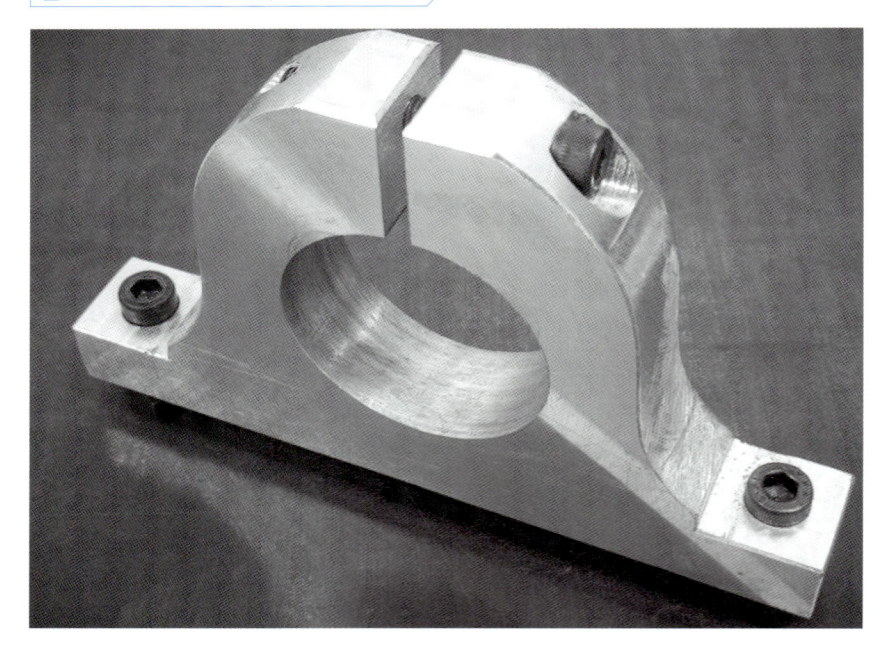

図4-100　フライスモーターブラケット図面

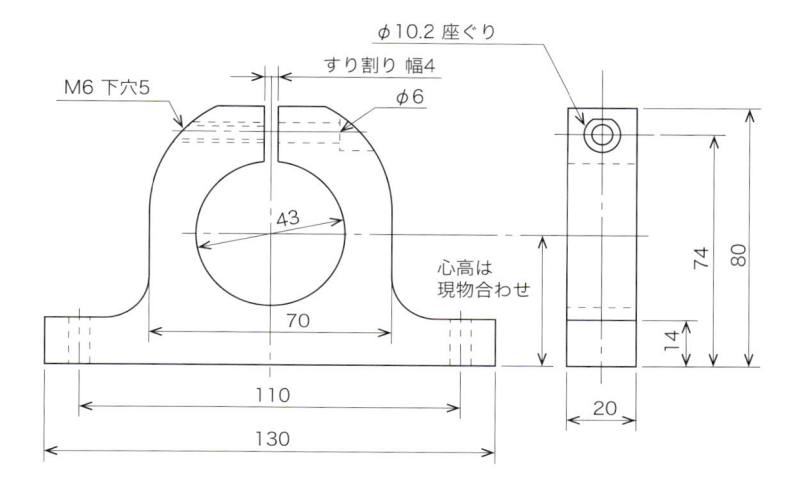

図4-101は，ミーリングスピンドルの代表的な利用例です。旋盤のチャックにフライホイールをくわえ，主軸割り出しを併用しながら等間隔に肉抜きの穴を加工している様子です。

図4-101　ミーリングスピンドルと主軸割り出しを併用した等間隔穴あけ

付録 1 材料特性表

特殊鋼 ※参考値

区分	記号	化学成分 (%)										その他	機械的性質 (JIS G4303)		
		C	Si	Mn	P	S	Cu	Ni	Cr	Mo	W	V		熱処理	引張り強さ	耐力
一般構造用圧延鋼 (JIS G3101)	SS400	—	—	—	0.050以下	0.050以下	—	—	—	—	—	—	—	—	400~510	—
機械構造用炭素鋼 (JIS G4051)	S25C	0.22~0.28	0.15~0.35	0.30~0.60	0.030以下	0.035以下	0.30以下	0.20以下	0.20以下	—	—	—	—	焼入れ/焼戻し	540以上	335以上
	S30C	0.27~0.33												焼入れ/焼戻し	540以上	—
	S45C	0.42~0.48												焼入れ/焼戻し	690以上	490以上
	S50C	0.47~0.53												焼入れ/焼戻し	740以上	540以上
	S55C	0.52~0.58												焼入れ/焼戻し	780以上	590以上
炭素工具鋼 (JIS G4401)	SK3	1.00~1.10	0.35以下	0.50以下	0.030以下	0.030以下	0.30以下	0.25以下	0.20以下	—	—	—	—	焼入れ/焼戻し	850以上	—
	SK4	0.90~1.00												焼入れ/焼戻し	770以上	—
	SK5	0.80~0.90														
高速度工具鋼 ハイス (JIS 4403)	SKH2	0.73~0.83	0.40以下	0.40以下	0.030以下	0.030以下	—	—	3.80~4.50	—	17.00~19.00	0.80~1.20		—	—	—
	SKH10	1.45~1.60								4.50~5.50	11.50~13.50	4.20~5.20	Co: 4.2~5.2	—	—	—
	SKH51	0.80~0.90								4.50~5.50	5.50~6.70	1.60~2.20		—	—	—
	SKH57	1.20~1.35								3.00~4.00	9.00~10.00	3.00~3.70	Co: 9~11	—	—	—
合金工具鋼 (JIS G4404)	SKS3	0.90~1.00	0.35以下	0.90~1.20	0.030以下	0.030以下	—	—	0.50~1.00	—	0.50~1.00	—		—	—	—
	SKS31	0.95~1.05	0.35以下	0.90~1.20					1.00~1.50		1.00~1.50			—	—	—
	SKS93	1.00~1.10	0.50以下	0.80~1.10					0.20~0.60					—	—	—
	SKD1	1.80~2.40	0.40以下	0.60以下					12.00~15.00			0.30以下		—	—	—
	SKD11	1.40~1.60	0.40以下	0.60以下					11.00~13.00	0.80~1.20		0.20~0.50		—	—	—
	SKD12	0.95~1.05	0.40以下	0.60~0.90					4.50~5.50	0.80~1.20		0.20~0.50		—	—	—
	SKD61	0.32~0.42	0.80~1.20	0.50以下					4.50~5.50	1.00~1.50		0.80~1.20		—	—	—
	SKT4	0.50~0.60	0.35以下	0.60~1.00					0.70~1.00	0.20~0.50		0.20以下		—	—	—
ニッケルクロム鋼 (JIS G4102)	SNC236	0.32~0.40	0.15~0.35	0.50~0.80	0.030以下	0.030以下	—	1.00~1.50	0.20~0.50	—	—	—		焼入れ/焼戻し	740以上	590以上
	SNC415	0.12~0.40		0.35~0.65				2.00~2.50	0.20~0.50					焼入れ/焼戻し	780以上	—
	SNC631	0.27~0.35		0.35~0.65				2.50~3.00	0.60~1.00					焼入れ/焼戻し	830以上	665以上
ニッケルクロムモリブデン鋼 (G4103)	SNCM220	0.17~0.23	0.15~0.35	0.60~0.90	0.030以下	0.030以下	—	0.40~0.70	0.40~0.65	0.15~0.30				焼入れ/焼戻し	880以上	—
	SNCM415	0.12~0.18		0.40~0.70				1.60~2.00						焼入れ/焼戻し	780以上	—
クロム鋼 (JIS 4104)	SCr415	0.13~0.18	0.15~0.35	0.60~0.85	0.030以下	0.030以下	—	—	0.90~1.20	—	—	—		焼入れ/焼戻し	830以上	—
	SCr420	0.18~0.23												焼入れ/焼戻し	930以上	—
	SCr440	0.38~0.43												焼入れ/焼戻し	830以上	—
クロムモリブデン鋼 (JIS 4105)	SCM415	0.13~0.18	0.15~0.35	0.60~0.85	0.030以下	0.030以下	—	—	0.90~1.20	0.15~0.30	—	—		焼入れ/焼戻し	830以上	—
	SCM420	0.18~0.23												焼入れ/焼戻し	930以上	785以上
	SCM435	0.33~0.38												焼入れ/焼戻し	930以上	—
	SCM440	0.38~0.43												焼入れ/焼戻し	980以上	—
	SCM455	0.43~0.46												焼入れ/焼戻し	1030以上	—
マンガン鋼 (JIS G4106)	SMn420	0.17~0.23	0.15~0.35	1.20~1.50	0.030以下	0.030以下	—	—	0.35~0.70	—	—	—		焼入れ/焼戻し	690以上	—
	SMn443	0.40~0.46		1.35~1.65										焼入れ/焼戻し	780以上	635以上
マンガンクロム鋼 (JIS G4106)	SMnC420	0.17~0.23	0.15~0.35	1.20~1.50	0.030以下	0.030以下	—	—	0.35~0.70	—	—	—		焼入れ/焼戻し	830以上	—
	SMnC443	0.40~0.46		1.35~1.65										焼入れ/焼戻し	930以上	785以上
ねずみ鋳鉄 (JIS G5501)	FC100	—	—	—	—	—	—	—	—	—	—	—		—	100以上	—
	FC300	—	—	—	—	—	—	—	—	—	—	—		—	300以上	—

ステンレス鋼 ※参考値

分類	類	記号	化学成分 (%)							その他	熱処理	機械的性質 (JIS G4303)			特性
			C	Si	Mn	P	S	Ni	Cr	Mo		熱処理[℃]	引張り強さ [N/mm²]	耐力 [N/mm²]	比重	磁性
オーステナイト系 18Cr-8Ni系		SUS301	0.15以下	1.00以下	2.00以下	0.045以下	0.030以下	6.00~8.00	16.00~18.00	—		固溶化熱処理	1010~1150 急冷	520以上	205以上	7.93	非磁性
		SUS302	0.15以下	1.00以下	2.00以下	0.045以下	0.030以下	8.00~10.00	17.00~19.00	—		固溶化熱処理	1010~1150 急冷	520以上	205以上	7.93	非磁性
		SUS303	0.15以下	1.00以下	2.00以下	0.20以下	0.15以下	8.00~10.00	17.00~19.00	—		固溶化熱処理	1010~1150 急冷	520以上	205以上	7.93	非磁性
		SUS304	0.08以下	1.00以下	2.00以下	0.045以下	0.030以下	8.00~10.50	18.00~20.00	—		固溶化熱処理	1010~1150 急冷	520以上	205以上	7.93	非磁性
		SUS305	0.12以下	1.00以下	2.00以下	0.045以下	0.030以下	10.50~13.00	17.00~19.00	—		固溶化熱処理	1010~1150 急冷	480以上	175以上	7.93	非磁性
		SUS316	0.08以下	1.00以下	2.00以下	0.045以下	0.030以下	10.00~14.00	16.00~18.00	2.00~3.00		固溶化熱処理	1010~1150 急冷	520以上	205以上	7.98	非磁性
		SUS317	0.08以下	1.00以下	2.00以下	0.045以下	0.030以下	11.00~15.00	18.00~20.00	3.00~4.00		固溶化熱処理	1010~1150 急冷	520以上	205以上	7.98	非磁性
		SUS321	0.08以下	1.00以下	2.00以下	0.045以下	0.030以下	9.00~13.00	17.00~19.00	—		固溶化熱処理	920~1150 急冷	520以上	205以上	7.93	非磁性
フェライト系 18Cr系		SUS405	0.08以下	1.00以下	1.00以下	0.040以下	0.030以下	—	11.50~14.50	—		焼きなまし	780~830 空冷または徐冷	410以上	175以上	7.75	磁性
		SUS410L	0.030以下	1.00以下	1.00以下	0.040以下	0.030以下	—	11.50~13.50	—		焼きなまし	700~820 空冷または徐冷	360以上	195以上	7.75	磁性
		SUS430	0.12以下	0.75以下	1.00以下	0.040以下	0.030以下	—	16.00~18.00	—		焼きなまし	780~850 空冷または徐冷	450以上	205以上	7.70	磁性
		SUS430F	0.12以下	1.00以下	1.25以下	0.060以下	0.15以下	—	16.00~18.00	—		焼きなまし	680~820 空冷または徐冷	450以上	205以上	7.70	磁性
		SUS434	0.12以下	1.00以下	1.00以下	0.040以下	0.030以下	—	16.00~18.00	0.75~1.25		焼きなまし	780~850 空冷または徐冷	450以上	205以上	7.70	磁性
マルテンサイト系 13Cr系		SUS403	0.15以下	0.50以下	1.00以下	0.040以下	0.030以下	0.60以下添加可	11.50~13.00	—		焼入れ焼戻し	950~1000 油冷 700~750 急冷	590以上	390以上	7.75	磁性
		SUS410	0.15以下	1.00以下	1.00以下	0.040以下	0.030以下	0.60以下添加可	11.50~13.50	—		焼入れ焼戻し	950~1000 油冷 700~750 急冷	540以上	345以上	7.75	磁性
		SUS410J1	0.08~0.18	0.60以下	1.00以下	0.040以下	0.030以下	0.60以下添加可	11.50~14.00	0.30~0.60		焼入れ焼戻し	970~1020 油冷 700~750 急冷	690以上	490以上	7.75	磁性
		SUS416	0.15以下	1.00以下	1.25以下	0.060以下	0.15以下	0.60以下添加可	12.00~14.00	0.60以下添加可		焼入れ焼戻し	950~1000 油冷 650~750 急冷	540以上	345以上	7.75	磁性
		SUS420J1	0.16~0.25	1.00以下	1.00以下	0.040以下	0.030以下	0.60以下添加可	12.00~14.00	—		焼入れ焼戻し	920~980 油冷 700~750 急冷	640以上	440以上	7.75	磁性
		SUS420J2	0.26~0.40	1.00以下	1.00以下	0.040以下	0.030以下	0.60以下添加可	12.00~14.00	—		焼入れ焼戻し	920~980 油冷 600~750 急冷	740以上	540以上	7.75	磁性
		SUS431	0.20以下	1.00以下	1.00以下	0.040以下	0.030以下	1.25~2.50	15.00~17.00	—		焼入れ焼戻し	920~980 油冷 600~700 急冷	780以上	590以上	7.75	磁性
析出硬化系 17Cr系		SUS603	0.07以下	1.00以下	1.00以下	0.040以下	0.030以下	3.00~5.00	15.00~17.50	—	Cu : 3.00~5.00 Nb : 0.15~0.45					7.93	磁性
		SUS631	0.09以下	1.00以下	1.00以下	0.040以下	0.030以下	6.50~7.75	16.00~18.00	—	Al : 0.75~1.50					7.93	磁性

アルミニウム合金 参考値

分	類	記号	化学成分 (%)								物理的性質				加工性				
			Si	Fe	Cu	Mn	Mg	Cr	Zn	Ti	比重	引張り強さ [N/mm²]	耐力 [N/mm²]	溶融温度範囲	熱伝導率 [W/(m・K)]	切削性	成形性	耐食性	溶接性	ロウ付性
純アルミ (1000系)		A1050	0.25	0.4	0.05	0.05	0.05	—	0.05	0.03	2.70	78	34	646~657	220~230	×	◎	◎	◎	◎
		A1070	0.2	0.25	0.04	0.03	0.03	—	0.04	0.03	2.70	68	29			×	◎	◎	◎	◎
		A1080	0.15	0.15	0.03	0.02	0.02	—	0.03	0.03	2.70	68	29			×	◎	◎	◎	◎
		A1100	—	1.0	0.05~0.20	0.05	—	—	0.10	—	2.71	88	34			×	◎	◎	◎	◎
Al-Cu (2000系)		A2011	0.40	0.7	5.0~6.0	—	0.05	—	—	—	2.82	406	308	535~643		◎	×	×	×	×
		A2014	0.50~1.2	0.7	3.9~5.0	0.40~1.2	0.20~0.8	0.10	0.25	—	2.80	480	412	507~638	120~190	○	×	×	△	×
		A2017	0.20~0.8	0.7	3.5~4.5	0.40~1.0	0.40~0.8	0.10	0.25	—	2.79	426	274	513~641		○	×	×	△	×
		A2024	0.50	0.50	3.8~4.9	0.30~09	1.2~1.8	0.10	0.28	—	2.77	470	323	502~638		○	×	×	△	×
		A2219	0.20	0.30	5.8~6.8	0.20~0.40	0.02	—	0.10	0.02~0.10	2.84	455	350	543~643		○	△	△	○	×
Al-Mn (3000系)		A3003	0.6	0.7	0.05~0.20	1.0~1.5	—	—	0.10	—	2.73	108	39	643~654	150~190	×	◎	◎	◎	○
		A3004	0.30	0.7	0.25	1.0~1.5	0.8~1.3	—	0.25	—	2.72	181	69	629~654	—	×	◎	◎	◎	△
Al-Si (4000系)		A4032	11.0~13.5	1.0	0.50~1.3	—	0.8~1.3	0.10	0.25	—	2.69	377	316	532~571	—	○	△	○	○	×
Al-Mg (5000系)		A5005	0.30	0.7	0.20	0.20	0.05~1.1	0.10	0.25	—	2.70	123	39	632~654	—	×	◎	◎	◎	○
		A5052	0.25	0.40	0.10	0.10	2.2~2.8	0.15~0.35	0.10	—	2.68	260	216	593~649	140	△	◎	◎	◎	△
		A5056	0.30	0.40	0.10	0.05~0.20	4.5~5.6	0.05~0.25	0.10	—	2.64	294	245	568~638	110~120	△	◎	◎	◎	×
		A5083	0.40	0.40	0.10	0.40~1.0	4.0~4.9	0.05~0.25	0.25	0.15	2.66	289	147	579~641	120	×	◎	◎	◎	×
Al-Mg-Si (6000系)		A6061	0.40~0.8	0.7	0.15~0.40	0.15	0.8~1.2	0.04~0.35	0.25	0.15	2.70	309	274	582~652	150~180	△	○	◎	◎	◎
		A6063	0.20~0.6	0.35	0.10	0.10	0.45~0.9	0.10	0.10	0.10	2.70	186	147	616~654	200~220	△	◎	◎	◎	◎
		A6N01	0.40~0.9	0.35	0.35	0.50	0.40~0.8	0.30	0.25	0.10	2.70	270	225	615~652	190~210	△	◎	◎	◎	◎
		A6101	0.3~0.7	0.50	0.10	0.03	0.35~0.8	0.03	0.10	—	2.70	216	186	610~650	—	△	◎	◎	◎	◎
Al-Zn-Mg (7000系)		A7003	0.30	0.35	0.20	0.30	0.50~1.0	0.20	5.0~6.5	0.20	2.80	314	254	615~650	—	○	△	○	◎	×
		A7N01	0.30	0.35	0.20	0.20~0.7	1.0~2.0	0.30	4.0~5.0	0.20	2.78	362	294	615~650	—	○	×	○	○	×
		A7075	0.40	0.50	1.2~2.0	0.30	2.1~2.9	0.18~0.28	5.1~5.6	0.20	2.80	573	505	476~638	130	◎	△	△	△	×

340

銅合金　※参考値

分類	記号	化学成分 (%) Cu	Pb	Fe	Sn	Zn	その他	物理的性質 比重	引張り強さ [N/mm²]	熱伝導率 [W/mK]	特徴
黄銅 1種	C2600	68.5~71.5	0.05以下	0.05以下		残		8.43	410~540	121	Cu70：Zn30。展延性、絞り加工性。メッキ性良好。
黄銅 2種	C2700	63.0~67.0	0.05以下	0.05以下		残		8.43	410以上	117	Cu65：Zn35。冷間鍛造製。絞り加工性良好（深）。
黄銅 3種	C2801	59.0~62.0	0.10以下	0.07以下		残		8.43	355~440	121	Cu60：Zn40。強度強く、展延性良好。
快削黄銅	C3604	57.0~61.0	1.8~3.7	0.50以下		残		8.43	355以上	117	快削性良好。
鍛造用黄銅	C3771	57.0~61.0	1.0~2.5			残		8.43	315以上	117	熱間鍛造性、切削性良好。
ネーバル黄銅	C4641	59.0~62.0	0.50以下	0.30以下	0.5~1.0	残		8.43	345以上	117	耐食性がよい、特に耐海水性良好。
高力黄銅	C6782	56.0~60.5	0.50以下	0.10~1.0		残	Al 0.20~2.0、Mn 0.50~2.5	8.43	460以上	-	強度が高く、耐食性が良い。
りん青銅	C5191				5.5~7.0		Cu+Sn+P 99.5以上	8.89	590~685	67	展延性、耐疲労性、耐食性良好。
ばね用りん青銅	C5210		0.05以下	0.10以下	0.20以下	0.20以下	Cu+Sn+P 99.7以上	8.89	590~705	63	りん青銅より若干硬く、ばね性が良い。
快削りん青銅	C5341		0.8~1.5				Cu+Sn+Pb+P 99.5以上	8.89	320以上	88	耐食性、耐摩耗性が高く、切削性がよい。
洋白	C7521	61.0~67.0	0.10以下	0.25以下		残	Ni 16.5~19.5、Mn 0~0.50	8.73	440~570	33	展延性、耐疲労性良好、光沢が美しい。
ばね用洋白	C7701	54.0~58.0	0.10以下	0.25以下		残	Ni 16.5~19.5、Mn 0~0.50	8.7	480~755	29	光沢が美しく低温焼きなましで高性能ばね材に適する。
快削洋白	C7941	61.0~67.0	0.8~1.8	0.25以下		残	Ni 16.5~19.5、Mn 0~0.50	8.73	410~685	33	光沢が美しく、切削性良好。

341

エンジニアプラスチック 参考値

	比重	引張り強さ [MPa]	曲げ弾性率 [MPa]	圧縮強さ [MPa]	連続使用温度 [℃]	耐酸/アルカリ性	化学的性質 耐溶剤性	吸水率 (%)
ABS (アクリロニトリル・ブタジエン・スチレン樹脂)	1.03~1.04	40~45	60~70	40~50	60~95	×/△	×	0.1~0.3
EP (エポキシ樹脂)	0.9~1.0	30~90	90~145	100~170	70~90	○/◎	◎	0.1~0.15
MF (メラミン樹脂)	1.4~1.7	40~90	60~110	230~310	100~130	○	○	0.1~1.0
PA (ポリアミド) ナイロン	1.1~1.4	90~100	100~120	95~105	80~150	×/△	○	0.5~1.0
PA6 (ポリアミド6) 6ナイロン		70~80	90~100	70~80	90~105	△/△	△	1.0~1.5
PA66 (ポリアミド) 66ナイロン		80~90	90~100	90~100	80~150	△/○	○	0.2~1.0
PAI (ポリアミドイミド)	1.4	120~150	170~200	100~120	200~250	○/×	○	0.1~0.3
PC (ポリカーボネイト)	1.2~1.3	50~60	900~960	750~780	120~130	△/×	×	0.1~0.15
PBT (ポリブチレンテレフタレート)	1.30~1.5	35~55	70~85	80~90	130~140	×/×	△	0.05~1.0
PE (ポリエチレン)	0.91~0.96	100~110	50~70	200~220	70~80	○/◎	○	0.01
PEI (ポリエーテルイミド)	1.3~1.5	110~120	150~160	100~120	140~150	○/△	△	0.2~0.25
PET (ポリエチレンテレフタレート)	1.4~1.6	80~85	120~130	90~95	70~80	◎/×	△	0.05~0.07
PF (フェノール樹脂)	1.35~1.45	30~60	50~95	170~210	150~180	○/×	○	0.5~1.0
PI (ポリイミド)	1.43	90~95	130~135	100~110	280~300	△/△	○	0.2~0.4
PMMA (ポリメタクリル酸メチル) アクリル	1.2	60~75	70~85	100~120	90~100	○/○	×	0.1~0.5
POM (ポリアセタール)	1.1~1.5	50~60	80~90	90~100	90~100	×/○	○	0.1~0.25
PP (ポリプロピレン)	0.9~1.0	250~280	420~550	380~550	120~130	○/○	○	0.01~0.03
PPS (ポリフェニレンサルファイド)	1.3~1.7	90~95	140~150	140~150	240~250	◎/◎	◎	0.01
PS (ポリスチレン)	1.03~1.06	35~60	60~90	80~110	65~75	△/◎	×	0.03~0.05
PSU (ポリサルホン)	1.2~1.5	70~130	90~100	250~270	160~170	◎/◎	△	0.01~0.03
PTFE (ポリテトラフルオロエチレン)	2.1~2.2	140~350	160~180	100~120	280~290	◎/◎	○	0.01
PVC (ポリ塩化ビニルクロライド)	1.4~1.7	50~65	70~100	75~85	70~80	○/○	△	0.2~0.4
SI (シリコーン樹脂)	0.95~2.5	-	-	-	210~220	×/△	△	0.1~0.15
UF (ユリア樹脂)	1.4~1.5	40~90	35~125	170~310	80~90	×	◎	0.5~1.0
UP (不飽和ポリエステル)	1.1~1.5	20~30	10~20	15~30	130~150	×/△	○	0.01

付録 2　自作ツール図面

▶ 主軸割り出しストッパー

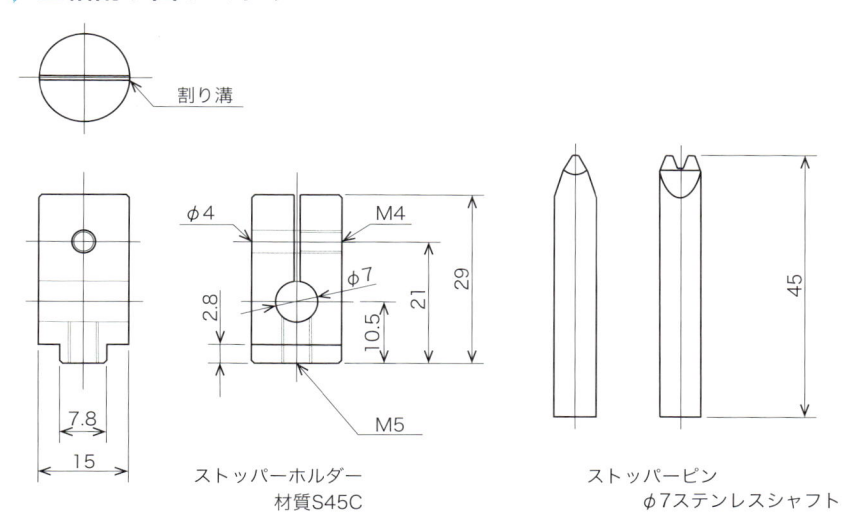

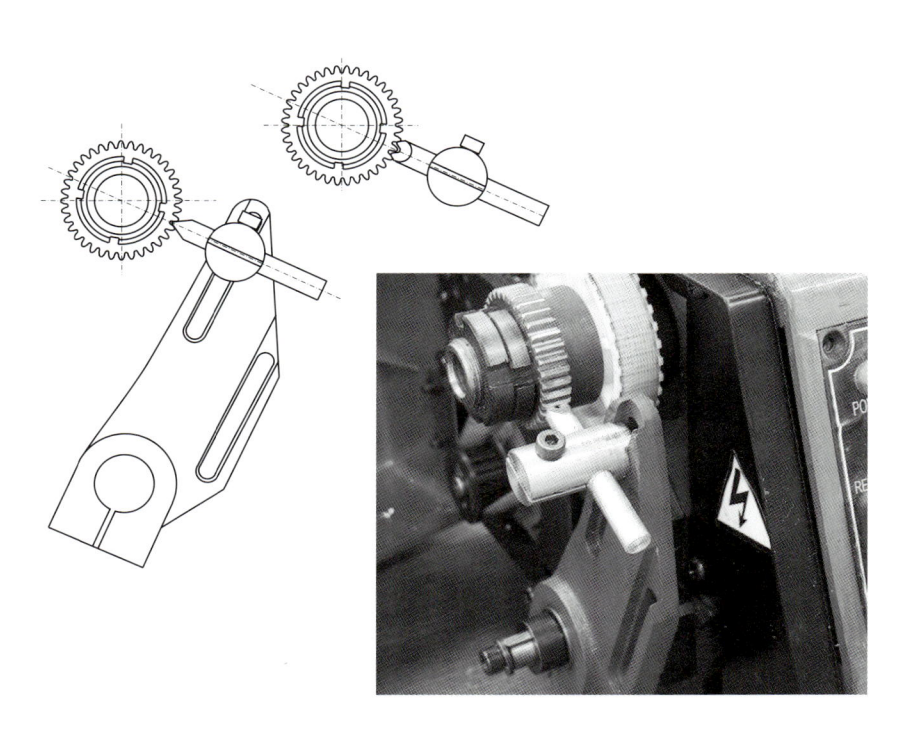

割り溝

φ4　M4
2.8　φ7
10.5　21　29
7.8
15　M5

ストッパーホルダー
材質S45C

45

ストッパーピン
φ7ステンレスシャフト

343

▶ ダイスホルダー

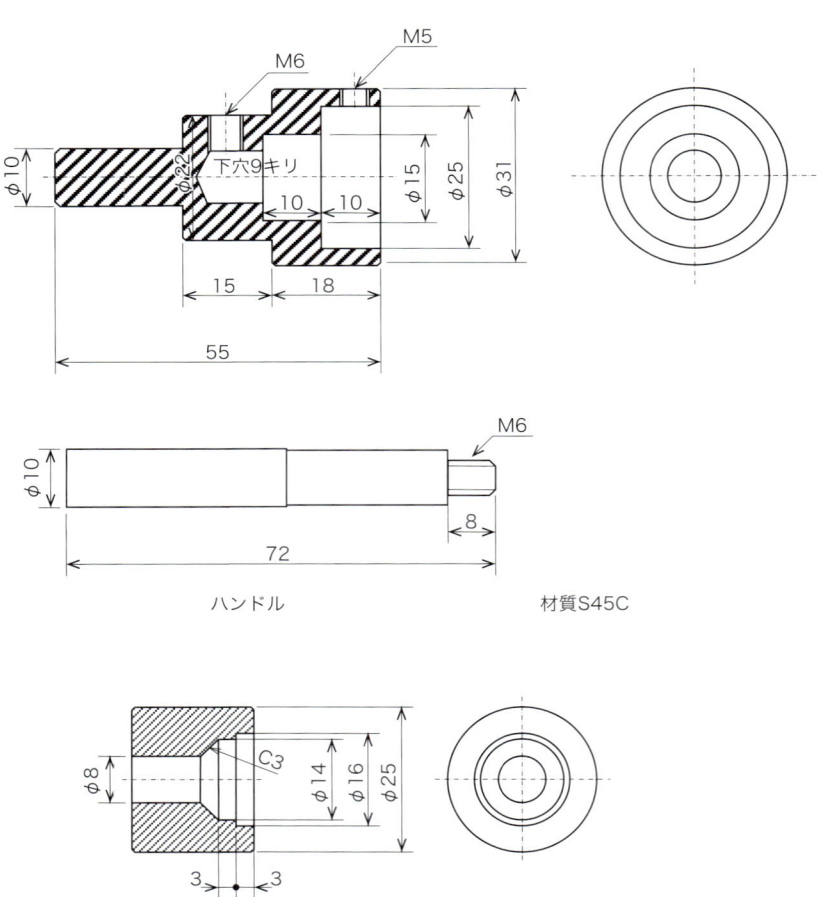

ハンドル

材質S45C

リーマーホルダー

材質：真鍮

▶ 主軸手回しハンドル

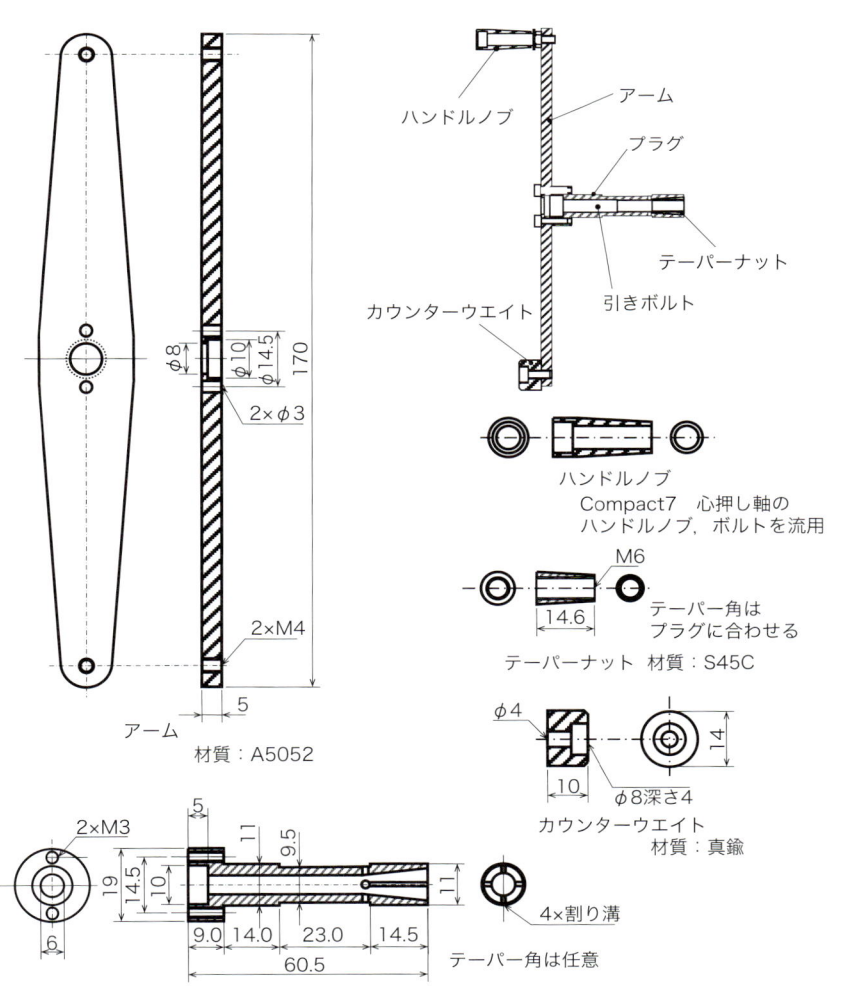

アーム
材質：A5052

ハンドルノブ
Compact7 心押し軸の
ハンドルノブ，ボルトを流用

テーパーナット 材質：S45C
テーパー角はプラグに合わせる

カウンターウエイト
材質：真鍮

4×割り溝
テーパー角は任意

▶ミーリングスピンドル取付け用フライスモーターブラケット

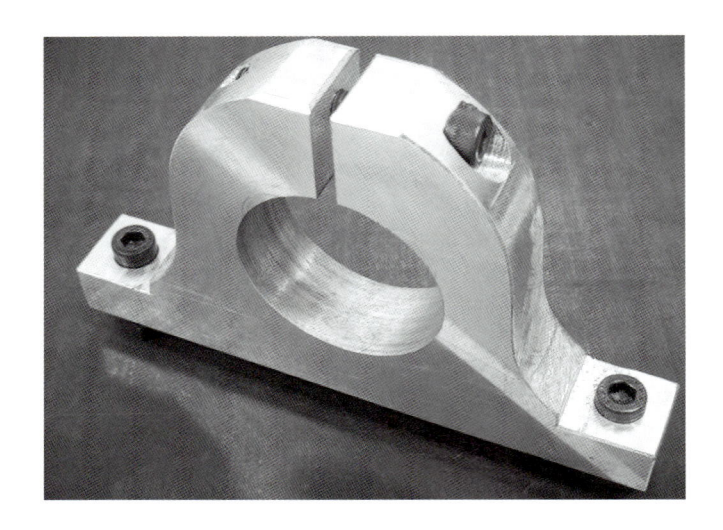

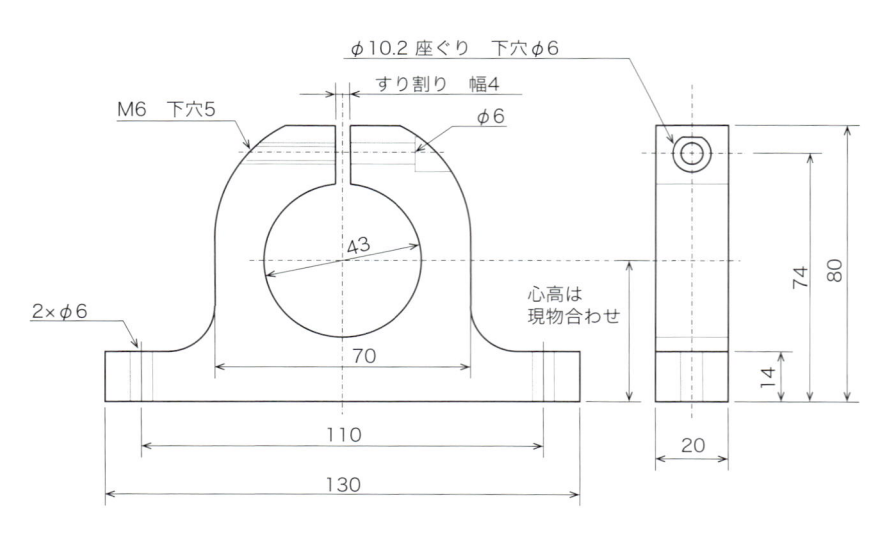

φ10.2 座ぐり　下穴φ6
すり割り 幅4
M6　下穴5
φ6
43
心高は現物合わせ
2×φ6
70
110
130
74
80
14
20

材質：A2017

▶ 突っ切りバイトホルダー（ノコ刃バイト用）

ホルダー
　材質：A2017

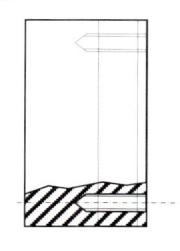

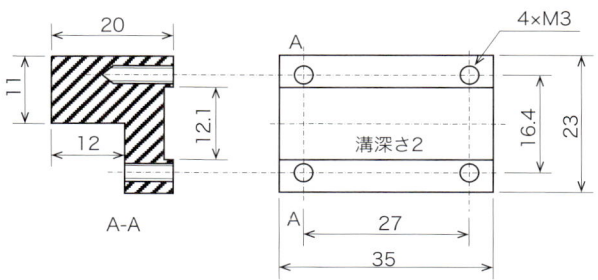

4×M3
20
11
12
12.1
16.4
23
溝深さ2
27
35
A-A

抑えプレート
　材質：A2017

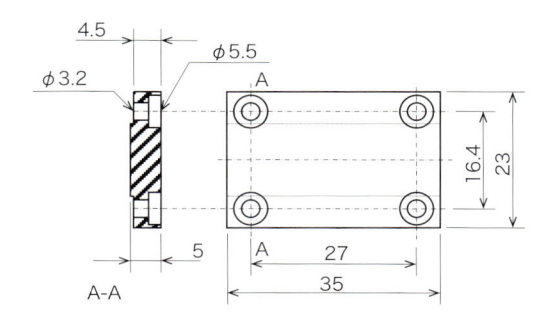

4.5
φ3.2
φ5.5
5
16.4
23
27
35
A-A

347

索 引

あ
アーバー … 54, 281, 294
アクセサリー … 57, 200, 260
上げタップ … 168
綾目 … 199
荒削り … 86, 126, 216, 225
アリ溝 … 52, 78
アルミナ系 … 92
アルミニウム合金 … 104

い
一般構造用圧延材(SS材，軟鋼) … 101
移動振れ止め … 59, 134
インディペンデント四つ爪チャック … 49, 57
インボリュートウォームギア … 330
インボリュートカッター(ギアカッター) … 243, 314, 328
インボリュート曲線 … 240, 313
インボリュートスプライン … 240

う
上向き削り … 244, 297
ウォームギア … 326
ウォームホイール … 326
ウォームホイールギアカッター … 328
薄い円盤の加工 … 218
薄いリングの加工 … 223
内歯(穴側)用バイト(スプラインの) … 240

え
X形シンニング … 100
S形シンニング … 100
N形シンニング … 100
エンジニアリングプラスチック … 108
エンドミル … 62, 152, 238, 279, 294, 298

お
オイルストーン … 96
凹センター … 189, 287
黄銅(真鍮) … 106
往復台 … 45, 52, 78, 163, 229, 302
大きな貫通穴 … 165
オフセットアタッチメント(両センター加工時の) … 181

か
外径削り … 134, 144, 216
回転センター … 54, 60, 258, 286
カウンターギア … 303
カウントギア … 233
角形スプライン … 240
角材の芯出し … 255
加工硬化 … 140
傘型センター … 286
片刃バイト … 67
カミソリ … 78, 81
簡易割り出し装置 … 116
完成バイト … 70, 275

き
ギアカッター適合表 … 314
ギアの製作 … 313
ギアのピッチ … 313, 330
キー … 235
キー溝 … 235, 240
キー溝カッター … 237, 241, 279
キー溝カッターによる溝の形 … 238
機械構造用炭素鋼(SC材，硬鋼) … 101
逆転スイッチ … 56, 175
逆ネジの加工 … 302
球面加工 … 200
極薄肉円筒の削り出し … 215
き裂型 … 139
切り上げ … 178
切り込み … 42, 128, 141, 175, 241, 248, 297, 312, 318
切れ刃 … 96, 98, 151, 248, 273
緊急停止スイッチ … 175

く
食い込み勝手 … 131, 248
クイル … 54, 85, 185
クイルハンドル … 54, 163, 186
駆動ネジ … 180
組みタップ … 168
グラインダー … 90, 95, 99, 273
クロススライド … 45, 52, 200, 292

け
結合剤(ボンド) … 92
結合度 … 92
ケレ … 62, 180
剣先バイト(剣バイト) … 67

こ
合金工具鋼(SKS) … 102
工具鋼(SK，SKS，SKH) … 102, 277
構成刃先 … 128, 137
高速度工具鋼(SKH) … 68, 102
勾配キー … 235

固定センター ……………………………54, 60
固定振れ止め ……………………………… 58
コレットチャック …………… 62, 260, 263

さ

再結晶温度 ……………………………… 137
先タップ ………………………………… 168
サドル …………………………………… 52
3条ネジ ………………………………… 305

し

仕上げ削り …………… 86, 126, 128, 225
仕上げタップ …………………………… 168
仕上げ面 …………………………… 42, 139
GC砥石 …………………………………… 93
シェービング ……………………… 274, 284
敷板 …………………… 88, 120, 208, 257
軸方向の割り出し ………… 228, 320, 323
自生発刃 ………………………………… 92
下穴 ………………… 167, 184, 292, 334
下向き削り ……………………………… 297
自動送りレバー …………………… 175, 232
締め付け工具 …………………………… 75
斜目 ……………………………………… 199
シャンク …………… 68, 162, 186, 275, 327
摺動部 ……………………………… 43, 130
主軸 50, 86, 124, 162, 194, 227, 302, 309
主軸貫通孔 ……………………………… 50
主軸スピンドル ………………………… 118
主軸手回しハンドル ………… 114, 178, 230
主軸のフランジ ………………………… 182
主軸用レースレンター …………………… 61
主軸割り出しストッパー ……………… 118
使用面(グラインダーの) ……………91, 94
心 ……………………………… 47, 54, 254, 294
心押し軸 …………………………………54, 83
心押し台 ………………………… 54, 83, 113, 164
心押し台オフセット機構 ……………… 190
心間 ……………………………………… 45
心高 ………………… 45, 88, 132, 141, 200
心高ゲージ ………………………… 89, 120
シンニング加工 ………………………… 100

す

姿バイト(総形バイト)
  ……………………… 67, 202, 243, 273, 319
すくい角 …………………… 71, 154, 172, 236
すくい面 ……………………………… 71, 154
スクロールチャック ……………………… 47
据えぐり ……………………………… 250, 334
ステップドリル …………………………… 162
ステンレス ………………… 125, 215, 251

ステンレス鋼(SUS材) ……… 102, 128, 137
スピンドル ………………………… 50, 332
スピンドルギア(主軸の) ………… 118, 227
スプライン ……………………………… 240
スローアウェイバイト ………………… 69

せ

青銅(ブロンズ) ………………………… 106
切削屑 ……………………………………55, 77
切削作用 ………………………… 71, 138
切削条件 ……………… 42, 124, 130, 148
切削速度 ………………………… 124, 142
切削抵抗 ……… 42, 100, 130, 138, 175
切削熱 …………………………………… 71
セレーション …………………………… 240
ゼロ点合わせ …………………… 144, 298
センター …………… 45, 88, 146, 164
センターゲージ …………………… 76, 174
センタードリル …………… 65, 148, 279
せん断型 ………………………………… 139

そ

総形バイト ……………………… 67, 273
操作部 …………………………………… 55
測定用器具 ……………………………… 76
外歯(軸側)用バイト(スプラインの) …… 240

た

ダイス …………………………… 170, 268
ダイヤモンドヤスリ ……………………… 96
ダイヤルゲージ ……………… 76, 194, 254
多角穴 ……………………………… 248
タケノコドリル ………………………… 162
多重スパイラルスクリュー ………… 310
多条ネジ ………………………………… 305
タップ …………………… 167, 268, 326
縦送り ………………… 52, 141, 144, 176
縦送りハンドル ………………… 52, 229
炭化ケイ素系 …………………………… 92
端面 ……………………………… 67, 156
端面削り ………………………………… 141

ち

チェンジギア … 64, 86, 121, 172, 232, 305
チェンジギアの役割 …………………… 303
チゼルエッジ(チゼルポイント) ………… 98
チタン ………………………………… 107
チップブレーカー ……………………73, 96
チャック ……………………………47, 74
中タップ ………………………………… 168
鋳鉄(FC) ……………………………… 101
超硬 …………………………………… 68

調整 …………………………78, 88
調整型のダイス ………………………… 170
調整ネジ ……………………………78, 170
直尺 ……………………………………… 76
直径目盛 ………………………………… 144
直溝ドリル ……………………………… 147
直溝(ハンド)リーマー ………………… 184

つ

ツイストドリル ……………………98, 146
付刃バイト(ロウ付けバイト) ………… 69
突っ切り ………………………………… 153
突っ切りバイト …………………… 153, 277
爪 ……………………………47, 74, 133, 209

て

Tスロット(クロススライド)　200, 224, 324
Tスロット(面板) ………………… 257, 316
テーパー ……………………… 51, 184, 263
テーパー角度 ……………… 76, 184, 188, 194
テーパーゲージ ………………………… 76
テーパーリーマー ………………… 184, 196
デジタルノギス ………………………… 76
手バイト …………………………… 226, 278
点検・調整 ……………………………… 43

と

砥石 ……………………………………… 92
砥石カバー ……………………………… 90
銅合金 …………………………………… 106
止まり穴の加工 ………………………… 152
止まり穴の仕上げ ……………………… 153
ドリル ………………… 65, 98, 146, 162, 292
ドリル加工 …………………………146, 162
ドリルチャック …… 54, 60, 162, 185, 219
ドリルの切れ刃 ……………………… 99, 150
ドリル刃先ゲージ ……………………… 99
ドレッサー ……………………………… 94
トレパニング加工 ……………………… 220
トレパニング用のバイト ……………… 221

な

中ぐり ……………………………… 151, 250
中ぐり加工用カッター ………………… 280
流れ型 …………………………………… 139
生センター ……………………………… 283
倣い削り ………………………………… 224
慣らし運転 ……………………………… 43
難削材 ……………………………… 43, 202

に

逃げ角 ……………… 71, 95, 173, 221, 236

逃げ勝手 …………………………… 131, 248
逃げ溝 ………………………… 178, 241, 318
逃げ面 …………………………… 71, 98, 141

ね

ネジ切り …………………………… 67, 167
ネジ切り加工 ……………………… 67, 175
ネジの呼び径 …………………… 167, 170
ネジピッチゲージ ……………………… 76
ねじれ溝リーマー ……………………… 184
ねずみ鋳鉄 ……………………………… 101

の

ノーズアール …………………… 73, 97, 142
ノーズ半径(ノーズアール) …………… 73
ノギス ……………………………… 76, 148
ノコ刃を再利用した突っ切りバイト …… 277
ノスドリル ……………………………… 162

は

バーチカルスライド …………………63, 291
ハーフセンター ………………………… 285
ハイス ……………………………… 68, 102
バイト ……………… 64, 67, 88, 90, 131, 174
ハイトゲージ …………………………… 76
バイトの成形 …………………………… 273
バイトホルダー …………………… 200, 275
薄肉円筒 …………………………… 136, 213
刃先 ……………… 67, 71, 98, 131, 153, 230
刃先角(刃物角) ……………… 67, 71, 236
バックラッシュ …………………… 127, 229
幅が広いキー溝の加工 ………………… 237
刃物台 ………………………… 52, 88, 120, 146
半径目盛 ………………………………… 144
半月キー ………………………………… 238
ハンドル ………………………………42, 47
ハンドル調整ナット …………………… 78
汎用プラスチック ……………………… 108

ひ

引きボルト(コレットチャックの)　213, 260
左片刃バイト …………………………… 67
ピッチ ……… 121, 167, 172, 234, 305, 322
ピッチ円 …………………………… 313, 330
ピッチ円錐角 …………………………… 330
ビトリファイド(セラミックス) ……… 92
ピニオンギアの加工 …………………… 326
ビビリ …………………………………… 130
平形砥石 ………………………………… 91
平目 ……………………………………… 199

ふ

Vセンター	289
Vブロック	76, 230
Vブロックによるワークの保持	290
深い貫通穴の加工	165
複式刃物台	52, 176, 188, 283
フライカッター	281
フラットドリル	146
ブランク	313, 318, 324, 326
ブランクアーバー	283
振り	45
振り寸法	45
振れ止め	45, 58, 134, 150

へ

平行キー	235
平行穴加工	164
平面切削	297
ベッド	45, 52, 81
ベッド上振り	45
ベベルギア	330
偏心加工	206
変性ポリフェニレンエーテル（m-PPE）	108

ほ

ホーニング	96
ボーリングバー	250, 280, 320
ボールカッティングキット	59, 200
ポリアセタール（POM）	108
ポリアミド（PA）	108
ポリアリレート（PAR）	108
ポリエステル（PET・PBT）	108
ポリカーボネート（PC）	108
ポリサルホン（PSU）	108
ポリフェニレンサルファイド（PPS）	108
ポンチホルダー	116

ま

マイクロメーター	76
マグネシウム	107
マグネットスタンド	76, 224
回し金（ケレ）	62, 180

み

ミーリング加工	291
ミーリングスピンドル	332
右片刃バイト	67
三つ爪スクロールチャック	47

む

むしり型	139

め

目こぼれ	92
メタル（金属）	92
メタルソー	66, 294
目つぶれ	92
目詰まり	92
面板	57, 181, 220
面板を利用した部品加工	257
面センター	287
面取り	158
面取りカッター	160

も

モールステーパー	51, 54, 283
モジュール	244, 313

よ

洋白	106
横送り	52, 141, 144, 291
横送り台	52, 78
四つ爪チャック	49, 57, 206, 254

ら

ラック＆ピニオン	320
ラックギア用バイト	322
ラックのピッチ	322

り

リード角	173
リーマー	184
両センター加工	179, 283
リングカッター	204

れ

レジノイド（樹脂）	92

ろ

ロウ付けバイト	69, 275
ロータリーテーブル	244, 315, 332
ローレット加工	63, 198
ローレット駒	63, 198
ローレットホルダー	63, 198
ロックネジ	81, 309
ロングドリル	164

わ

ワーク	42, 124, 133, 164, 179, 213, 257, 290
ワークレスト	90, 94
割り出し	227, 319

■著者プロフィール

平尾 尚武（ひらお・なおたけ）

1975年，山口県生まれ。幼い頃からものづくりに熱中し，学生時代はスターリングエンジン作りや車いじりに没頭。
2007年，埼玉大学 理工学研究科 博士後期課程修了 博士（学術）Ph.D.。
2002年，ものつくり大学 製造学科 非常勤講師。
2010年から，株式会社アグリクラスターにて地中熱ヒートポンプシステムの研究に従事。2014年，株式会社アグリクラスター技術顧問。
2011年，ものつくり大学客員准教授。2018年，ものつくり大学客員教授（2020年まで）。専門は熱エネルギー工学。
2021年，株式会社イノベックス技術顧問。

編集／株式会社 一校舎

基礎から応用までよくわかる
ミニ旋盤マスターブック

2015年10月19日　発　行　　　　　　　　　　　　NDC532.1
2021年12月15日　第2刷

著　　者	平尾尚武（ひらお なおたけ）
発　行　者	小川雄一
発　行　所	株式会社 誠文堂新光社 〒113-0033　東京都文京区本郷3-3-11 電話　03-5800-5780 https://www.seibundo-shinkosha.net/
印　刷　所	星野精版印刷 株式会社
製　本　所	和光堂 株式会社

Ⓒ Naotake Hirao. 2015　　　　　　　　　　　Printed in Japan

本書記載記事の無断転用を禁じます。

落丁本・乱丁本の場合はお取り替えいたします。

本書の内容に関するお問い合わせは，小社ホームページのお問い合わせフォームをご利用いただくか，上記までお電話ください。

JCOPY ＜（一社）出版者著作権管理機構 委託出版物＞
本書を無断で複製複写（コピー）することは，著作権法上での例外を除き，禁じられています。本書をコピーされる場合は，そのつど事前に，（一社）出版者著作権管理機構（電話 03-5244-5088／FAX 03-5244-5089／e-mail:info@jcopy.or.jp）の許諾を得てください。

ISBN978-4-416-61579-9